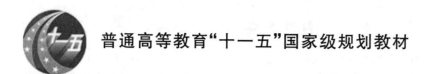

普通高等教育"十一五"国家级规划教材

软件测试与质量保证

袁玉宇　编　著

刘兴丽　高婷婷　云岩　副主编

U0282537

北京邮电大学出版社

·北京·

内容提要

本书的主题是软件质量的改进,重点讨论的是如何提高软件质量的方法。本书提供了两种提高软件质量的技术,一是软件测试,二是软件质量保证。首先对软件质量属性进行了分析,全面论述了软件测试的基本原理和软件过程,讲解了软件测试用例设计方法,以及其在单元测试、集成测试、系统测试和验收测试中的应用。阐述了自动化测试的概念、技术和工具。本书还对软件质量保证从概念、过程和工具方面进行了详细介绍。

本书可以用做软件测试人员、软件质量保证人员、软件开发人员和需要了解软件质量知识的各级软件管理人员的工作参考书,也可以作为计算机专业高年级本科生和研究生的教学参考书。

图书在版编目(CIP)数据

软件测试与质量保证/袁玉宇编著 . —北京:北京邮电大学出版社,2008.4(2024.1重印)
ISBN 978-7-5635-1596-7

Ⅰ. 软…　Ⅱ. 袁…　Ⅲ.①软件—测试 ②软件质量—质量管理　Ⅳ. TP311.5

中国版本图书馆 CIP 数据核字(2008)第 033915 号

书　　　名:软件测试与质量保证
作　　　者:袁玉宇
责任编辑:张佳音
出版发行:北京邮电大学出版社
社　　　址:北京市海淀区西土城路 10 号(邮编:100876)
发 行 部:电话:010-62282185　传真:010-62283578
E-mail: publish@bupt.edu.cn
经　　　销:各地新华书店
印　　　刷:保定市中画美凯印刷有限公司
开　　　本:787 mm×960 mm　1/16
印　　　张:17.75
字　　　数:388 千字
版　　　次:2008 年 6 月第 1 版　2024 年 1 月第 8 次印刷

ISBN 978-7-5635-1596-7　　　　　　　　　　　　　　　　定　价:42.00 元
· 如有印装质量问题,请与北京邮电大学出版社发行部联系 ·

前　　言

随着经济全球化和信息技术的快速发展,软件产业作为国民经济发展的支柱产业之一,在国民经济中发挥着越来越重要的作用。软件成为与人们日常生活息息相关的一部分,软件产品的质量是软件企业的生命,软件测试与质量保证工作伴随着软件的产生而产生。软件危机的频繁出现,使软件测试与质量保证的地位得到了前所未有的提高。软件测试与质量保证不仅仅局限于软件开发过程中的一个阶段,它已经开始贯穿于整个软件开发过程,成为软件产品质量控制和质量管理的重要手段。

编写本书的目的是引导读者通过基础知识和必要技能的学习,掌握改进软件质量的各种技术和方法。软件质量的提高,不是通常想象的那样,简单操作或使用一下软件就能发现软件中的缺陷,其实它包含了大量的科学和工程的技术和方法,也有很多的乐趣。

本书共分五篇。第一篇介绍了软件测试与质量保证是提高软件质量的重要手段,软件测试与质量保证的概念相对于软件质量而存在,所以在学习什么是软件测试与质量保证之前,首先要了解什么是软件质量;第二篇讲述了软件测试用例设计的基本方法,分别介绍了黑盒测试用例设计技术和白盒测试用例设计技术;第三篇将第二篇学到的技术应用到实际的软件测试工作中;第四篇是测试技术的提高部分,其中涉及测试工具的自动化测试的相关问题;第五篇介绍了软件质量保证部分。

非常感谢教育部高教司对此书的支持,感谢每一位参与编写工作的学生,他们是:张旸旸、郭新伟、胡宇、汪凡、庞浩、楼丽种憬、杨金翠、李英华、张丽华、屈萍萍、高微、李琳娜、巴迪曼;还要感谢7年来选修我开设的《软件测试技术》这门课程的同学们,因为是他们的鼓励和期待才使我有信心和决心完成这本书。

　　本书适合于以下类型的读者：软件工程研究生和本科高年级学生；在企业中从事软件质量管理、测试管理、测试用例设计和执行人员、测试结果分析和报告人员、质量保证人员；想对软件质量相关知识增进了解的程序员、软件项目经理、软件开发团队的其他人员。

　　由于时间仓促，书中难免存在一些错误和纰漏，望广大读者谅解并不吝予以指正。如果读者有问题和异议，请将您的意见告诉我，最好通过电子邮件 yuanyuyu@263.net、yuanyuyu@email.buptsse.cn，或者是登陆网站 www.sqaclub.com 发表意见。我不能承诺立即对所有邮件和帖子回复，但是我会尽我所能尽快回复。

作者于北京

目 录

第一篇 基 础 篇

第二篇　技　术　篇

第四篇　测试自动化

第五篇　质量保证篇

第一篇

基 础 篇

　　对软件质量和软件测试概念的深入了解,是做好软件测试的根本。只有基本概念清楚了,才能对此概念相关的问题有一个正确的理解和分析,最终解决所面临的问题。

　　本篇将分为 4 章介绍软件测试相关概念:第 1 章主要介绍软件质量的相关概念;第 2 章主要介绍软件测试的相关概念;第 3 章讲述软件测试风险管理;第 4 章描述软件测试过程。

第1章　软件质量的概念

软件测试是当前软件工程学科的重要组成部分。在实际的软件开发过程中,软件测试的重要性已经被广泛地认同。软件测试是提高软件质量的重要手段,软件测试的概念相对于软件质量而存在,所以在学习什么是软件测试之前,首先要了解什么是软件质量。

作为本书的开篇,本章重点对软件质量的基本概念、软件质量模型以及软件缺陷进行介绍。

1.1　软件质量的概念

1.1.1　质量的概念

"质量(Quality)"这个词,如果单从汉语文字来看,是由"质"和"量"两个词构成的,字面上理解就是在质和量上的程度。然而要想给质量下个明确的定义却并不容易。先来看看一些权威机构对质量做出的解释。

在《辞海》中,对质量的解释是产品或工作的优劣程度。

1986 年 ISO8492 给出的质量的定义是:质量是产品或服务满足明示或暗示需求能力的特性和特征的集合。

IEEE 在"Standard Glossary of Software Engineering Terminology"中给出的质量定义是被普遍接受的概念,即质量是系统、部件或过程满足明确需求。

世界著名的质量管理专家朱兰对"质量"给出的含义:满足使用要求的基础是质量特征,产品的任何特性(性质、属性等)、材料或满足使用要求的过程都是质量特征。

从众多的定义中,我们可以看到,质量是一个复杂的多层面概念,如果站在不同的观点上从不同的层面或角度对质量就有着不同的理解。

- 先验证观点：质量是产品的一种可以认识但不可定义的性质。
- 用户观点：质量是产品满足使用目的的程度。
- 制造者观点：质量是产品性能符合规格要求的程度。
- 产品观点：质量是联结产品固有性质的纽带。
- 基于价值观点：质量依赖于顾客愿意付给产品报酬的数量。

因此，有一个很重要的概念和质量息息相关，这个概念就是"客户"，不同的客户对待质量的看法是不同的，质量和客户两者相对而存在。

客户的定义至少存在两个范畴——内部的和外部的：

外部客户是产品的实际使用者或服务的对象，是传统意义上大家所认可的客户。

内部客户是更为广泛意义上的客户，客户可以被理解为下一道工序的接受者。在软件生产的环节中有关的人员都可被定义为这一类型的客户，软件的设计者是需求分析人员的客户，编程人员是设计者的客户，软件测试是编程人员的客户。

从质量的定义和不同的理解中均可以看到，质量是满足客户需求的特征这个核心含义，这样对质量的解释和说明就存在困难，传统的理性观点把世界分为主观和客观两部分，但是质量似乎被排除在这种区分之外，既不是客观的，也不是主观的。质量似乎不是客观的，因为没有什么科学仪器可以直接测出质量来；质量似乎也不是主观的，因为它不仅存在于人们的脑海中。其实，质量应该是客观存在的，但是测度它的方法却是主观的。

1.1.2 软件质量的内涵

关于软件质量有许多好的定义。通过审视每个定义，可以正确理解什么是软件质量。以下从一个较为抽象的定义逐步转向更具体的定义，这有助于对该问题的理解。

- Fisher 和 Light 在《Definitions in Software Quality Management》中的质量定义：（表征）计算机系统卓越程度的所有属性的集合。"所有属性的集合"包括可靠性、可维护性、可用性等。"卓越"则属于软件质量的定义范畴。

- 在 Donald Reifer 的《State of the Art in Software Quality Management》一书，有如下定义：软件产品满足明示需求程度的一组属性的集合。这个定义中继续沿用"属性集合"的说法，但增加了满足明示需求的成分。

- 在《Software Quality Assurance and Measurement：a Worldwide Perspective》中除了关注"明示需求"之外，还扩展到了"暗示"需求：软件产品满足明示或暗示需求能力的特性和特征的集合。

- Stephen Kan 在《Metrics and Models in Software Quality Engineering》中对"需求"这个层面更加明确：在质量定义中客户的角色必须明确指出，即满足客户的需求。

这一定义与 Philip B. Crosby《Quality Is Free》中"满足需求"的定义非常接近，只不过这里是"满足软件需求"。这个定义面临这样一个问题：什么是软件需求？难道软件需求仅是决定软件做什么的技术需求？还是也包括软件质量的需求？

• Watts Humphrey 在《Discipline for Software Engineering》中从个体实践者的角度看质量:必须认识到软件质量是分层次的。首先,软件产品必须提供用户所需的功能。如果做不到这一点,什么产品都没有意义。其次,这个产品必须能够正常工作。如果产品中有很多缺陷,不能正常工作,那么无论这种产品其他性能如何,用户也不会使用它。

• Peter J. Denning 在他的文章《What is Software Quality》中提出了与 Humphrey 类似的观点:越是关注客户的满意度,软件就越有可能达到质量要求。程序的正确性固然重要,但不足以体现软件的价值。

本书对软件质量的定义是:软件质量是软件产品满足使用要求的程度。在这个定义"程度"是由软件的特征和特征集组成的。

1.2 软件质量模型

从软件质量的定义得知软件质量是通过一定的属性集来表示其满足使用要求的程度,那么这些属性集包含的内容就显得很重要了。计算机界对软件质量的属性进行了较多的研究,得到了一些有效的质量模型,包括 McCall 质量模型、Boehm 质量模型、ISO/IEC9126 质量模型。

1.2.1 McCall 质量模型

早期的 McCall 软件质量模型是 1977 年 McCall 和他的同事建立的,他们在这个模型中提出了影响质量因素的分类。图 1-1 所示为 McCall 模型的示意图,质量因素集中在软件产品的 3 个重要方面:操作特性(产品运行)、承受可改变能力(产品修订)、新环境适应能力(产品变迁)。

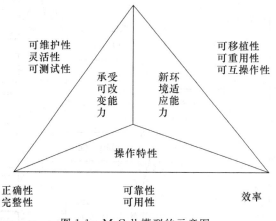

图 1-1 McCall 模型的示意图

1.2.2 Boehm 质量模型

1978 年 Boehm 和他的同事提出了分层结构的软件质量模型,除包含了用户期望和需要的概念，这一点与 McCall 相同之外，还包括了 McCall 模型中没有的硬件特性。
Boehm 质量模型如图 1-2 所示。

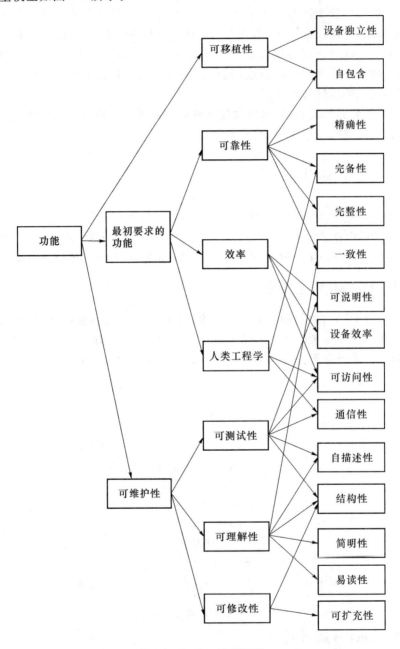

图 1-2　Boehm 质量模型

Boehm 模型始于软件的整体效用,从系统交付后涉及不同类型的用户考虑。第一种用户是初始顾客,系统做了顾客期望的事,顾客对系统非常满意;第二种用户是要将软件移植到其他软硬件系统下使用的客户;第三种用户是维护系统的程序员。三种用户都希望系统是可靠有效的。因此,Boehm 模型反映了对软件质量的全过程理解,即软件做了用户要它做的;有效地使用系统资源;易于用户学习和使用;易于测试和维护。

1.2.3 ISO/IEC9126 质量模型

20 世纪 90 年代早期,软件工程界试图将诸多的软件质量模型统一到一个模型中,并把这个模型作为度量软件质量的一个国际标准。国际标准化组织和国际电工委员会共同成立的联合技术委员会(JTC1),1991 年颁布了 ISO/IEC9126—1991 标准《软件产品评价——质量模型》的质量模型分为 3 个:内部质量模型、外部质量模型、使用中质量模型。外部和内部质量模型如图 1-3 所示,使用中质量模型如图 1-4 所示。

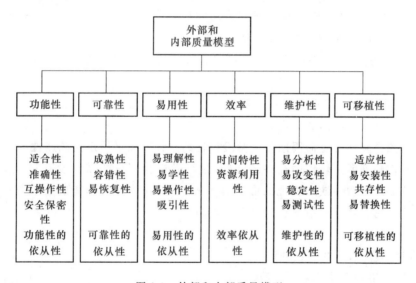

图 1-3 外部和内部质量模型

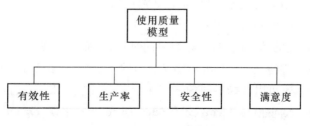

图 1-4 使用中质量模型

各个模型包括的属性集大致相同,但也有不同的地方,这说明,软件质量的属性是依赖于人们的意志,基于不同的时期,不同的软件类型,不同的应用领域,软件质量的属性是不同的,这也就是软件质量主观性的表现。

1.3 软件缺陷

1.3.1 软件缺陷的定义

软件在它的生命周期内各个阶段都可能发生问题,发生问题的情况和形式是各不相同的,大家都习惯使用"bug(软件缺陷)"这个词描述这些问题,它包含一些偏差、谬误或错误,更多地表现在功能上的失败(failure)和实际需求的不一致,即矛盾(inconsistency)。因此,统一对软件缺陷的认识,是测试项目成功的基础。

在 IEEE Standard 729 中对软件缺陷的定义是:

• 从产品内部看,软件缺陷是软件产品开发或维护过程中所存在的错误、毛病等各种问题。

• 从外部看,软件缺陷是系统所需要实现的某种功能的失效或违背。

本书对软件缺陷给出如下定义:

软件缺陷是软件在生命周期各个阶段存在的一种不满足给定需求属性的问题。

因而软件缺陷就是软件中存在的问题,最终表现为用户的需要没有完全实现,没有满足用户的要求。软件缺陷表现的形式有多种,不仅仅体现在功能的失效方面,还体现在其他方面。可以将下列情况认为是软件缺陷:

• 功能、属性没有实现或者部分实现;

• 设计不合理,存在潜在缺陷;

• 实际结果和预期结果不一致;

• 运行出错,包括运行中断、系统崩溃、界面混乱;

• 数据结果不正确、精度不够;

• 用户不能接受的其他问题,如存取时间过长、界面不美观。

用户需要根据软件特点和使用环境定义自己的质量需求,从而定义软件缺陷的表现形式。不同的表现形式也可以选择不同的词汇来描写,如缺点(defect)、偏差(variance)、谬误(fault)、失效(failure)、问题(problem)、矛盾(inconsistency)、错误(error)、毛病(incident)、异常(anomy)等,这些术语在实际的使用中是有一些差异的,如果想要定义清楚软件缺陷,首先需要了解一下软件缺陷的评判依据。产品说明书是一个软件开发和使用过程中的通称,可以简称为说明书,它包括需求规格说明书、设计说明书、产品使用说明书、用户手册等。它对软件进行了定义,给出了软件的细节、如何做、做什么、不能做什么。通常,可以从以下 5 个规则来判别出现的问题是否是软件缺陷:

(1) 软件未实现说明书要求的功能;

(2) 软件出现了说明书指明不应该出现的错误;

(3) 软件实现了说明书未提到的功能;

(4) 软件未实现说明书虽未明确提及但应该实现的目标;

(5) 软件难以理解、不易使用、运行速度缓慢或者最终用户会认为不好。

对于每个测试项目缺陷的定义会有所不同,使用上面的 5 条规则,则有助于在测试中区分不同的问题,定义项目达成一致意见的软件缺陷。

1.3.2　软件缺陷产生原因

由于软件系统越来越复杂,不管是需求分析,系统结构设计、编码、测试等都面临越来越大的挑战。软件缺陷产生是不可避免的,基于软件开发过程归纳出软件开发各阶段软件缺陷产生的原因:

图 1-5 所示为软件缺陷产生模型。在开发阶段,有 3 次机会可能引入缺陷,并在开发的其他过程中将这些缺陷传播演变为其他缺陷。在修复缺陷时,又有可能产生新的缺陷。

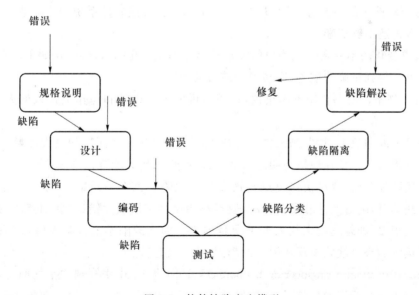

图 1-5　软件缺陷产生模型

从模型中可以看出,如果将缺陷产生的原因按照规格说明、设计、编码和缺陷修复来分类,会发现规格说明书是软件出现缺陷最多的地方,通常将规格说明书扩展理解为需求规格说明、功能规格说明、操作规格说明、使用规格说明等软件文档,这些文档的制作是软件缺陷产生最多的地方,因为该类文档是内部用户开发人员设计开发的基础,也是外部用户使用参考的依据。可以通过如图 1-6 所示的软件缺陷构成比例示意图大致说明各阶段产生缺陷的比例,绝对的百分比数值,仅供参考。

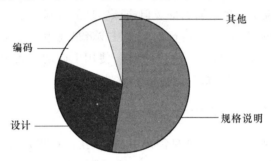

图 1-6　软件缺陷构成比例示意图

软件规格说明书为什么是引入软件缺陷的最多的地方呢,主要原因有以下几种。

• 用户一般是非计算机专业人士,软件开发人员和用户的沟通存在较大困难,对要开发的软件产品功能理解不一致。

• 由于软件产品还没有设计、开发,完全靠想象去描述软件系统的实际情况,所以有些特性思考得还不够清晰。

• 需求变化的不一致性。用户的需求总是在不断变化的,这些变化如果没有在产品规格说明书中得到正确的描述,容易引起前后的矛盾。

• 对于规格说明书普遍不够重视,在规格说明书的设计和写作上投入的人力、时间不足。

在许多人的印象中,软件测试主要是找程序中的错误。然而这却是大多数人长久以来的一个认识误区。排在规格说明之后的是设计,而编码只能排在第 3 位。

软件缺陷发现后,要尽快修复这些被发现的缺陷。也许一开始,只是一个很小范围内的潜在缺陷,但随着产品开发工作的进行,小错误会扩散成大错误,后期修改错误所做的工作要大很多,即越到后来往前返工会越困难。如果缺陷不能及早发现,那只能造成越来越严重的后果。缺陷发现或解决的越迟,成本就越高。

Boehm 在《Software Engineering Economics》(1981 年)一书中写到:"平均而言,如果在需求阶段修正一个错误的代价是 1,那么,在设计阶段就是它的 3～6 倍,在编码阶段是它的 10 倍,在内部测试阶段是它的 20～40 倍,在外部测试阶段是它的 30～70 倍,而到了产品发布出去时,这个数字就是 40~1 000 倍。修正缺陷的代价不是随时间线性增长,而几乎是呈指数增长的。"因此,尽量早的发现软件缺陷是测试人员的目标。

1.3.3 软件缺陷的分类

软件缺陷一旦被发现,就要设法找出引起这个缺陷的原因,分析对产品质量的影响,由于资源是稀缺的,确定软件缺陷修复优先级是节约资源的最佳手段。因此,要对软件缺陷进行分类研究。有多种分类标准可以对缺陷进行分类:以出现相应缺陷的开发阶段来划分,以相应缺陷失效产生的后果来划分,以缺陷修复难度来划分,以不解决而导致的风险来划分,以缺陷出现的频率来划分等。下面列举几种常见的缺陷分类。

(1) 根据软件缺陷所造成的危害的恶劣程度来分类,每个组织对缺陷严重程度级别的定义不尽相同,但一般可以概括为 4 种级别。

• 致命的(fatal):致命的缺陷,造成系统或应用程序崩溃、死机、系统悬挂,或造成数据丢失、主要功能完全丧失等。

• 严重的(critical):严重的缺陷,指功能或特性没有实现,主要功能丧失,导致严重的问题,或致命的错误声明。

• 一般的(major):不太严重的缺陷,这样的软件缺陷虽然不影响系统的基本使用,但没有很好的实现功能,没有达到预期效果。如次要功能丧失,提示信息不太准确,或用户界面差,操作时间长等。

• 微小的(minor):微小的缺陷,对功能几乎没有影响,产品及属性仍可使用,如有个别错别字、文字排列不整齐等。

(2) 根据软件缺陷产生的技术类型来分类,一般可以概括为 5 种类型。

• 输入/输出缺陷:不接受正确的输入;接受不正确的输入;描述有错误或遗漏;参数有错误或遗漏;输出格式有错;输出结果有错;在错误的时间产生正确的结果(太早、太迟);不一致或遗漏结果;不合逻辑的结果;拼写/语法错误;修饰词错误等。

• 逻辑缺陷:遗漏情况;重复情况;极端条件出错;解释有错;遗漏条件;外部条件有错;错误变量的测试;不正确的循环迭代;错误的操作符等。

• 计算错误:不正确的计算;遗漏计算;不正确的操作数;不正确的操作;括号错误;精度不够;错误的内置函数。

• 接口缺陷:不正确的中断处理;I/O 时序有错;调用了错误的过程;调用了不存在的过程;参数类型、个数不匹配;不兼容的类型等。

• 数据缺陷:不正确的初始化;不正确的存储/访问;错误的标志/索引值;不正确的打包/拆包;使用了错误的变量;错误的数据引用;缩放数据范围或单位错误;不正确的数据维数;不正确的下标;不正确的类型;不正确的数据范围;不一致的数据。

小 结

　　软件测试是提高软件质量的重要手段,软件测试的概念相对于软件质量而存在。软件质量是软件产品满足使用要求的程度,满足程度是由软件的特征和特征集决定的。软件缺陷是软件在生命周期各个阶段存在的一种不满足给定需求属性的问题。在开发阶段,有3次机会可能引入缺陷,并在开发的其他过程中将这些缺陷传播演变为其他缺陷。在修复缺陷时,又有可能产生新的缺陷。软件规格说明是引入软件缺陷的最多的地方。对软件缺陷进行分类,确定软件缺陷修复优先级是节约资源的最佳手段。

思 考 题

1.1　如何理解软件质量的主观性和客观性?

1.2　如何确定项目软件缺陷标准?

1.3　描述软件质量的属性。

1.4　如何从开发生命周期划分软件缺陷类型,这样划分的意义是什么?

第2章 软件测试的基本概念

2.1 软件测试的概念

2.1.1 软件测试的定义

软件测试的研究可以追溯到 20 世纪 60 年代,至今已有 40 多年的发展历史,但是对于什么是软件测试(software testing),还一直未能达成共识。现有的定义有多种。

Paul C. Jorgensen 认为:"测试显然要处理错误、缺陷、失效和事故。测试是采用测试用例来执行软件的活动。测试有两个显著的目标:找出失效,或演示正确的执行。"

1983 年,IEEE 提出了软件工程术语,软件测试定义为:"使用人工或自动手段来运行或测试某个系统的过程,其目的在于检验它是否满足规定的需求或是弄清预期结果与实际结果之间的差别。"该定义明确提出了软件测试以检验是否满足需求为目标。

通常软件测试还有如下的定义:

- 测试是执行或者模拟一个系统或者程序的操作;
- 测试是为了建立一个信心,即软件是按照它所要求的方式执行的,而不会执行它不被希望的操作;
- 测试是带着问题和错误的意图来分析程序的;
- 测试是度量程序的功能和质量的;
- 测试是评价程序和项目工作产品的属性和能力的,并且评估其是否获得了期望和可接受的结果;
- 测试除了包括执行代码的测试,还包括检视和结构化同行评审。

软件是由文档、数据以及程序组成的,软件测试是对软件形成的文档、数据以及程序进行的测试,而不仅仅是对程序进行的测试。

根据各种测试的定义可以得知测试的目的正如 Bill Hetzel 提出的一样:软件测试是为了发现缺陷与错误,而且也是对软件质量进行度量和评估,以提高软件的质量。

同时,软件测试是以评价一个程序或者系统属性为目标的活动,测试时对软件质量进行度量与评估,以验证软件的质量满足用户的需求的程度,为用户选择与接受软件提供有力的依据。

2.1.2　软件测试的目的

软件测试的重点在检测和排除缺陷上,执行软件来获得软件在可用性方面的信心并且证明软件能够满意的工作。但是,许多重要的缺陷主要来自于对需求和设计的误解、遗漏和不正确,早期的结构化静态测试用于缺陷的预防。因此,证明、检测和预防已经成为测试的重要目标。

1. 证明

- 获取软件系统在可接受风险范围内可用的信心;
- 尝试在非正常情况和条件下的功能和特性是可接受的;
- 保证一个软件系统是完整的并且可用或者可被集成的。

2. 检测

- 发现缺陷、错误和系统的不足;
- 定义软件系统的能力和局限性;
- 提供组件、工作产品和软件系统的质量信息。

3. 预防

- 确定系统的规格中不一致和不清晰的地方;
- 提供预防和减少可能制造错误的信息;
- 在过程中尽早检测错误;
- 确认问题的风险,并且提前确认解决这些问题和风险的途径。

2.2　软件测试的分类

从不同的角度,可以把软件测试分成不同种类。

2.2.1　按测试技术分类

按测试技术分,软件测试可分为白盒测试和黑盒测试两种。

1. 白盒测试技术

白盒测试技术是通过对程序内部结构的分析、检测来寻找问题。如果已知产品的内部活动方式,就可以采用白盒测试技术来测试它的内部活动是否都符合设计要求,对软件的实现细节做细致的检查。

2. 黑盒测试技术

黑盒测试技术是通过软件的外部表现来发现其缺陷和错误。这是在已知产品需求的情况下,通过测试来检验是否都能被满足的测试方法。对于软件测试而言,黑盒测试技术把程序看成一个黑盒子,完全不考虑程序的内部结构和处理过程。

2.2.2 按测试方式分类

按测试方式分,软件测试可分为静态测试与动态测试两种。

1. 静态测试

静态测试又称为静态分析技术,其基本特征是不执行被测试软件,而对需求分析说明书、软件设计说明书、源程序做结构检查、流程图分析、符号执行等找出软件错误。静态测试可以人工进行分析;也可以用静态分析测试工具来进行自动分析,它将被测试程序的正文作为输入,经静态分析程序分析得出测试结果。

2. 动态测试

动态测试的基本特征是执行被测程序,通过执行结果分析软件可能出现的错误。可以人工设计程序测试用例,也可以由动态分析测试工具做检查与分析。通过执行设计好的相关测试用例,检查输入与输出关系是否正确。

2.2.3 按测试阶段分类

从测试实施的阶段来划分,测试可以分为单元测试、集成测试、系统测试和确认测试。

(1) 单元测试

单元测试的目的在于发现各模块内部可能存在的各种差错。单元测试又称为模块测试,是针对软件设计的最小程序单位进行正确性检查的测试工作。

(2) 集成测试

集成测试也称组装测试或联合测试。集成测试按设计要求把通过单元测试的各个模块组装在一起之后进行测试,其目的是检查程序单元或部件的接口关系,以便发现与接口有关的各种错误。

(3) 系统测试

系统测试是将已经集成好的软件系统,作为整个基于计算机系统的一个元素,与计算机硬件、外设、某些支持软件、数据和人员等其他系统元素结合在一起,在实际运行(使用)环境下,对计算机系统进行一系列的测试。

（4）确认测试

确认测试又称有效性测试、合格测试或验收测试。确认测试的任务是验证软件的功能、性能及其他特性是否与用户的要求一致。确认测试要由使用用户参加测试,检验软件规格说明的技术标准的符合程度,是保证软件质量的最后关键环节。

2.2.4 按测试实施组织分类

按照测试实施组织,软件测试可以分为开发方测试、用户方测试及第三方测试。

（1）开发方测试

开发方测试通常也称为"内部测试",主要是指在软件开发完成后,开发方要对提交的软件进行全面的自我检查与验证。开发方通过检测,提供客观证据,证实软件的实现是否满足规定的需求。内部测试是在软件开发环境下,由开发者验证软件的实现是否满足软件需求说明的要求。

（2）用户方测试

用户方测试是在用户的应用环境下,由用户通过运行和使用软件,验证软件实现是否符合自己预期的要求。由用户找出软件的应用过程中发现的软件的缺陷与问题,并对使用质量进行评价。

用户测试包括 alpha 测试和 beta 测试。alpha 测试是由一个用户在开发者提供的场所中,在开发者对用户的"指导"下进行的软件测试,开发者负责记录错误和使用中出现的问题,也即 alpha 测试是在一个受控的环境中进行的。beta 测试是由软件的最终用户在一个或多个用户场所进行的,不像 alpha 测试,开发者通常不会在场。因此,beta 测试是在开发者不能控制的一个应用环境中进行的测试。

（3）第三方测试

第三方测试也称为独立测试,是介于软件开发方和用户方之间的测试组织的测试。软件质量工程强调开展独立的验证和确认活动。软件的第三方测试就是由在技术、管理和财务上与开发方和用户方相对独立的组织进行的软件测试。

2.3 软件测试的最佳实践

测试是一项非常复杂的、创造性的和需要高度智慧的工作。测试一个大型软件系统所要求的创造力,事实上可能要超过设计这个软件系统所要求的创造力。人们在长期测试实验中积累了不少经验,在实践中总结出了很多的测试最佳实践,了解他们有利于测试效率的提高。

2.3.1　尽量由独立的测试人员进行测试

开发者在测试自己的程序时存在一些弊病:第一,开发者对自己编写的软件总以为是正确的,倘若在设计时就存在理解错误,或因不良的编程习惯而留下隐患,那么他本人很难发现这类错误;第二,开发者对程序的功能、接口十分熟悉,他自己几乎不可能因为使用不当而引发错误,这与大众用户的情况不太相似,所以自己测试程序难以具备典型性;第三,程序设计犹如艺术设计,开发者总是喜欢欣赏程序的成功之处,而不愿看到失败之处,让开发者去做"蓄意破坏"的测试,就像杀自己的孩子一样难以接受,即便开发者非常诚实,但"珍爱程序"的心理让他在测试时不知不觉地带入了虚假成分。

2.3.2　关键是注重测试用例的设计

测试的有效性是由测试用例可以查找软件缺陷的能力决定的,和测试执行的方式无关。测试核心工作应该是测试用例的设计工作,而不是测试用例的执行,这正如软件开发过程一样,软件开发的关键是软件系统的设计而不是编码。因此一个好的测试必须是经过良好的计划和设计的。不经过计划和设计的测试是不可控制的和无序的。

2.3.3　测试中的集群现象应当被充分的重视

测试中的群集现象是指,在测试过程中,发现错误比较集中的部分,往往可能残留的错误数较多。在测试的时候,不要以为找到了几个错误,就认为问题已近结局,不再需要继续测试了。经验表明:程序中尚未发现的错误的数量通常与该程序中已发现的错误数量成正比。也就是说,一段程序中若发现错误的数目越多,则此段程序中残存的错误数目也越多。

2.3.4　完全的测试是不可能的

人们普遍存在着一种观念,认为可以对程序进行完全的测试。因为不可能测试程序对所有可能输入的响应,也不可能测试到程序每一条可能的执行路径,无法找出所有的设计错误,而且不能用逻辑来证明程序的正确性。因此,需要根据实际情况来决定资源分配,对测试程度和范围进行有效的控制,只有这样才能投入最少的成本获得最大的回报。总之,测试尽可能多地发现缺陷,并不是发现所有的缺陷。

2.3.5　修复缺陷后,一定要进行回归测试

缺陷关联是一种常见的现象,是指某个缺陷因为其他缺陷而出现或者消失。缺陷之间存在单纯的依赖或者复杂的多重依赖关系。因此,若想关闭某个错误,必须先关闭它的父类缺陷。程序员在修复缺陷时,完全可能引入一处或多处缺陷,使得软件不能正常

运行。另外,当需要变更时,对现有系统也具有类似的波及效应,导致一个或更多个错误的产生。当软件有所变动时,需要进行多次回归测试以保证缺陷被正确关闭,并且保证软件在系统中的其他部分仍然工作正常。

小 结

　　软件测试是为了发现缺陷与错误,而且也是对软件质量进行度量和评估,以提高软件的质量。证明、检测和预防已经成为测试的重要目标。按测试技术分,软件测试可分为白盒测试和黑盒测试两种。按测试方式分,软件测试可分为静态测试与动态测试两种。从测试实施的阶段来划分,测试可以分为单元测试、集成测试、系统测试和确定测试。按照测试实施组织,软件测试可以分为开发方测试、用户方测试和第三方测试。测试尽量由独立的测试人员来完成,测试的关键是测试用例的设计而不是执行,测试中的集群现象应当被充分重视,完全的测试是不可能的,修复缺陷后,一定要进行回归测试。

思 考 题

2.1　除了证明、检测和预防,软件测试还有什么附加的意义?

2.2　软件测试分类的意义是什么?

2.3　谈谈在测试实践中,对测试的错误理解。

第3章　软件测试风险管理

3.1　测试风险的基本概念

　　风险是指人们在生产建设和日常生活中遭遇能导致人身伤亡、财产受损及其他经济损失的自然灾害、意外事故和不可测事件的可能性。这里有两个关键点：第一，它强调了风险是一种可能性，也就是说未来可能发生，也可能不发生；第二，它说明了如果发生的话，将会带来的负面影响。在软件测试中，即使很小的软件系统，也不可能对系统的所有方面进行测试，这就会存在测试风险，即没有安排或执行测试用例，但是存在用户发现缺陷的可能性。软件测试的风险管理的目的就是在于测试前对可能存在的缺陷或工作中导致测试无法有效执行的可能性进行分析，来合理安排测试资源活动。其实，对被测系统测试了"哪些方面"比测试了"多少内容"重要得多。测试的不成功导致软件交付潜藏着问题，一旦在运行时爆发，会带来很大的商业风险。美国 IEEE 829.1998《软件测试文档编制》标准中，在测试计划的模板中有一项为"风险与应急措施"。这表明软件测试风险管理是很重要的工作。

　　从测试风险的定义中可以知道，测试风险有两个基本特征，如图 3-1 所示，即测试风险发生的可能性和测试风险发生后的影响。这两个要素决定了对待测试风险的策略。

　　先看第一个因素，即测试风险发生的可能性，也可以理解为可能存在缺陷，但是无法通过测试发现的可能性。无论可能性是多少，都不能确信它一定发生。如果一定会发生就不称之为"风险"了。虽然任何测试风险的发生都有其内在根源和诱因，但从测试项目的本身来看，一定是测试项目目前有不可控的因素在影响着风险的发生。再看第二个因素，即测试风险发生后的影响。虽然该因素被称作第二个因素，但是只要确定了一个测试风险，其影响程度就是可以通过某种方式获悉。所以在现实当中，往往是先考虑哪些情况会对测试项目产生影响,然后再考虑其发生的可能性。虽然总体上说,测试风险就代表着某种不确定性,但是可以通过一定的方法还可以获得有关测试风险的若干信息以帮助测试项目组进行某些决策和资源的合理分配。

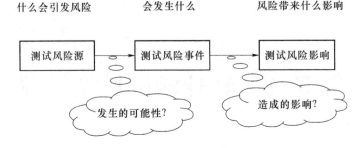

图 3-1　测试风险的基本特征

　不同类型的测试项目有不同的风险,相同类型的项目根据其所处的环境、项目客户与项目团队以及所采用的技术与工具的不同,其测试项目风险也是各不相同的。测试风险基本可分为以下两类。

3.1.1　技术风险

　软件项目采用的开发技术与开发平台是测试项目风险的重要来源之一。一般来说,项目中采用新技术或技术创新无疑是提高项目绩效的重要手段,但这样也会带来一些问题,许多新的技术因未经证实或并未被充分掌握,会影响软件系统的质量。还有开发过程中的环境问题,如果开发人员需要学习工具后,再开发,这里就存在一个学习曲线,人们在学习过程中会犯较多的错误;另外,需求的变更及需求描述不清晰、需求的矛盾也是测试风险产生的技术原因;使用了第三方代码也会存在技术风险。系统的复杂度也是导致测试技术风险的重要原因。

3.1.2　管理风险

　测试项目管理风险包括测试项目执行过程的各方面,如测试项目计划的时间、资源分配(包括人员、设备、工具)、测试项目的质量管理、测试管理流程、规范、工具等的采用以及测试外包商的管理等。如果在开发中没有配置管理,软件系统和文件就有被错误覆盖的可能性;缺乏经费和时间的测试;异地开发和测试,缺乏交流;测试员工之间存在矛盾都会产生测试风险。

3.2　测试风险识别技术

　测试风险管理的第一步就是需要识别出对测试项目会产生重大影响的测试风险,这就是测试风险识别活动。后续的测试风险管理过程事实上都是围绕着被识别出的风险来开展和进行的,所以测试风险识别是风险管理的最重要的基础。但客观来说,这也是最难的一部分。因为测试风险是未来潜在的危害,它并不会在现在对测试项目产生影响。这会让大多数人期望它可能会不发生。事实上很多实施了风险管理活动的测试项目,仍然会出现较大的意外而导致测试项目失败。其根源就在于,测试项目并没有真正识别出那些会对测试项目产生危机的风险。所谓有经验的测试,就在于可以提早发现这种潜在的危害而提前处理。但是这种风险识别的能力确实是一种"软技能",不大容易用一种结构化的方法识别出所有可能会对测试项目造成危害的风险。

对测试风险进行识别,要从源头找起,也就是从导致测试风险产生的根源处开始进行挖掘和判断。测试风险产生的根源可以分为两大类:被测系统风险和计划风险。顾名思义,前者就是指与系统的特征和属性的失效相关的风险,后者是与测试计划的实现相关的风险。被测试系统风险分析的目的是:确定测试对象测试的优先级以及测试的深度。测试计划风险的目的是规避由于测试项目工作资源提供的不确定性而导致的问题。在实践中所采取的风险识别技术大都是基于"发散性思维"的。

3.2.1　头脑风暴法

头脑风暴法的英文原文是"brain storming"。头脑风暴法也称集体思考法,是以专家的创造性思维来索取未来信息的一种直观预测和识别方法。此法由美国人奥斯本于 1939 年首创,从 20 世纪 50 年代起就得到了广泛应用。头脑风暴法一般在一个专家小组内进行。通过专家会议,发挥专家的创造性思维来获取未来信息。这就要求主持专家会议的人在会议开始时的发言中能激起专家们的思维灵感,促使专家们感到急需回答会议提出的问题,通过专家之间的信息交流和相互启发,从而诱发专家们产生"思维共振",以达到互相补充并产生"组合效应",获取更多的未来信息,使预测和识别的结果更准确。事实上,头脑风暴法不仅仅用于寻找风险,只要是需要大家的经验和意见的情况,都可以用头脑风暴方法来达到目标。头脑风暴小组讨论会的第一部分的目的在于:增加小组提出的意见的数量。通常有如下规则:不准批评或争论;充分发挥成员的想象力;征求到的意见越多越好;整理、汇总意见。

3.2.2　访谈

向测试项目组内部和外部的资深专家进行关于风险的面谈有助于找出那些在常规计划中没有被识别的风险。在访谈前,负责风险识别的人员(通常是测试经理)选择合适的访谈人员,事先向他们提供项目的有关背景知识、简要的项目情况介绍和其他一些必要的信息,如测试项目的一些约束条件。比如开发小组历史、某些开发人员或开发小组比其他人或小组生成的代码要好、软件系统复杂性、可用性、新的或修改过的特征、运用新技术开发的特征、缺陷的历史。在访谈过程中,这些被访谈的人员利用他们的资深背景及丰富的经验,在这些信息的基础上可以挖掘出一些以前没被发现的测试风险。

3.2.3　风险检查表

前两种方法都是把测试风险识别看做一种高度依赖个人经验的技能,通过这些方法让有经验的人提供帮助,贡献他们的经验。但风险检查表则是一种把这些经验进行传递的方法,操作起来快速简单,而且有效。其结果不过分依赖于操作者的经验。所谓风险检查表,就是一个测试项目可能会遇到的风险列表。风险识别人员对照表的每一项进行判断,逐个进行检查。这个列表最初是由组织中最有经验的人员创建的。表的每一项都列出了可能会遇到的测试风险,它可能来源于过去曾经遭遇过的风险或者所经历过的危机,这些经验被转变成可以被以后项目所使用的知识。当然这个表是需要不断维护的。一个测试项目即使继承了过去全部的经验也不能保证它不会遇到新的危机。风险检查表的优点是简单、快速、容易理解,而且结果稳定;缺点是它更多的是继承过去,无法预防可能遇到的新的风险。所以它往往和前面介绍的两种"发散型"识别技术配合使用。

3.3　测试风险分析

软件测试风险分析的目标是:确定测试对象、测试的优先级以及测试的深度。有时候,可能还包括确定不予测试的对象。风险分析能够帮助测试员识别出高风险的应用程序和特定应用程序中具有潜在错误倾向的部分。在测试计划阶段中,可以将风险分析的结果用来确定待测软件的测试优先级。

在理想情况下,应该由来自组织内部的各个部门专家组成小组来进行风险分析。该小组可能包括这样一些人员,如开发人员、测试人员、用户、客户、销售人员和其他对这项工作感兴趣、有意向并且有才干的人员。风险分析工作应该在软件生命周期内尽早进行。通常,最早的风险分析应该在确定了需求之后就马上进行。对于每个发布版本而言,并不需要重新进行完整的风险分析,但是,需要对发生变动的部分进行风险的再次审视。另外,因为需求、资源和其他因素可能随时会发生变动,所以,必须在测试项目进行的过程中实时对风险分析结果进行评审。

风险的分析过程通常包括 5 个步骤。
- 步骤 1:确定测试范围的功能点和性能属性。
- 步骤 2:确定测试风险发生的可能。
- 步骤 3:确定测试风险发生后产生的影响程度。
- 步骤 4:计算测试风险优先级。
- 步骤 5:确定测试风险优先级。

根据各个组织的结构特征,可能会对这些步骤进行修改。但是,总体风险分析目标保持不变:确定测试对象、测试优先级和测试深度。

3.3.1　确定测试范围的功能点和性能属性

通过前面提到的风险识别技术确定测试范围的功能点和性能属性。首先应该收集相关的技术和管理文档,比如需求规格说明、功能规格说明、变更请求、以前的缺陷报告、设计文档等。通过这些文档,应用头脑风暴、访谈和测试风险检查单等方法确定整个系统测试范围的功能点和性能属性测试清单。清单中的内容也会随着项目的进展和测试组对项目认识的深入而进行进一步补充和细化。如果某项开发工作或发布,只与该系统的一个子集或者一个子系统相关,测试清单的内容分析应该只在该范围内进行。但是,除了所包含的特征以外,还应该确定和罗列出所有接口,因为这些内容也需要测试。

以自动取款机(ATM)为例子,描述测试风险分析的工作机制,因为自动取款机对于大多数人来说是生活中比较熟悉的系统。一个 ATM 应用程序具有各种各样的特征。可确定的一般特征包括取款、存款、查询账户余额、转账、购买邮票和偿还贷款。同时,还需要确定性能属性,包括可靠性、可用性、兼容性、可维护性、效率和安全性等,这些属性可以应用于绝大多数软件系统。如表 3-1 所示 ATM 功能点/性能属性测试清单。

表 3-1　ATM 功能点/性能属性测试清单

ATM 软件	
功能点	性能属性
取款	易用性
存款	安全性
转账	效率
购买邮票	-
偿还贷款	-
查询账户余额	-

3.3.2　确定测试风险发生的可能性

确定软件系统各功能点或性能属性失效的相对可能性,也就是给这些功能点或性能属性进行赋值:如失效可能性较高的赋值为 H,失效可能性居中的赋值为 M,失效可能性较低的赋值为 L,形成 ATM 功能点/性能属性的失效可能性(表 3-2)。为每个特征赋 H、M 或 L 值时,应该考虑的问题是:"根据对系统的现有了解,这个功能点或性能属性发生失效或者不能正常运行的可能性是多大?"通常,可能性是由软件系统的系统特性,比如复杂性、接口的数目,新技术或新开发平台的采用等因素所决定的。因此,开发人员在风险分析的这一阶段显得十分重要,他们更了解软件系统的开发过程。比如小组历史、复杂性、可使用性、新的或修改过的功能、运用新技术开发的功能、缺陷历史,以及测试环境中存在的限制难于测试的那些功能。还有一些因为人的因素而影响的测试风险,如某些开发员或者开发小组所生成的代码比其他人或小组生成的代码要好。根据对开发小组的相对技能或经验有所了解,确定测试风险的可能性,以便投入较多的资源来测试由经验较少的小组开发的代码,而投入较少的资源来测试由经验丰富的小组开发的代码。例如,安排一个新成立的小组去开发查询账户余额这一特征,应该将该功能的可能性确定到"高"。当然,这样做将最终提高该功能的风险优先级。

表 3-2　ATM 功能点/性能属性的失效可能性

ATM 软件		可能性
功能点	性能属性	
取款	-	高
存款	-	中
转账	-	中
购买邮票	-	中
偿还贷款	-	低
查询账户余额	-	高
-	易用性	中
-	安全性	中
-	效率	低

3.3.3　确定测试风险发生后产生的影响程度

确定测试风险发生后产生的影响程度,需要回答的问题是:"如果这个功能点或性能属性发生失效或者不能正常运行,将会给用户带来什么影响?"针对 ATM 这个例子,一般都会为取款赋一个 H 值,因为绝大多数 ATM 机用户都会认为:没有这个特征,ATM 机一文不值。表 3-3 列出了在 ATM 机例子中,功能点和性能属性的失效影响。在这里一般不考虑软件系统在其开发过程中的失效影响,如关键路径。只关注那些直接影响用户的功能点或性能属性。用户在测试风险分析这部分非常重要,因为影响往往都是由业务问题造成的,而不是由系统的性质造成的。如果将每个功能点或性能属性都评定为相同的等级(如都为高),则对排定风险的优先顺序毫无帮助。如果碰到这种情况,应该对每个用户进行限制:要具体给出高、中和低值中的一个值。

表 3-3　ATM 功能点/性能属性的失效影响程度

ATM 软件		可能性	影响程度
功能点	性能属性		
取款	-	高	高
存款	-	中	高
转账	-	中	中
购买邮票	-	中	中
偿还贷款	-	低	中
查询账户余额	-	高	中
-	易用性	中	高
-	安全性	中	高
-	效率	低	中

3.3.4　计算测试风险优先级

确定了可能性和影响程度的相对值 H、M、L 后，就可以计算测试风险的优先级了。通常的做法是：给 H 赋值为 3、给 M 赋值为 2、给 L 赋值为 1；也可以采用更大的"跨度"，给 H 赋值为 10、给 M 赋值为 3、给 L 赋值为 1；或者其他方法。赋值的方法会因组织的不同而不同，这主要取决于各个组织如何看待相对风险。方法一旦选定之后，就要在整个测试风险分析过程中始终采用。然后，对失效可能性的值与失效影响程度的值求和。如果为 H 所赋的数值是 3，为 M 所赋的数值是 2，为 L 所赋的数值是 1，那么，可能存在 5 个风险优先等级（即 6、5、4、3、2），如图 3-2 所示。总体测试风险优先级是由软件功能点或性能属性的潜在失效影响确定的一个相对值，而潜在失效影响是根据失效可能性和影响程度来评定的。

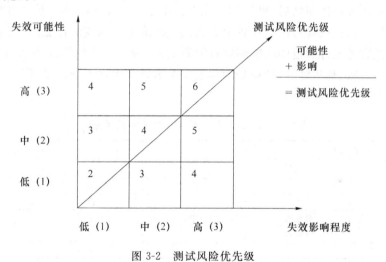

图 3-2　测试风险优先级

3.3.5　确定测试风险优先级

按照计算出的测试风险的优先级顺序对其功能点或性能属性列表进行重新组织。表 3-4 显示了按照测试风险的优先级顺序排列的 ATM 软件系统的功能点和性能属性。因为取款特征具有最高的优先级，所以被列在该表的第一行。尽管发布低效率软件的影响只为中，但是其失效可能性值却为低。所以，给效率赋予一个相对较低的风险优先级 3，被列在该表的末尾。经过排序的测试风险优先级表提供了一个清晰的视图，从中可以看出哪些风险最需要予以重视。当然，这种排定优先级的方法有一个不足，就是没有考虑测试之间的依赖关系。比如，虽然查询账户余额不是最高的优先级数值，但它仍然很可能在早期就得到了测试，因为 ATM 软件系统在取款之前必须对账户金额进行检查。

表 3-4　ATM 功能点/性能属性的测试优先级

ATM 软件		可能性	影响	优先级
功能点	性能属性			
取款	-	高	高	6
存款	-	中	高	5
-	易用性	中	高	5
-	安全性	中	高	5
查询账户余额	-	高	中	5
转账	-	中	中	4
购买邮票	-	中	中	4
偿还贷款	-	低	中	3
-	效率	低	中	3

　　在对优先级进行排序之后,可以划一条"分割线",表示在直线之下的功能点或性能属性不需要进行测试或者可以进行较少的测试。在确定分割线的位置时,需要估计在测试时间和测试资源允许的范围内能够进行的测试量。表 3-5 中的粗线表示 ATM 项目划定的分割线。转账、购买邮票、偿还贷款和效率在本版本中将不予测试,因为其风险相对较低,而测试时间和资源有限。

表 3-5　ATM 功能点/性能属性的测试优先级

ATM 软件		可能性	影响	优先级
功能点	性能属性			
取款	-	高	高	6
存款	-	中	高	5
-	易用性	中	高	5
-	安全性	中	高	5
查询账户余额	-	高	中	5
转账	-	中	中	4
购买邮票	-	中	中	4
偿还贷款	-	低	中	3
-	效率	低	中	3

　　当然,随着时间的推移,随着对软件系统进一步的了解,可能需要对分割线进行上移或下调。如果系统的风险很高,并且不允许忽略对任何功能点或性能属性的测试,那么,就需要为该系统分配额外的时间和资源。测试经理的一项重要工作是提供信息,并决定利用得到的资源可以做什么事情、不可以做什么事情。测试风险分析是高层管理使用的一个十分理想的工具,因为它有助于在进度、预算和资源分配方面获得支持。

　　到此为止,已经完成了测试风险分析的第一份草案。在需求、范围、设计、进度和其他因素发生改变时对测试风险优先级列表进行及时更新。在转移到下一个软件版本时,可以将当前的风险分析作为新风险分析的基础。在后续版本中,那些修改过的组件的测试风险自然会高一些。虽然这不是一个严格的定律,但是,为支持新版本而进行的修改,通常需要在测试风险可能性这一列中做出的变更比在测试风险影响程度这一列中做出的变更更大,除非是在功能方面引入更大的变更。

3.4 测试计划风险的应对措施

测试风险分析活动的最终目的就是要详细了解和比较测试项目中所遇到的风险,判断哪些风险对测试项目会产生更大的影响。根据测试风险分析结果,安排测试计划。测试计划的实现同样存在风险,对这种风险分析的目标是当计划风险发生时,确定最好的应急措施。因为一个测试项目的范围和性质几乎总是随着项目的进展而不断发生变化的。在测试计划阶段,如果发生某个测试计划风险,用户和开发者很有可能会坐下来,就应对风险的措施做出理性的决定。但如果测试计划风险是发生在项目的末期,很可能就会通过"激烈的战斗"做出决定,大多数人的项目都会发生这样的情况。项目的交付时间一旦确定,这个日期就会变得很神圣。如果不能按时交付合格产品,无法满足对客户的承诺,测试管理者的可信性受到考验,公司的声誉也受到挑战,而竞争对手可能获得胜利的机会。测试计划风险的应对措施就是针对那些对计划好的测试工作造成消极影响的所有因素一旦发生,可以采取什么措施。

一些常见的计划风险包括:原有测试人员不可用;预算超支;测试环境无法获得;选用的测试工具无法使用;采购测试材料出现问题;参与者的支持不能到位;培训需求不能满足;测试范围变更;测试需求不明确;风险假设改变;软件不可测试等。

可能存在的应急措施有:缩小范围、推迟实现、增加资源、减少质量过程。这 4 种应急措施各有各的特点,具体使用要根据组织和项目的实际细节来确定。比如,"增加资源"可能意味着需要让优秀的职员加班加点,或者意味着需要额外增加测试员的数量。

下面是测试计划风险案例。

用户在软件生命周期的后期提出了一个重大需求变更。可以采取的应急措施有以下 3 种。

(1)应急措施 A

请求用户团体为测试工作提供更多的时间(即增加更多的资源)。

(2)应急措施 B

决定在进行后续发布之前不实现较低优先级的性能特征测试(即缩小范围)。

(3)应急措施 C

决定对在软件风险分析过程中确定的某些风险较低的特征减少测试用例量(即减少

质量过程)。

软件测试风险分析和计划风险与应急措施的分析是相辅相成的。在前几节中讨论的自动取款机(ATM)例子中,测试风险分析过程找出了软件测试风险,使测试工作目标明确并排定测试优先顺序,以便降低测试的风险。计划风险与应急措施的分析使的测试工作按照"如果……那么……"的方式进行着。比如,如果原计划的开发人员离职,导致软件被延迟交付给测试团队,那么按照测试计划的应急措施,可以选择降低测试质量,这通常都意味着减少测试。到底应该减少哪些测试呢? 这就返回到软件风险分析阶段的结果了,可以考虑减少对最不重要的组件的测试(即需要将测试分割线上移)。参见软件测试风险分析过程的步骤5(3.3.5节),了解有关分割线的信息。

到目前为止,可以清楚地看到,计划风险、软件风险、待测特征/属性、不予测试的特征/属性,甚至还有整个测试策略都是围绕"用风险来排定测试工作优先级"这一理念来构造的。

小 结

在软件测试中,不可能对系统的所有方面进行测试,会存在用户发现缺陷的可能性,这就称为测试风险。测试风险基本可分为以下两类:技术风险和工作风险。测试风险识别活动是测试风险管理的第一步,通常使用的识别技术有:头脑风暴法、访谈和风险检查表。风险的分析过程通常包括5个步骤:步骤1,确定测试范围的功能点和性能属性;步骤2,确定测试风险发生的可能;步骤3,确定测试风险发生后产生的影响程度;步骤4,计算测试风险优先级;步骤5,确定测试风险优先级。可能存在的工作风险应急措施有:缩小范围、推迟实现、增加资源、减少质量过程。

思 考 题

3.1 阐述影响测试技术的风险因素。

3.2 描述各种风险识别技术的特点。

3.3 确定风险分析过程中的关键实践是什么?

3.4 举例说明如何实施测试计划风险应急措施。

第4章 测试过程概述

随着测试技术的蓬勃发展,测试过程的管理显得尤为重要,过程管理已成为测试成功的重要保证。经过多年努力,测试专家提出了许多测试过程模型,包括 V 模型、W 模型、H 模型等。这些模型定义了测试活动的流程和方法,为测试管理工作提供了指导。但这些模型各有长短,并没有哪种模型能够完全适合于所有的测试项目,在实际测试中应该吸取各模型的长处,归纳出合适自己组织的测试理念。在运用这些理念指导测试的同时,测试组应不断关注于基于度量和分析过程的改进活动,不断提高测试管理水平,更好的提高测试效率、降低测试成本。

软件测试过程模型是一种抽象的概念模型,用于定义软件测试的流程和方法。众所周知,开发过程的质量决定了软件的质量,同样的,测试过程的质量将直接影响测试结果的准确性和有效性。软件测试过程和软件开发过程一样,都遵循软件工程原理,遵循管理学原理。

本章描绘的测试过程除了借鉴现有测试过程模型的思想,还参考了 IEEE 标准829.1983软件测试文档编制标准以及最新版本 IEEE 标准 828.1998,还有 IEEE 标准1008.1987 软件单元测试标准。

4.1 常见测试过程模型

4.1.1 V 测试过程模型

V 测试过程模型(以下简称 V 模型)最早是由 Paul Rook 在 20 世纪 80 年代后期提

出的,旨在改进软件开发的效率和效果。V 模型反映出了测试活动与分析设计活动的关系。在图 4-1 中,从左到右描述了基本的开发过程和测试行为,非常明确地标注了测试过程中存在的不同类型的测试,并且清楚地描述了这些测试阶段和开发过程期间各阶段的对应关系。

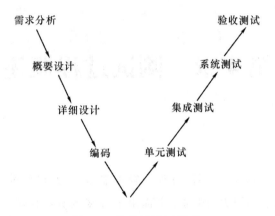

图 4-1 软件测试 V 模型

在软件测试方面,V 模型是最广为人知的模型,它和瀑布开发模型有着一些共同的特性,因此也和瀑布模型一样地受到了批评和质疑。V 模型的价值在于它非常明确地标明了测试过程中存在的不同等级,并且清楚地描述了这些测试阶段和开发过程期间各阶段的对应关系。在 V 模型中,单元测试是基于代码的测试,最初由开发人员执行,以验证其可执行程序代码的各个部分是否已达到了预期的功能要求;集成测试验证了两个或多个单元之间的集成是否正确,并有针对性地对详细设计中所定义的各单元之间的接口进行检查;在所有单元测试和集成测试完成后,系统测试开始以客户环境模拟系统的运行,以验证系统是否达到了在概要设计中所定义的功能和性能;最后,当测试部门完成了所有测试工作后,由业务专家或用户进行验收测试,以确保产品能真正符合用户业务上的需要。

V 模型指出,单元和集成测试应验证程序的执行是否满足软件设计的要求;系统测试应验证系统功能、性能等质量特性是否达到系统要求的指标;验收测试确定软件的实现是否满足用户需要或合同的要求。但 V 模型存在一定的局限性,它仅仅把测试作为在编码之后的一个阶段,是针对程序进行的寻找错误的活动,而忽视了测试活动对需求分析、系统设计等活动的验证和确认的功能。

4.1.2 W 模型

W 模型由 Evolutif 公司提出,相对于 V 模型,W 模型增加了软件各开发阶段中应同步进行的验证和确认活动。如图 4-2 所示，W 模型由两个 V 字型模型组成，分别代表测试与开发过程，图中明确表示出了测试与开发的并行关系。

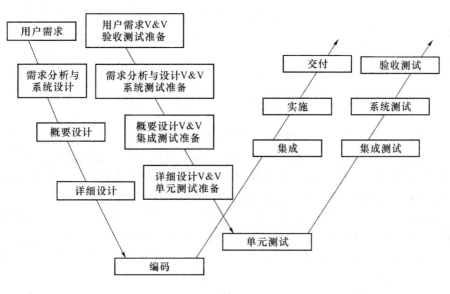

图 4-2　软件测试 W 模型

W 模型强调：测试伴随着整个软件开发周期，而且测试的对象不仅仅是程序，需求、设计等同样要测试，也就是说，测试与开发是同步进行的。W 模型有利于尽早地全面的发现问题。例如，需求分析完成后，测试人员就应该参与到对需求的验证和确认活动中，以尽早地找出缺陷所在。同时，对需求的测试也有利于及时了解项目难度和测试风险，及早制定应对措施，这将显著减少总体测试时间，加快项目进度。

但 W 模型也存在局限性。在 W 模型中，需求、设计、编码等活动被视为串行的，同时，测试和开发活动也保持着一种线性的前后关系，上一阶段完全结束，才可正式开始下一个阶段工作。这样就无法支持迭代的开发模型。对于当前软件开发复杂多变的情况，W 模型并不能解除测试管理面临的困惑。

4.1.3　H 模型

V 模型和 W 模型均存在一些不妥之处。如前所述，它们都把软件的开发视为需求、设计、编码等一系列串行的活动，而事实上，这些活动在大部分时间内是可以交叉进行的，所以，相应的测试之间也不存在严格的次序关系。同时，各层次的测试（单元测试、集成测试、系统测试等）也存在反复触发、迭代的关系。为了解决以上问题，有专家提出了H 模型。它将测试活动完全独立出来，形成了一个完全独立的流程，将测试准备活动和测试执行活动清晰地体现出来,如图 4-3 所示。

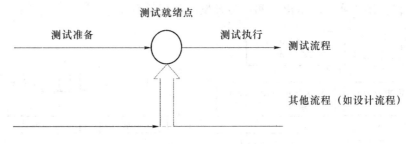

图 4-3　软件测试 H 模型

　　这个示意图仅仅演示了在整个生产周期中某个层次上的一次测试"微循环"。图中标注的其他流程可以是任意的开发流程。例如,设计流程或编码流程。也就是说,只要测试条件成熟了,测试准备活动完成了,测试执行活动就可以进行了。

　　H 模型揭示了一个原理:软件测试是一个独立的流程,贯穿产品整个生命周期,与其他流程并发地进行。H 模型指出软件测试要尽早准备,尽早执行。不同的测试活动可以是按照某个次序先后进行的,但也可能是反复的,只要某个测试达到准备就绪点,测试执行活动就可以开展。

4.2　软件测试过程的体系结构

　　软件测试过程包括三大元素:测试人员、测试阶段和测试工作产品。人员包括测试经理、测试分析师、测试技术人员、测试评审人员。阶段包括测试计划阶段、测试用例获取阶段、测试有效性度量阶段。工作产品包括相关技术和管理文档、被测程序、测试数据、测试工具。这些元素构成了有效、高质量的软件测试系统。

4.2.1　软件测试人员

　　软件测试人员的各种角色职责类似于软件开发中担任的相应角色。测试经理负责提供总体测试方向和协调工作,并且负责与所有的利益关系方交流关键信息。测试分析师负责完成详细计划、编制测试目标和覆盖领域的清单、完成测试设计和规格说明,以及进行测试评审和评价。测试技术员负责根据测试分析师提供的设计,实现测试规程和测试集,执行测试并按照终止条件对结果进行核查,以及记录测试和报告问题。测试评审员负责对过程中的所有步骤和工作产品进行评审和把关。在实际项目中并不要求这些角色由不同的人员担任。在一个小项目中,完全可以让一个人同时负责测试经理、测试分析师、测试技术员和测试评审员的职责。在一个较大的项目中,或者在一个组织中测试专业的分工很细时,这些角色很可能会由不同的人担任。开发人员和测试人员的比例应该视情况而定,事实上,它还取决于正在被测试的软件的质量、测试人员的能力、测试自动化程度和投入的测试时间。比如说，回归测试很大程度上是自动化的，并且回归测试集是相对稳定的，那么这些工作需要的测试人员的人数将会远少于一个需求经常变更的软件系统所需要的测试人员，因为需求的经常变更的软件系统往往需要手工测试。

4.2.2　测试过程的活动分解

图 4-4 将整个测试过程分割成不同等级，一个等级代表一个特定的测试环境。简单的项目可能只由一个或者两个测试等级，比如单元和验收测试构成。而复杂的项目则可能是由更多的测试等级，如单元、函数、子系统、系统、验收、α 测试、β 测试等构成。

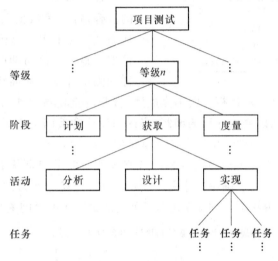

图 4-4　软件测试等级

测试等级的划分通常是通过测试环境的不同来确认的。软件测试等级环境见表 4-1。

表 4-1　软件测试等级环境

属　　性	等　　级			
	单　　元	集　　成	系　　统	验　　收
人员	开发员	开发员与测试员	测试员	测试员与用户
硬件 O/S	程序员工作平台	程序员工作平台	系统测试机器或区域	产品镜像
共驻软件	无	无	无/实际的	实际的
接口	无	内部	仿真的与真实的	仿真的与真实的
测试数据来源	人工创建	人工创建	产品与人工创建	产品
测试数据量	小	小	大	大
策略	单元	单元/工作版的集合	整个系统	仿真产品

表 4-2　软件测试阶段

阶段一	测试计划阶段
P1	建立总体测试计划
P2	开发详细的测试计划
阶段二	测试用例获取阶段
A1	测试风险分析
A2	测试设计
A3	测试实现
阶段三	测试有效性度量阶段
M1	执行测试
M2	检查测试集的充分性
M3	评价软件和测试过程

各个等级都包括 3 个主要阶段：测试计划阶段、测试用例获取阶段、测试有效性度量阶段。这些阶段又进一步细分为 8 项主要的活动，如表 4-2 所示。最主要的测试用例获取阶段可以分为：测试风险分析、测试设计和测试实现。相应的活动又可以分解为一个一个测试任务，最终形成完整的测试体系。

各个测试等级的时间安排会出现活动的重叠，每个等级的目标是尽可能快的完成测试设计工作。总体测试计划依据项目计划在整个测试周期中，处于变更受控中，详细测试计划是从高级测试等级逐步向低级测试等级制定的，当需求规格说明书完成后，就开始验收测试计划的编制；当体系结构设计完成后，就开始系统测试计划的编制；当详细设计和编码结束后，就可以开始集成和单元测试计划的编制。测试用例的获取也是按照这样的顺序，由高级测试等级到低级测试等级进行着。但是测试用例的执行和测试有效性的度量却是从低级测试等级到高级测试等级进行的。这有利于确保需求是"可测试的"，是经过严格评审的，并且有利于确保在此过程中尽早发现缺陷。图 4-5 显示了各个测试等级的时间安排。

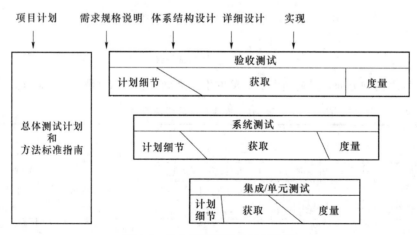

图 4-5　各个测试等级的时间安排

4.2.3　测试过程的工作产品

测试过程会在每个阶段和活动中产生的一系列工作产品，比如测试计划、测试规格说明文档,以及已经实现的测试规程、测试用例和测试数据文件。测试的工作产品和软件的工作产品相类似,这也反映出测试和开发是一个并行的过程。在设计、详细说明和构建软件的同时,测试工作产品也同样得到了设计、详细说明和构建。软件产品和测试工作产品的并行关系如图 4-6 所示。

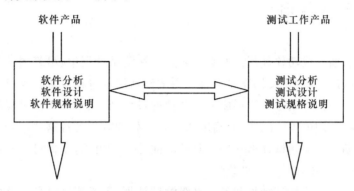

图 4-6　软件产品和测试工作产品的并行关系

这两大类工作产品是相互支持的,依赖于软件工作产品的测试件开发能够为软件故障的预防和检测提供支持。通过评审测试工作产品,软件开发同样也能够为测试件故障的预防和检测提供支持。IEEE 测试标准文档模板可以作为测试工作产品的构建依据。测试工作产品通常包括:测试计划、测试设计规格说明、测试用例规格说明、测试规程规格说明、测试日志、测试意外事件报告和测试总结报告。下面列举了测试过程中涉及的各种测试工作产品。

（1）测试计划

用于总体测试计划和针对等级的测试计划。

（2）测试设计规格说明

用于每个测试等级,以指定测试集的体系结构和覆盖跟踪。

（3）测试用例规格说明

按需要使用,用于描述测试用例或自动化脚本。

（4）测试规程规格说明

用于指定执行一个测试用例集的步骤。

（5）测试日志

按需要使用,用于记录测试规程的执行情况。

（6）测试意外事件报告

用来描述出现在测试过程或产品中的异常情况。这些异常情况可能存在于需求、设计、代码、文档或测试用例中。随后,可以将意外事件归类为缺陷或增强事件（enhancement）。

（7）测试总结报告

用于报告某个测试等级的完成情况或一个等级内主要测试目标的完成情况。

测试工作产品能保证完整测试过程是可见的,测试计划→测试设计→测试规格说明→测试集→测试报告,整个过程一直保持可见并处于受控状态。

4.3 测试计划

测试计划是通往成功软件测试的必经之路。在测试计划中,尽管测试计划文档十分重要,但是计划过程最终比文档还要重要。测试计划编制过程应该是项目组成员的主要交流渠道之一。测试计划是最终形成一份文档的过程,它让参与测试过程的相关人员预先确定测试中将出现的重要问题,并确定如何以最好的方式处理这些问题。如果在项目生命周期的早期对有关测试什么和如何测试的问题进行讨论,不但可以节约大量时间和金钱,而且还可以避免以后的意见分歧。

测试计划包括总体测试计划和各个等级测试计划,等级测试计划应该发生在不同的等级或者阶段中。在较大或者较为复杂的项目中,除了建立总体测试计划之外,通常还需要建立详细的测试计划或针对等级的测试计划。对于较小的项目,也许只需要一个测试计划,就能覆盖测试的所有等级。确定所需要的测试计划的数量和范围,需要考虑测试活动的复杂度,随着测试活动的复杂性的增加,测试计划的重要性也会提高。总体测试计划和详细测试计划考虑的问题相差无几,只是范围和细化程度上略有差别。实际上,总体测试计划和详细测试计划可以使用同一个文档模板,如下所示,可以利用这个模板,建立自定义的测试计划。

目录

1. 测试计划标识符

2. 目录表

3. 参考文献

4. 词汇表

5. 介绍(范围)

6. 测试项

7. 待测特征

8. 不予测试的特征

9. 方法

10. 测试通过/失败准则

11. 挂起准则和恢复需求

12. 测试交付物

13. 测试环境

14. 职责

15. 进度表

16. 计划风险和应急措施

17. 审批

第 1 项：测试计划标识符

为每一个测试计划建立一个由公司文档系统生成的唯一标识，便于跟踪测试计划，表示测试计划的版本、等级以及与该计划相关的软件版本。

第 2 项：目录表

目录表列举出测试计划中包含的各个主题，以及所有的参考文献、词汇表和附录。

第 3 项：参考文献

参考文献通常包括：项目授权书、项目计划、QA 计划、配置管理计划、相关政策和相关标准。在多等级的测试计划中，每个较低等级的计划必须要以相邻的较高等级的计划作参考。另外还有一些需要考虑的参考文献，包括需求规格说明书、设计文档和其他能够提供额外相关信息的文档。所列测试文档应该包括文档名、日期与版本。参考文献可以增加测试计划的可信度。

第 4 项：词汇表

词汇表定义了在计划中采用的术语和以首字母表示的缩略语。

第 5 项：介绍（范围）

在测试计划的介绍部分中包含两个主要方面的内容：对被测项目范围的基本描述，以及对计划范围的介绍。

对被测项目范围的描述可能包含这样的语句："本项目将包括当前使用的所有特征，但是不包括在版本 5.0 中的一般可用性特征。"

计划范围的描述可能包含下面这样的语句："本测试计划包括集成、系统测试，但是不包含单元测试，单元测试是由供应商负责进行的。"

第 6 项：测试项

测试项主要是纲领性的描述在测试计划范围内需要对哪些内容进行测试。这部分内容可以面向测试计划的等级来完成。对于较高的等级，按照应用程序或版本来描述。对于较低的等级，可以按照程序、单元、模块来描述。

第 7 项：待测特征

测试计划中的这一部分列出了待测的内容，这些内容通过前面讲述的风险分析得出。它与测试项的差别在于描述的角度不同，测试项是从开发者或者程序管理员的角度对待测内容的描述，待测特征是从用户和客户的角度描述待测的内容。

第 8 项:不予测试的特征

测试计划中这一部分用来记录不予测试的特征和理由。对某个特征不予测试的理由很多;可能是因为该特征没有发生变化,可能是因为它还不能投入使用,或者是因为它有良好的质量记录。但是,通常来讲,不予测试的特征基本是具有相对较低的测试风险。

第 9 项:方法

这部分是测试计划的核心所在,这部分内容包括:描述如何进行测试,解释对测试成功与否起决定作用的所有问题;测试方法的确定;测试资源获取途径;测试中的配置管理问题;测试度量的收集与确认;测试工具的选择;测试中的沟通策略等。

第 10 项:测试通过/失败准则

测试通过/失败准则是由通过和失败的测试用例,bug 的数量、类型、严重性和位置,可使用性、可靠性或稳定性来描述的,如通过的测试用例所占的百分比;缺陷的数量、严重程度和分布情况;测试用例覆盖;用户测试的结论;文档的完整性和性能标准。

第 11 项:挂起准则和恢复需求

测试计划的这部分内容的目的是:找出所有授权对测试进行暂时挂起的条件和恢复测试的标准。常用的挂起准则包括:在关键路径上的未完成任务;大量的 bug;严重的 bug;不完整的测试环境和资源短缺。

第 12 项:测试交付物

测试交付物包括如下一些例子:测试计划、测试设计规格说明、测试用例、测试规程、测试日志、测试意外事件报告、测试总结报告、测试数据、自定义工具等。

第 13 项:测试环境

测试环境包括:硬件、软件、数据、接口、设备、安全访问以及其他一些与测试工作相关的需求。应该尽最大的努力将测试环境配置成与真实系统尽量相似的环境。如果系统将运行于多种配置,则需要决定是测试所有配置,还是只测试最高配置或测试常见配置等。

第 14 项:职责

可以通过职责矩阵描述各种角色的职责。横向是测试任务的分解,纵向是测试参与人员。测试任务职责分配如图 4-7 所示,图中"×"表示横向的职责分配个纵向的测试参与人。

第 15 项:进度表

进度表应该依据测试项目中的里程碑来编写,如各种测试文档和模块的交付日期等,测试中的这些里程碑的详略程度各不相同,它取决于正在编写的测试计划的等级。在项目初期,通常是采用编制一个没有规定日期的普通进度表的形式;确定各种任务所需要的时间、各种任务的依赖关系,但是并不制定具体的开始日期和完成日期。通常,该进度表是用甘特图来表示的,以便显示出各种任务的依赖关系。

职责	协调MTP开发	开发系统测试计划	开发集成/单元测试计划	建立工作版	维护测试环境	实现脚本1~22的自动化	为特征A开发TDS	为特征B开发TDS	为特征C开发TDS	任务A、任务B、任务C等
开发经理(Crissy)		×								
测试经理(Rayanne)	×									
测试领导1(Lee)					×		×			
测试领导2(Dale)						×		×		
测试领导3(Frances)		×								
测试环境协调员(Wilton)				×						
程序库管理者(Jennifer)			×							

图 4-7　测试任务职责分配

第 16 项:计划风险和应急措施

典型的计划风险包括:不现实的交付日期;员工的可用性;预算;环境选项;工具清单;采购进度表;参与者的支持;培训需求;测试范围;资源可用性;劣质软件。可能存在的应急措施为:缩小应用程序的范围;推迟实现;增加资源;减少质量过程。

第 17 项:审批

审批人应该是有权宣布测试项目可以进入到下一个阶段的人或组织。

4.4　测试用例的获取

在测试设计文档中包括 3 类文档:测试设计规格说明、测试用例规格说明和测试规程规格说明。测试设计规格说明是对具体由相似性的测试用例进行整理归类。每个测试等级(单元测试除外)都有一个或者若干个测试设计说明。测试用例规格说明在所有测试中居于核心地位。测试用例负责具体描述将要执行的内容和正被覆盖的内容。测试规程规格说明用于描述如何运行测试。可以用一个典型的系统级测试文档关系图表明这 3 类文档的关系:一个测试规程可以执行来自一个或多个测试设计规格说明的各种测试用例。图 4-8 所示为系统测试文档规格说明文档关系。

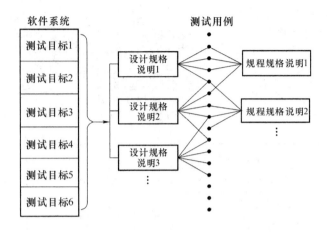

图 4-8　系统测试文档规格说明文档关系

4.4.1　测试设计规格说明

测试设计规格说明就像是一个微型的测试计划,其中包含了一个或若干个测试项包含所需的测试用例。具体模板如下:

目录

1. 测试设计规格说明标识符

2. 待测特征

3. 方法细化

4. 测试标识

5. 特征通过/失败准则

第 1 项:测试设计规格说明标识符

这是测试规格说明唯一标识,可以包含日期和版本信息,它便于对文档进行变更和控制。每个测试规格说明都应该在其相应的测试计划中被引用。

第 2 项:待测特征

每个测试设计规格说明都应该包含对一组测试用例描述,这组测试用例是为测试一个或一些特征所必须执行的,这里的特征就是待测特征。在相应的测试计划的待测特征部分为每个特征确定一个单独的测试设计规格说明是应该的。

第 3 项:方法细化

测试设计规格说明是对在测试计划中指出的系统的一部分进行详细说明的文档,所以测试设计规格说明中的方法细化部分必须支持测试计划中的方法,而且通常都要比测试计划中的方法详细得多。

第 4 项:测试标识

这部分描写测试用例标识符和测试用例的一个简短描述,不对测试用例的细节或者其执行细节进行描述,因为测试用例将在一个单独的文档或程序中进行描述。

第 5 项:特征通过/失败准则

这部分描述测试特征成功与失败的条件。这类似于测试计划中的通过/失败准则,但是测试计划中的条件应用于整个产品项。测试设计规格说明书中的通过/失败准则是针对本测试设计的特征的通过/失败准则,可使用与测试计划中相同的度量种类来确定测试设计规格说明通过/失败准则。

4.4.2　测试用例规格说明

测试用例如何描述取决于若干因素,比如,测试用例的数量、修改的频率、自动化水平、测试员的技能、所选的方法、人员流动的风险。每个组织都有自己记录测试用例的方式,本书介绍两种记录测试用例的方法:一种是详细文档式;另一种是简洁电子表格,也是自动化工具表达测试用例的方法。

详细的测试用例规格说明模板对每个测试用例都进行了非常详细的描述。这样做对于正在开发高可靠性系统的组织来说极为有用。如果测试员缺乏经验或者测试人员的流动较为频繁,这样的模板是保留组织知识财富的必要选择。但是,这样的模板对于正在经历频繁变更和不稳定的系统来说不是一个理想的选择,因为建立每个测试用例都需要非常大的工作量。测试用例规格说明模板如下:

目录

1. 测试用例规格说明标识符

2. 测试项

3. 输入规格说明

4. 输出规格说明

5. 环境要求

6. 用例间的相关性

第 1 项:测试用例规格说明标识符

测试用例规格说明标识符用来标识测试用例和测试用例规格说明后续变更的日期、数量和变更。

第 2 项:测试项

测试项描述运行一个特定测试用例的测试对象,如需求规格说明书、设计规格说明书和代码。

第 3 项：输入规格说明

输入规格说明描述测试用例所需要的输入。通常，它将描述必须输入到一个输入区域的值、输入文件、输入的一个动作或与其他系统的接口等。

第 4 项：输出规格说明

输出规格说明描述系统在运行测试用例后应该呈现出的状态。通常，可以通过检查具体屏幕、报告、文件等方式来描述。一个测试用例可能会有许多不同的输出。输出可以是比较文件、屏幕图像、报告的副本和文字描述。

第 5 项：环境要求

环境要求描述特定测试用例的特殊环境需求。如桩模块或驱动、工具、特定记录或文件、接口等。

第 6 项：用例间的相关性

测试用例之间有相关性，某些用例的执行可能是为其他用例建立测试环境。

简洁电子表格式的测试用例相对于详细文档式的测试用例要简化，如表 4-3 所示。

表 4-3　简洁电子表格式的测试用例模板

测试用例	特殊附注	输　　　入				正常结果			
		变量 1	变量 2	变量 3	…	变量 X	变量 Y	变量 Z	…
TC0401									
TC0402									
TC0501									
…									

这样的描述方法适合于自动测试管理工具实现，同时对于测试用户界面和构造许多小测试用例的测试员来说是非常有用的。这个模板规定了每个测试用例，描述了所需要的输入和预期的结果，环境要求在特殊附注一栏中作为一种例外进行处理。在模板的最后部分留有空间可以记录测试结果，可以记录成"通过"或者"失败"，也可以描述时间结果是什么。

4.4.3　测试规程规格说明

应用手工或者是脚本描述测试如何执行。测试脚本实际上是用高级语言写成的测试执行的代码。测试规程的通用结构如图 4-9 所示。在测试规程执行之后，应该对结果进行评价，然后应该将测试环境恢复到其初始状态。测试规程应该简洁，并且应该使用常见的子规程。

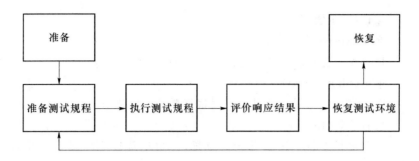

图 4-9　软件测试规程通用结构

如果使用手工的形式对测试规程进行描述，可使用如下模板：

IEEE 标准 829.1998 软件测试文档编制标准

测试规程模板

目录

1　测试规程规格说明标识符

　　为这个测试规程指定唯一的标识符。提供一个到相应的测试设计规格说明的引用。

2　目的

　　描述规程的目的，并应用到被执行的测试用例中。

3　特殊需求

　　描述各种特殊的需求，比如环境需求、技能水平、培训等。

4　规程步骤

　　这是测试规程的核心部分。IEEE 描述了如下几个步骤。

　　4.1　记录（Log）

　　　　描述记录测试执行结果、观察到的意外事件，以及其他与测试相关的事件所用的各种特定方法和格式。

　　4.2　准备（Set up）

　　　　描述执行这个规程需要准备的一系列活动。

　　4.3　开始（Start）

　　　　描述开始执行这个规程需要的各种活动。

　　4.4　进行（Proceed）

　　　　描述在这个规程的执行期间需要的所有活动。

　　　　4.4.1　步骤 1

　　　　4.4.2　步骤 2

　　　　4.4.3　步骤 3

4.4.4 步骤 Z

4.5 度量(Measure)

描述如何进行测试的度量。

4.6 中止(Shut Down)

描述发生非计划事件时暂停测试需要采取的活动。

4.7 重新开始(Restart)

指明规程中各个重新开始的位置,并描述从这些位置重新开始所需的步骤。

4.8 停止(Stop)

描述正常停止执行所需的各种活动。

4.9 完成(Wrap Up)

描述恢复环境所需要的活动。

4.10 应急措施(Contingency)

描述处理执行过程中发生的异常和其他事件所需要的各种活动。

为了解释各部分如何填写,举一个常飞旅客系统测试规程样例,如下:

使用 IEEE 模板的常飞旅客系统测试规程样例

申请国内旅程奖励

目录

1 测试规程规格说明标识符

2 目的

这个规程将执行测试用例,使奖励申请生效。

3 特殊需求

至少需要有一条达到申请国内旅程奖励所需飞行里程标准的超级常飞旅客记录。

4 规程步骤

4.1 记录。将采用手工方式把结果与客户服务代表计算出的结果相比较。

4.2 准备。加载并运行"常飞旅客"程序,客户必须登录到服务器中。

4.3 开始。使用一个有效的客户服务代表口令登录到"常飞旅客"程序中。注意系统的登录时间。

4.4 进行。

4.4.1 到屏幕"X"。

4.4.2 键入一个超级常飞旅客的代号。

4.4.3 双击"核查飞行里程"图标。注意飞行里程。

4.4.4 双击"申请国内旅程奖励"图标(出现屏幕"Y")。

4.4.5　键入出发城市名称:坦帕(Tampa)。

4.4.6　键入目的城市名称:旧金山(San Francisco)。

4.4.7　键入出发日期:6/01/2002。

4.4.8　键入返回日期:6/05/2002。

4.4.9　单击回车键(显示"接受申请"信息)。

4.4.10　到屏幕"X"。

4.4.11　双击"核查飞行里程"图标。

4.5　度量。

"核查飞行里程"的值在这个规程成功执行后应该减少 25 000。然后应该进行电子订票申请的处理。通过订票系统来核查这项内容。

4.6　中止。注销"常飞旅客"程序的登录。

4.7　重新开始。如果需要,可以从步骤 4.4.2 重新开始测试规程。

4.8　停止。断开与服务器的连接。

4.9　完成。将系统恢复到步骤 4.3 的状态。

4.10　应急措施。如果找不到指定的常飞旅客记录,可以使用记录定位器 838.78。

测试规程和脚本描述了如何执行各种测试,每个规程可能包含一个或多个测试用例,每个测试用例都会对需要进行测试的事项进行描述。例如,描述"登录到系统中"的测试用例,描述测试飞行里程超过 25 000 英里的常飞旅客申请某项奖励的测试用例。这两个测试用例都是由这个测试规程来负责执行的。

4.5　执行测试

测试执行是执行所有的或选定的一些测试用例,并观察其结果的一种过程。测试执行的结果有:测试日志、测试意外事件报告、测试总结报告。不同的测试等级执行测试的角色不同,在单元测试阶段有开发人员执行测试是比较常见的,集成测试常常由开发人员或测试人员来执行,系统测试可由开发人员、测试人员、最终用户或者由以上人员的组合来执行,验收测试理想状态下由最终用户来执行。在执行测试过程中,测试工作可能还会找些额外的人员来担任测试执行人员(用户、技术人员、培训人员或者售后服务人员),还可以请一些大学实习生和新雇用的人员,当然对他们要进行必要的培训。新手在执行易用性测试方面是较好的人选,因为他们不会受到先入为主的产品信息的干扰。事实上,应该由谁来执行测试这个问题,并没有一个准确的答案,最理想的做法是找到那些具有适当技能的人来执行。

4.5.1　测试日志

测试日志是对测试用例执行过程中相关细节的顺序记录,记录测试日志的目的是为了测试人员、用户、开发人员和其他人员之间实现信息共享,也是为了便于重现在测试中发现的缺陷。通常使用的测试日志模板如下:

目录

1　测试日志的标识符

2　描述

3　活动和事件

由于测试日志的基本目的是实现信息共享而不是分析数据,因此测试日志的形式可以灵活多样,而不必拘泥于某种形式,只要利于沟通。如果测试人员少,并且都在同一个地方工作,可以用简单的字处理文档或电子邮件,测试人员和开发人员都可以在上面记录日志条目。如果团队分布在不同的地方,可以以网页的形式或者企业内部网的形式提供。测试日志以便于访问和更新为设计依据,表 4-4 给出了一个测试日志页的样例。测试组的规模越大,项目的规模越大、测试人员分散,测试日志就越显得重要。

表 4-4　测试日志页的样例

描述:在线交易			日期:01/06/2006
识别符	时间	活动和事件条目	
1	08:00	开始测试规程♯18(购买股票),有 64 个用户在测试系统上	
2	09:30	测试系统发生崩溃	
3	10:00	测试系统恢复	
4	10:05	开始测试规程♯19(销售股票)	
5	11:11	详细描述 PR♯58	
6	12:00	安装新的操作系统补丁	

4.5.2　测试意外事件报告

测试意外事件报告为记录软件的意外事件、缺陷、改进以及它们的状态提供一种记录文档。测试意外事件报告模板如下:

目录

1　意外事件报告标识符

2　意外事件总结

3　意外事件描述

　3.1　输入

46

第 1 项：意外事件报告标识符

意外事件报告标识符用于标识意外事件报告，有利于跟踪该事件和相应的报告。

第 2 项：意外事件总结

意外事件总结为对于发生的意外事件及其意外事件的规程或测试用例联系起来的信息。这些信息可以帮助开发人员重现意外事件。

第 3 项：意外事件描述

意外事件报告的编写人员应当在报告中包含足够多的信息，以便相关人员能够理解和重复意外事件发生的过程。有时仅仅提供测试用例是不够的，关于设置、环境和其他变量的信息是很有用的。表 4-5 列出了意外事件描述中的各个部分。

表 4-5　意外事件描述中的各个部分

标　题	描　述
4.1　输入	描述实际采用的输入（如文件、按键等）
4.2　期望得到的结果	此结果来自于发生意外事件时正在运行的测试用例
4.3　实际结果	将实际结果记录在这里
4.4　异常情况	实际结果与预期结果的差异有多大。也记录一些其他数据（如果这些数据显得非常重要的话），比如有关系统的数据量过小或者过大，一个月的最后一天等
4.5　日期和时间	意外事件发生的日期和时间
4.6　规程步骤	意外事件发生的步骤。如果使用的是很长的、复杂的测试规程，这一项就特别重要
4.7　测试环境	所采用的环境（如系统测试环境、验收测试环境、客户 α 的测试环境、β 测试场所等）
4.8　重现尝试	为了重现这次测试，做了多少次尝试
4.9　测试人员	运行这次测试的人员
4.10　见证人	了解此情况的其他人员

第4项:影响

影响是指出了意外事件对用户造成的潜在影响,这也是确定 bug 修复先后顺序的主要决定因素之一。通常对意外事件确定等级,这样的确定会存在不精确性,但是通过定义参数和使用例子来对较小、较大和严重意外事件的主要特征进行描述,可以把这种不精确性减小到一定程度。

第5项:调查

描述发现意外事件的人员,解决意外事件的人员,消除意外事件的工时,可以收集到相关的度量信息。

4.5.3　测试总结报告

测试总结报告总结测试活动的结果,并根据这些结果进行评价。总结报告对产品的发布具有指导意义,并且记录产品中存在的所有已知的异常或缺点。这样的报告有利于测试经理对测试工作进行总结,并识别出软件的局限性和发生失效的可能性。每个测试计划都应该有测试总结报告。从本质上讲,测试总结报告是测试计划的扩展,起着对测试计划的反馈的作用。测试计划与总结报告对应关系如图 4-10 所示。

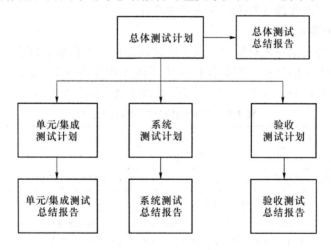

图 4-10　测试计划与总结报告

完成测试总结报告并不需要投入大量的时间,包含在报告中的信息绝大多数都属于在整个软件开发和测试生命周期中不断收集和分析的信息。可以应用以下模板编辑测试总结报告:

目录

1　测试总结报告标识符

2　总结

3　差异

4　综合评价

5　结果总结

　　5.1　已解决的意外事件

　　5.2　未解决的意外事件

6　评价

7　活动总结

8　审批

第 1 项：测试总结报告标识符

报告标识符是一个标识报告的编号，用于对测试总结报告的配置管理。

第 2 项：总结

这部分主要总结进行了哪些测试活动，包括软件的版本/发布、环境等。这部分还可以包括测试计划、测试设计规格说明、测试规程和测试用例执行的相关信息。

第 3 项：差异

这部分描述真实发生的测试与测试计划之间存在的所有差异，掌握测试计划各种变化情况，对今后如何改进测试计划过程很有帮助。

第 4 项：综合评价

对照测试计划中规定的准则对测试过程的全面性进行评价，对测试有效性的所有度量进行报告和说明。

第 5 项：结果总结

这部分内容用于总结测试结果。应该标识出所有已经解决的意外事件，并且总结这些意外事件的解决方法，还要标识出所有未解决的意外事件。

第 6 项：评价

对每个测试项，包括各个测试项的局限性进行总体评价，这种评价需要以测试结果和测试项的局限性进行总体评价，这种评价需要以测试结果和测试项的通过/失败准则为基础。

第 7 项：活动总结

总结主要的测试活动和事件，总结资源消耗数据，比如，员工配置的总体水平、总的机器时间，以及花在每一项主要测试活动上的时间。

第 8 项：审批

列出对这个报告享有审批权的所有人员的名字和职务，审批这个报告的人员与审批相应的测试计划的人员相同，因为测试总结报告是对相应的计划所有活动的总结。

4.6 测试有效性的度量

许多组织都不会有意识地尝试对测试有效性进行度量,虽然测试有效性的各种度量方法都存在不足,但是测试组织仍然需要尝试对测试有效性进行度量。度量测试有效性的大部分方式可以归入如图 4-11 所示的 3 个类别中。

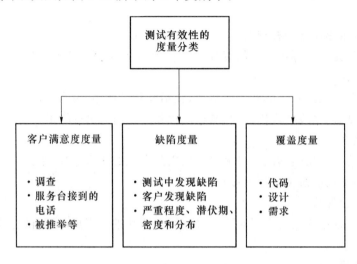

图 4-11 测试有效性的度量分类

4.6.1 客户满意度度量

很多组织都把客户满意度的度量来确定测试的有效性指标,通常的客户满意度度量是通过分析服务台接到的电话,或者通过调查手段收集起来的。但是这两种办法都存在一些不足之处。

对于调查表的设计是一项艰巨的工作:应该提出哪些问题,以及如何提出这些问题。事实上,关于如何构造、使用和理解一项调查及其结果,是一门完整的学科。调查表除了存在设计方面的问题,同时还存在客户满意度调查并没有将开发的质量从测试的有效性中分离出来。所以,客户满意度调查只能间接的度量测试有效性。

另外一种度量客户满意度的方法是服务台接到的电话数量。作为测试有效性度量方面的调查,这样的方法同样没有解决将软件质量从测试的有效性中分离出来。如果希望得到出现问题的根本原因,必须对每个电话进行分析:研究是因为培训不足还是因为功能复杂。电话很多就表明问题很多,但是如果没有人打来电话,也许表明软件没有问题,但是更坏的情况是软件质量太差,以至于没有人会使用它。

这两种度量测试有效性的方法都有两个致命的问题:一是无法将软件质量问题从测试的有效性中分离出来;二是这两种度量都是事后度量,也就是说这样的度量在销售、安装和投入使用之前不能获得这两种度量结果。

4.6.2 缺陷度量

测试有效性常用的度量方法是围绕缺陷分析来建立的。常见的指标有以下几种。

缺陷发现率

缺陷发现率是测试项目随着时间的发展,描述发现缺陷的数量来反映测试有效性的方法。因为缺陷的性质不同,单用数量来衡量存在不准确性,因此有必要对缺陷进行加权或采用影响等级分类。这个指标存在的另外一个问题是:软件产品中实际存在的缺陷数量严重影响着发现的缺陷的数量。这和客户满意度方面的度量一样,度量测试期间发现的缺陷数量不仅关注测试问题,而且也受到软件质量的影响。

图 4-12 显示了两个项目的缺陷发现率的一个例子,如果这两个项目的规模、复杂度、开发人员素质等都相似,假定项目 B 包含的缺陷和项目 A 相似,那么这两个项目各自描绘曲线就具有可比性。如图 4-12 所示,项目 B 的测试所发现的缺陷比项目 A 少的多,可以认为项目 B 的测试不如项目 A 的测试有效。当然,这种度量也存在一个问题:如果项目 A 和项目 B 可供发现缺陷数量不同,也可以表明项目 B 本身的质量比项目 A 高,就很难从曲线上分析出项目 B 比项目 A 测试有效。因此,在进行决策时,不可以仅通过一个指标来作出决定。

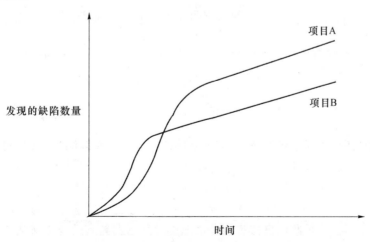

图 4-12 项目 A 与项目 B 发现的缺陷数量

缺陷密度

缺陷密度一般用如下公式来计算：

$$缺陷密度 = \frac{缺陷数量}{代码行或功能点的数量}$$

如果相同性质的模块缺陷密度高的就可以认为测试有效性好，但是同时这里也存在两个问题：一是由于缺陷的性质不同，是否应该将轻微级别和严重级别缺陷进行加权；二是因为代码行的数量可能会因编程人员的技术水平和所使用的语言的不同而不同，因此度量的基础不一样，会影响度量结果准确性。

缺陷消除率

测试有效性度量真正想度量的是：在可能发现的缺陷中，已经发现了多少缺陷。这个度量称为缺陷消除率（DRE），公式如下：

$$DRE = \frac{测试期间发现的\ bug\ 数量}{测试期间发现的\ bug\ 数量 + 未发现的\ bug\ 数量}$$

公式中未发现的缺陷数量通常等于客户发现的缺陷数量。客户发现缺陷的所需时间是不同的，必须要通过观察客户在以前的项目或版本中报告的缺陷趋势。有些软件的用户一年后才开始发现缺陷，有些用户可能在几天就发现了全部缺陷。这种度量同样有事后度量的问题，它虽然对当前项目的测试有效性没有帮助，但是对测试组织的长期测试改进很有益处。通常情况下各个系统的消除率为 $65\%\sim70\%$。以图 4-13 为例，计算方法如下：

→或↑＝传递给下一个阶段的 bug

$$DRE = \frac{测试期间发现的\ bug\ 数量}{测试期间发现的\ bug\ 数量＋未发现的\ bug\ 数量}$$

$$测试期间发现的\ bug\ 数量 = 80+40+100+20+50+30 = 320$$

$$未发现的\ bug\ 数量 = 30$$

$$DRE = \frac{320}{(320+30)} = 0.91(91\%)$$

测试 DRE 还可以用于各个测试等级的 DRE 度量，如系统测试 DRE 可以用下面的方法来度量：

→或↑＝传递给下一个阶段的 bug

$$系统测试\ DRE = \frac{系统测试中发现的\ bug\ 数量}{系统测试中发现的\ bug\ 数量＋验收测试和产品中发现的\ bug\ 数量}$$

$$系统测试中发现的\ bug\ 数量 = 50$$

$$验收测试和产品中发现的\ bug\ 数量 = 30+30 = 60$$

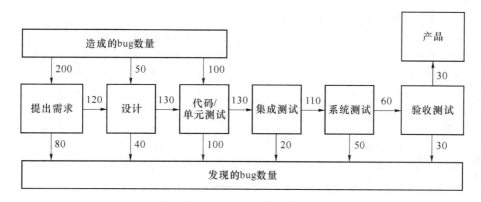

图 4-13　缺陷消除率的计算

$$系统测试 DRE = \frac{50}{(50+60)} = 0.45 \quad (45\%)$$

同理,可以度量验收测试消除率、集成测试消除率和单元测试消除率。

缺陷损失

缺陷损失是由以下公式来计算的:

$$缺陷损失 = \frac{缺陷数量 \times 发现的阶段潜伏期}{缺陷总量}$$

由于发现缺陷的时间越晚,这个缺陷带来损耗就越大,修复这个缺陷的成本就越高,因此,度量缺陷发现的时间也可以用于评价测试的有效性。一项有效的测试工作发现缺陷的时间往往都比一项低效的测试工作要早。表 4-6 所示为一个度量缺陷潜伏期的尺度,这个尺度可以根据项目的实际情况进行调整。这个尺度表明在高级设计的评审过程中发现的需求缺陷,其阶段潜伏期可以指定为 1。如果一个缺陷在对产品进行运行之前都没有发现,就可以将它的阶段潜伏期制定为 8。

表 4-6　缺陷潜伏期的尺度

缺陷造成阶段	发现阶段									
	需求	高层设计	详细设计	编码	单元测试	集成测试	系统测试	验收测试	试点产品	产品
需求	0	1	2	3	4	5	6	7	8	9
高层设计		0	1	2	3	4	5	6	7	8
详细设计			0	1	2	3	4	5	6	7
编码				0	1	2	3	4	5	6
总计										

表 4-7 显示了一个项目造成缺陷阶段和发现缺陷阶段的分布情况。这个例子中,在高层设计、详细设计、编码、系统测试、验收测试、试点产品和产品中分别发现了 8 个、4

个、1个、5个、6个、2个和1个需求缺陷。

表 4-7　一个项目造成缺陷阶段和发现缺陷阶段的分布情况

造成阶段	发现阶段										缺陷总量
	需求	高层设计	详细设计	编码	单元测试	集成测试	系统测试	验收测试	试点产品	产品	
需求	0	8	4	1	0	0	5	6	2	1	27
高层设计		0	9	3	0	1	3	1	2	1	20
详细设计			0	15	3	4	0	0	1	8	31
编码				0	62	16	6	2	3	20	109
总计	0	8	13	19	65	21	14	9	8	30	187

通过公式可以计算出一个特定项目的各个阶段造成缺陷的消除率,测试项目的缺陷损失值见表 4-8。一般而言,缺陷损失的数值越低,则说明缺陷的发现过程越有效,最理想的数值应该为1,孤立地看缺陷损失值是没有任何意义的,但是通过缺陷损失来度量测试有效性的长期趋势时,它具有一定的意义。

表 4-8　测试项目的缺陷损失值

造成阶段	发现阶段										损耗＝加权数值/缺陷总量
	需求	高层设计	详细设计	编码	单元测试	集成测试	系统测试	验收测试	试点产品	产品	
需求	0	8	8	3	0	0	30	42	16	9	116/27＝4.3
高层设计		0	9	6	0	4	15	6	14	8	62/20＝2.1
详细设计			0	15	6	12	0	0	6	42	81/31＝2.6
编码				0	62	32	18	8	15	120	255/109＝2.7
总计											514/187＝2.7

4.6.3　覆盖度量

覆盖度量是测试有效性中较为实用的度量方法,这种度量不是事后度量,也不会受到待测软件的质量影响。覆盖可以用来度量测试集或者实际执行测试的完整性。因为一个好的测试用例是能够发现缺陷的测试用例,同时能够证明软件某个功能是正确的也是一个好的测试用例。

在覆盖度量中,可以分别度量测试用例对需求、设计和代码的覆盖。如表 4-9 和表 4-10 所示,分别显示了对软件系统需求、设计和编码的覆盖测试情况。

代码覆盖度量可以通过工具来实现,但是测试用例执行了所有代码并不能为开发人员或测试人员提供保证,即代码完成了预期的任务。也就是说,保证了所有的代码都在测试中得到执行,并不能担保代码是按照客户需求和设计要求去做的。覆盖率从 50% 上升到了 90% 是很有意义的信息,但是覆盖率从 50% 上升到 51% 到底意味着测试有效性提高了多少,还是不很明确。另外,使覆盖率从 95% 提高到 100% 所付出的代价比使覆盖率从 50% 上升到 55% 所付出的代价要高。

表 4-9　需求和设计覆盖

属　　性	TC#1	TC#2	TC#3	TC#4	TC#5
需求 1	√	√		√	√
需求 2		√			√
需求 3			√		√
需求 4				√	√
设计 1	√	√			√
设计 2				√	√
设计 3		√			√

表 4-10　代码覆盖

语　　句	运 行 测 试			覆盖与否
	TR#1	TR#2	TR#3	
A	√	√	√	是
B	√		√	是
C	√			是
D				否
E			√	是
总　　计	60%	20%	60%	80%

小　结

测试模型定义了测试活动的流程和方法,常见的测试模型包括 V 模型、W 模型、H 模型等。软件测试过程包括三大元素:测试人员、测试阶段和测试工作产品。测试计划编制过程应该是项目组成员的主要交流渠道之一。测试设计规格说明是对具体由相似性的测试用例进行整理归类。测试用例负责具体描述将要执行的内容和正被覆盖的内容。测试规程规格说明用于描述如何运行测试。测试执行是执行所有的或选定的一些测试用例,并观察其结果的一种过程。测试执行的结果有:测试日志、测试意外事件报告、测试总结报告。度量测试有效性的方法可以归为:用户满意度度量、缺陷度量和覆盖度量。

思 考 题

4.1 谈谈各种测试过程模型的特点。

4.2 描述测试过程的工作分解方式和结果。

4.3 编制一份测试计划。

4.4 举例描述测试设计规格说明、测试用例规格说明和测试规程规格说明之间的关系和各自的作用。

4.5 编写一份测试缺陷报告。

4.6 编写一份测试总结报告。

4.7 给出某个测试项的目的。

第二篇

技 术 篇

　　测试用例的设计技术是测试的关键技术，可以应用到测试的任何阶段，包括单元测试、集成测试、系统测试。现在的测试界，对测试用例的设计技术极其繁多，其分类也各不相同，本书依据黑盒和白盒测试技术进行分类讲述。

　　本篇将分为两章介绍测试用例的设计技术：第 5 章主要讲述 5 种黑盒测试用例设计技术；第 6 章重点讲述 6 种白盒测试用例设计技术。

第 5 章　黑盒测试用例设计技术

黑盒测试技术就是对被测软件 S,设 S 的功能空间是为 F,选取或者生成 F 的一个子集 T 属于 F,T 称为测试用例。各种黑盒测试技术所不同的是选择 T 的方式不同。对于一般的软件来说,F 是非常大的,以至于穷举测试是不可能的。黑盒测试技术就是根据功能需求来设计测试用例,验证软件是否按照预期要求工作。黑盒测试通常把程序看做一个不能打开的黑盒子,在完全不考虑程序内部结构和内部特性的情况下进行测试。采用黑盒测试技术并不需要提供源代码,如果用户不能或者不愿意提供源代码,黑盒测试是可行的方法。黑盒测试技术主要有等价类划分法、边界条件法、因果图法、决策表法、正交表测试法等,这些方法都是借鉴了其他学科理论和工程实践。

5.1　等价类划分法

等价类划分法测试技术是依据软件系统输入集合、输出集合或操作集合实现功能的相同性为依据,对其进行的子集划分,并对每个子集产生一个测试用例的测试用例设计方法。划分是指互不相交的一组子集,这些子集的并集是整个集合。这样的划分对测试的意义在于:没有一个集合元素不属于其中的一个子集,这提供了一种形式的完备性;同时没有一个元素同时属于其中的两个或两个以上的子集,这提供了一种形式的无冗余性。一个等价类或者等价划分是指测试相同目标或者暴露相同软件缺陷的一组测试用例。等价类法设计测试用例的意义在于把可能的测试用例集缩减到可控且仍然足以测试软件的小范围内。如果为了减少测试用例的数量过度划分等价类,就有漏掉那些可能暴露软件缺陷的测试的风险。对于初级软件测试员,一定要请经验丰富的测试员审查划分好的等价类。

等价类划分法的关键就是选择确定类的等价关系。最为通常的等价类划分是有效和无效两个等价类的划分。有效等价类是指软件规格说明书中规定的数据的集合。无效等价类是指超出软件规格说明书中规定的数据的集合。例如文本输入域允许输入1～255个字符,1～255个字符的输入集合就是有效等价类,而输入 0 个字符或 256 个以上字符就属于无效等价类。可以尝试输入 1 个字符和 255 个字符代表有效等价类的数据。输入 0 个字符和 256 个字符代表无效等价类的数据。

等价类根据不同的划分标准,得到的等价类结果是不同的,等价类的划分的质量决定了其产生的测试用例的有效性和效率。通常情况,需要划分的集合是一个特定的数值、一个数值域、一组相关值或一个布尔条件时,可以按照如下规则定义等价类:

(1) 如果输入集合、输出集合或操作集合规定了取值范围,或者值的个数,则可以确定一个有效等价类和两个无效等价类;

(2) 如果输入集合、输出集合或操作集合规定了集合取值范围,或者是规定了必要条件,这时可以确定一个有效等价类和一个无效等价类;

(3) 如果输入集合、输出集合或操作集合是一个布尔量,则可以确定一个有效等价类和一个无效等价类;

(4) 如果输入集合、输出集合或操作集合是一组值,而软件要对每一组值分别进行处理,这时要对每个规定的输入值确定一个等价类,而对于这组值之外的所有值确定一个等价类;

(5) 如果规定了输入集合、输出集合和操作集合必须遵守的规则,则可以确立一个有效等价类(即遵守规则的数据)和若干无效等价类(从各种角度违反规则的数据)。

根据上述规则,就可以为每个软件测试设计并开发测试用例:设计一个测试用例,使其尽可能多的覆盖尚未覆盖的等价类。重复这一步骤,直到所有的等价类都被覆盖为止。

在实践中如何确定等价类是需要测试经验的积累。即使是同一个程序,等价类的划分也因人而异。下面给出一个输入集合等价类划分的例子。

例 5-1 如果一个程序可接受 1～100 间的任意数,那么至少有如下 3 个等价类:
- 1～100 间的任意数字都是有效输入;
- 小于 1 的数字(包括 0 和所有负数)对于程序来说数据太小,属于无效输入;
- 大于 100 的数字对于程序来说数据太大,也属于无效输入。

有经验的测试人员可能还会尝试不是数字的输入,看看程序是如何处理,是否会当机,或其他不期望的事件发生。

例 5-2 给出一个输出集合等价类划分的例子。假设一个销售书籍的奖励系统,销售 3 种软件工程类书籍,每本书的单价不同,《软件测试》每本 25 元;《程序设计》每本 30 元;《软件工程》每本 40 元。每月销售额不到(含)500 元的部分奖励 10%,500(不含)～700 元(含)元的部分奖励 15％,超过 700 元的部分奖励 20％。该系统生成月份销售报告,汇总售出的各类书籍的总数、总销售额以及奖金。

根据奖金定义 3 个输入变量的等价类如下。

$S_1 = \{《软件测试》,《程序设计》,《软件工程》:销售额 \leqslant 500\}$;

$S_2 = \{《软件测试》,《程序设计》,《软件工程》:500 < 销售额 \leqslant 700\}$;

$S_3 = \{《软件测试》,《程序设计》,《软件工程》:销售额 > 700\}$ 。

根据上述划分,可以写出如下测试用例,见表 5-1。

表 5-1　销售书籍的奖励系统测试用例

测试用例	《软件测试》	《程序设计》	《软件工程》	销 售 额	奖 金
T_1	3	4	3	315	31.5
T_2	9	6	5	605	65.75
T_3	11	10	10	975	135

例 5-3　如何确定从数据库读取数据的等价类?

可以将这个操作集合分为:

- 刚刚从数据库读取数据之前;
- 从数据库读取数据期间;
- 刚刚从数据库读取数据之后。

在操作等价类中,通常可以将程序运行很久之前的一切操作为一个等价类,程序运行结束前一段时间内的一切操作是另一个等价类,程序刚刚结束后所作的一切操作又是一个等价类。例如,在打印机空闲、正在打印或者刚刚结束打印时将文件发给打印机就是基于操作集合的等价类划分的例子。

在产品说明书中常常忽视对默认、空白、空值和无等情况的说明,编程人员也经常遗忘,但是在实际使用中确实有发生,高质量的软件会处理这种情况。它通常将输入内容默认为边界内的最小合法值,或者在合法划分中间的某个合理值,或者返回错误提示信息。因为这些值在软件中通常进行不同的处理,所以不要把它们与合法情况和非法情况混在一起,而要建立单独的等价划分。可能在这种默认情况下,和直接输入数值比较起来,软件会执行不同的路径。由于考虑到软件的不同操作,所以应该把这些作为单独的等价划分。

5.2　边界条件法

边界条件分析法是对等价类划分方法的扩张,因为长期的测试工作,发现大量错误是发生在边界条件上,而不是发生在内部。因此,针对输入集合、输出集合和操作集合等价类的边界条件而设计出来的一些测试用例,更容易揭露软件中的缺陷。

根据对边界条件测试的强度不同,分为 4 种边界条件测试用例设计方法。为了便于理解,设某软件系统的输入有两个参数 X_1、X_2;这两个参数的边界条件是:

$$a \leqslant X_1 \leqslant b$$
$$c \leqslant X_2 \leqslant d$$

边界条件坐标图如图 5-1 所示。

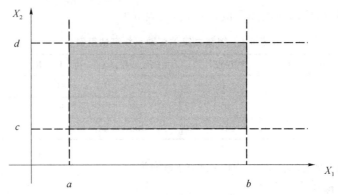

图 5-1　边界条件坐标图

1. 一般边界条件法

在各个参数的最小值、略高于最小值、正常值、略低于最大值和最大值处取变量值。根据参数的个数 n 可以产生 $4n+1$ 个测试用例,如图 5-2 所示。

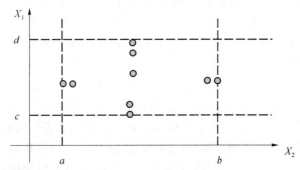

图 5-2　一般边界条件法

2. 健壮性边界条件法

健壮性边界条件法是一般边界条件法的一种简单扩展:除了变量的 5 个一般边界条件外,再添加两个条件,一个是略超过最大值的取值,另一个是略小于最小值的取值。主要是测试软件系统超过极值时系统会有什么表现。根据参数的个数 n,可以产生 $6n+1$ 个测试用例,如图 5-3 所示。

3. 最坏边界条件法

最坏边界条件法是对每一个参数建立的一般边界条件集合进行笛卡儿积计算,设计测试用例。最坏情况测试显然更彻底,因为一般边界条件法是最坏情况测试用例的真子集。根据参数的个数 n,可以产生 5^n 个测试用例,如图 5-4 所示。

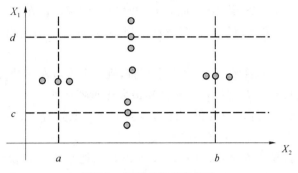

图 5-3　健壮性边界条件法

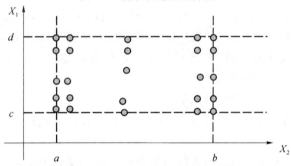

图 5-4　最坏边界条件法

4. 健壮最坏边界条件法

　　健壮最坏边界条件法是对每一个参数建立的健壮性边界条件集合进行笛卡儿积计算,设计测试用例。健壮最坏边界条件法最合适应用各条件具有大量交互作用,或者软件失效的代价极高的情况。根据参数的个数 n,可以产生 7^n 个测试用例,如图 5-5 所示。

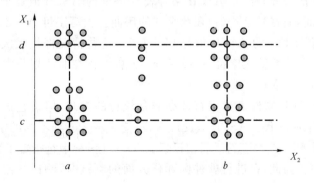

图 5-5　健壮最坏边界条件法

边界条件法重点在于确定边界条件,它不仅可以应用到数值性的参数,而且可以应用到各种数据类型,如速度、字符、地点、位置、尺寸、数量等。与其对应的可能出现的边界条件是:第一个/最后一个、最小值/最大值、开始/完成、超过/在内、空/满、最短/最长、最慢/最快、最早/最迟、最大/最小、最高/最低、相邻/最远。下面给出一些在实践中确定边界条件的例子。

- 如果文本输入域允许输入 1~255 个字符,则 1 和 255 是其边界条件。
- 如果程序读写 CD-R,则保存空文件和最大光盘容量的文件是其边界条件。
- 如果打印测试,则打印一页和允许的最多页面是其边界条件。如果可能,还要尝试打印 0 页和比最多允许页面数多一页的页面。
- 如果测试飞行模拟程序,尝试控制飞机正好在地平线上以及最大允许高度上飞行。尝试在地平线和海平面之下飞行,以及在外太空飞行是其边界条件。

在软件系统的每一个部分不断寻找边界条件是极为重要的,对边界条件测试做的越多,可能找出的软件缺陷就越多。另外,除了明显的外部边界条件之外,有些边界条件在软件内部,最终用户几乎看不到,但是软件测试员仍有必要进行测试。这样的边界条件称为次边界条件,或者内部边界条件。

寻找这样的边界不要求软件测试员成为程序员或者具有阅读代码的能力,但是确实要求大体了解软件的工作方式。2 的幂和 ASCII 表示是寻找内部边界条件要考虑的因素。

通信软件是存在大量 2 的幂的内部边界条件。例如某种通信协议支持 256 条命令。软件将发送编码为一个 4 位数据的最常用的 15 条命令。假如要用到第 16~256 条命令,软件就转而发送编码为更长的字节的命令。用户只知道可以执行 256 条命令,不知道软件是根据 4 位/字节的边界条件执行了专门的计算和操作。因此,在此测试 2 的幂是很重要的内部边界条件。

另一个常见的次边界条件是 ASCII 字符表。0~9 的 ASCII 值是 48~57。斜杠字符(/)在数字 0 的前面,而冒号字符(:)在数字 9 的后面。大写字母 A~Z 对应的 ASCII 值是 65~90。小写字母对应的 ASCII 值是 97~122。这些情况都代表次边界条件。如果测试的文本框只接受用户输入字符 A~Z 和 a~z,就应该在非法划分中包含 ASCII 表中这些字符前后的值——@、[、'和{。

尽管 ASCII 仍然是软件表示字符数据非常流行的方式,但是它正被称为统一编码(Unicode)的新标准所取代。ASCII 只使用 8 位,能表示 256 种不同的字符。Unicode 使用 16 位,可以表示 65 535 种字符。目前已经为 39 000 多种字符指定了数值,其中 21 000 多种用于表示汉字。因此,在进行软件国际化方面的测试时,测试员需要处理更复杂的字符边界情况。

例 5-4 NextDate 是一个有 3 个变量(月份、日期和年)的函数。函数返回输入日期

后面的那天的日期。变量月份、日期和年都具有整数值,且要满足以下条件:

$$C_1:1\leqslant 月份\leqslant 12$$
$$C_2:1\leqslant 日期\leqslant 31$$
$$C_3:1900\leqslant 年\leqslant 2100$$

设计出 NextDate 函数的一般边界条件法、健壮边界条件法和最坏边界条件法的测试用例,见表 5-2～表 5-4。健壮最坏边界条件法在此处不再列举。

表 5-2　NextDate 一般边界条件法测试用例

用　例	月　份	日　期	年	预 期 输 出
1	1	15	2000	2000 年 1 月 16 日
2	2	15	2000	2000 年 2 月 16 日
3	6	15	2000	2000 年 6 月 16 日
4	11	15	2000	2000 年 11 月 16 日
5	12	15	2000	2000 年 12 月 16 日
6	6	1	2000	2000 年 6 月 2 日
7	6	2	2000	2000 年 6 月 3 日
8	6	30	2000	2000 年 7 月 1 日
9	6	31	2000	输入日期不存在
10	6	15	1900	1900 年 6 月 16 日
11	6	15	1901	1901 年 6 月 16 日
12	6	15	2099	2099 年 6 月 16 日
13	6	15	2100	2100 年 6 月 16 日

表 5-3　NextDate 健壮边界条件法测试用例

用　例	月　份	日　期	年	预 期 输 出
1	0	15	2000	输入日期不存在
2	1	15	2000	2000 年 1 月 16 日
3	2	15	2000	2000 年 2 月 16 日
4	6	15	2000	2000 年 6 月 16 日
5	11	15	2000	2000 年 11 月 16 日
6	12	15	2000	2000 年 12 月 16 日
7	13	15	2000	输入日期不存在
8	6	0	2000	输入日期不存在

用 例	月 份	日 期	年	预 期 输 出
9	6	1	2000	2000 年 6 月 2 日
10	6	2	2000	2000 年 6 月 3 日
11	6	30	2000	2000 年 7 月 1 日
12	6	31	2000	输入日期不存在
13	6	32	2000	输入日期不存在
14	6	15	1899	1899 年 6 月 16 日
15	6	15	1900	1900 年 6 月 16 日
16	6	15	1901	1901 年 6 月 16 日
17	6	15	2099	2099 年 6 月 16 日
18	6	15	2100	2100 年 6 月 16 日
19	6	15	2101	2101 年 6 月 16 日

表 5-4   NextDate 最坏边界条件法测试用例

用 例	月 份	日 期	年	预 期 输 出
1	1	1	1900	1900 年 1 月 2 日
2	2	1	1900	1900 年 2 月 2 日
3	6	1	1900	1900 年 6 月 2 日
4	11	1	1900	1900 年 11 月 2 日
5	12	1	1900	1900 年 12 月 2 日
6	1	2	1900	1900 年 1 月 3 日
7	2	2	1900	1900 年 2 月 3 日
8	6	2	1900	1900 年 6 月 3 日
9	11	2	1900	1900 年 11 月 3 日
10	12	2	1900	1900 年 12 月 3 日
11	1	15	1900	1900 年 1 月 16 日
12	2	15	1900	1900 年 2 月 16 日
13	6	15	1900	1900 年 6 月 16 日
14	11	15	1900	1900 年 11 月 16 日
15	12	15	1900	1900 年 12 月 16 日
16	1	30	1900	1900 年 1 月 31 日
17	2	30	1900	输入日期不存在

用　　例	月　　份	日　　期	年	预 期 输 出
18	6	30	1900	1900 年 7 月 1 日
19	11	30	1900	1900 年 12 月 1 日
20	12	30	1900	1900 年 12 月 31 日
21	1	31	1900	1900 年 2 月 1 日
22	2	31	1900	输入日期不存在
23	6	31	1900	输入日期不存在
24	11	31	1900	输入日期不存在
25	12	31	1900	1901 年 1 月 1 日
26	1	1	1901	1901 年 1 月 2 日
27	2	1	1901	1901 年 2 月 2 日
28	6	1	1901	1901 年 6 月 2 日
29	11	1	1901	1901 年 11 月 2 日
30	12	1	1901	1901 年 12 月 2 日
31	1	2	1901	1901 年 1 月 3 日
32	2	2	1901	1901 年 2 月 3 日
33	6	2	1901	1901 年 6 月 3 日
34	11	2	1901	1901 年 11 月 3 日
35	12	2	1901	1901 年 12 月 3 日
36	1	15	1901	1901 年 1 月 16 日
37	2	15	1901	1901 年 2 月 16 日
38	6	15	1901	1901 年 6 月 16 日
39	11	15	1901	1901 年 11 月 16 日
40	12	15	1901	1901 年 12 月 16 日
41	1	30	1901	1901 年 1 月 31 日
42	2	30	1901	输入日期不存在
43	6	30	1901	1901 年 7 月 1 日
44	11	30	1901	1901 年 12 月 1 日
45	12	30	1901	1901 年 12 月 31 日
46	1	31	1901	1901 年 2 月 1 日
47	2	31	1901	输入日期不存在
48	6	31	1901	输入日期不存在

用　例	月　份	日　期	年	预 期 输 出
49	11	31	1901	输入日期不存在
50	12	31	1901	1902 年 1 月 1 日
51	1	1	2000	2000 年 1 月 2 日
52	2	1	2000	2000 年 2 月 2 日
53	6	1	2000	2000 年 6 月 2 日
54	11	1	2000	2000 年 11 月 2 日
55	12	1	2000	2000 年 12 月 2 日
56	1	2	2000	2000 年 1 月 3 日
57	2	2	2000	2000 年 2 月 3 日
58	6	2	2000	2000 年 6 月 3 日
59	11	2	2000	2000 年 11 月 3 日
60	12	2	2000	2000 年 12 月 3 日
61	1	15	2000	2000 年 1 月 16 日
62	2	15	2000	2000 年 2 月 16 日
63	6	15	2000	2000 年 6 月 16 日
64	11	15	2000	2000 年 11 月 16 日
65	12	15	2000	2000 年 12 月 16 日
66	1	30	2000	2000 年 1 月 31 日
67	2	30	2000	输入日期不存在
68	6	30	2000	2000 年 7 月 1 日
69	11	30	2000	2000 年 12 月 1 日
70	12	30	2000	2000 年 12 月 31 日
71	1	31	2000	2000 年 2 月 1 日
72	2	31	2000	输入日期不存在
73	6	31	2000	输入日期不存在
74	11	31	2000	输入日期不存在
75	12	31	2000	2001 年 1 月 1 日
76	1	1	2099	2099 年 1 月 2 日
77	2	1	2099	2099 年 2 月 2 日
78	6	1	2099	2099 年 6 月 2 日
79	11	1	2099	2099 年 11 月 2 日

用　例	月　份	日　期	年	预 期 输 出
80	12	1	2099	2099 年 12 月 2 日
81	1	2	2099	2099 年 1 月 3 日
82	2	2	2099	2099 年 2 月 3 日
83	6	2	2099	2099 年 6 月 3 日
84	11	2	2099	2099 年 11 月 3 日
85	12	2	2099	2099 年 12 月 3 日
86	1	15	2099	2099 年 1 月 16 日
87	2	15	2099	2099 年 2 月 16 日
88	6	15	2099	2099 年 6 月 16 日
89	11	15	2099	2099 年 11 月 16 日
90	12	15	2099	2099 年 12 月 16 日
91	1	30	2099	2099 年 1 月 31 日
92	2	30	2099	输入日期不存在
93	6	30	2099	2099 年 7 月 1 日
94	11	30	2099	2099 年 12 月 1 日
95	12	30	2099	2099 年 12 月 31 日
96	1	31	2099	2099 年 2 月 1 日
97	2	31	2099	输入日期不存在
98	6	31	2099	输入日期不存在
99	11	31	2099	输入日期不存在
100	12	31	2099	2100 年 1 月 1 日
101	1	1	2100	2100 年 1 月 2 日
102	2	1	2100	2100 年 2 月 2 日
103	6	1	2100	2100 年 6 月 2 日
104	11	1	2100	2100 年 11 月 2 日
105	12	1	2100	2100 年 12 月 2 日
106	1	2	2100	2100 年 1 月 3 日
107	2	2	2100	2100 年 2 月 3 日
108	6	2	2100	2100 年 6 月 3 日
109	11	2	2100	2100 年 11 月 3 日
110	12	2	2100	2100 年 12 月 3 日

用 例	月 份	日 期	年	预 期 输 出
111	1	15	2100	2100 年 1 月 16 日
112	2	15	2100	2100 年 2 月 16 日
113	6	15	2100	2100 年 6 月 16 日
114	11	15	2100	2100 年 11 月 16 日
115	12	15	2100	2100 年 12 月 16 日
116	1	30	2100	2100 年 1 月 31 日
117	2	30	2100	输入日期不存在
118	6	30	2100	2100 年 7 月 1 日
119	11	30	2100	2100 年 12 月 1 日
120	12	30	2100	2100 年 12 月 31 日
121	1	31	2100	2100 年 2 月 1 日
122	2	31	2100	输入日期不存在
123	6	31	2100	输入日期不存在
124	11	31	2100	输入日期不存在
125	12	31	2100	2101 年 1 月 1 日

5.3 决策表法

决策表是分析和表达多逻辑条件下执行不同操作情况的工具,它可以把复杂的逻辑关系和多种条件组合的情况表达得既具体又明确。

1. 决策表的组成

决策表通常由 4 个部分组成,典型的决策表见表 5-5。

表 5-5 典型的决策表

桩	规则 1	规则 2	规则 3、4	规则 5	规则 6	规则 7、8
C_1	T	T	T	F	F	F
C_2	T	T	F	T	T	F
C_3	T	F	-	T	F	-
A_1	X	X		X		
A_2	X				X	
A_3		X		X		
A_4			X			X

（1）条件桩

条件桩列出了软件系统所有输入条件,列出条件的排列顺序不会影响输出的结果(见表 5-5 中的 C_1、C_2、C_3)。

（2）动作桩

动作桩列出了软件系统对应输入条件可能采取的操作。这些操作的排列顺序也会影响输出的结果(见表 5-5 中的 A_1、A_2、A_3、A_4)。

（3）条件项

条件项列出针对其左列条件的取值。如果取所有可能情况下条件的真假值,则为有限条目决策表;如果取所有可能情况下条件的多个值,则对应的决策表叫做扩展条目决策表(表 5-5 中的 T、F)。

（4）动作项

动作项列出在条件项的各种取值情况下应该采取的操作(见表 5-5 中的 X)。

（5）规则

任何一个条件组合的特定取值及其相应要执行的操作称为规则。在决策表中贯穿条件项和动作项的一列就是一条规则。显然,判定表中列出多少组条件取值,即条件项和动作项有多少列,就有多少条规则。每条规则可以用于一类测试用例的设计。

2. 决策表的建立步骤

决策表的建立步骤如下。

（1）确定规则的个数。假如有 n 个条件。对于有限条目决策表,每个条件有两个取值(0,1),故有 2^n 种规则。对于扩展条目决策表,各条件取值数相乘即为最终的规则数。

（2）列出所有的条件桩和动作桩。

（3）填入条件项。

（4）填入动作项,得到初始决策表。

3. 决策表的简化

对于多条件,条件多取值的决策表,对应的规则比较大时,可以对其进行简化。

决策表的简化主要包括以下两个方面。

（1）合并

如果两个或多个条件项产生的动作项是相同的,且其条件项对应的每一行的值只有一个是不同的,则可以将其合并。合并的项除了不同值变成无关项外,其余的保持不变。

（2）包含

如果两个条件项的动作是相同的,对任意条件 1 中任意一个值和条件 2 中对应的值,如果满足:

• 如果条件 1 的值是 Y,则条件 2 中的值也是 Y,如果条件 1 的值是 N,则条件 2 中的值也是 N;

• 如果条件 1 的值是-,则条件 2 中的值是 Y、N、-,称条件 1 包含条件 2,此时,条件 2 可以删除。

根据以上规则可以精简决策表。

例 5-5　NextDate 是一个有 3 个变量(月份、日期和年)的函数。函数返回输入日期后一天的日期。变量月份、日期和年都具有整数值,且要满足以下条件。

$$C_1：1 \leqslant 月份 \leqslant 12$$
$$C_2：1 \leqslant 日期 \leqslant 31$$
$$C_3：1900 \leqslant 年 \leqslant 2100$$

用决策表法设计出 NextDate 函数的测试用例。以这个函数为例的原因在于它 3 个输入变量之间存在复杂的依赖关系,适合于应用决策表来设计测试用例。用例设计步骤如下:

(1) 分析各种输入情况,列出输入变量 month、day、year 划分的有效等价类;

(2) 分析程序规格说明,结合以上等价类划分的情况给出函数规定的可能采取的操作(即列出所有的动作桩);

(3) 根据(1)和(2),画出简化后的决策表。

设计结果如下:

* month 变量的有效等价类

M_1：{月份:每月有 30 天};M_2：{月份:每月有 31 天,12 月除外};M_3：{月份:此月是 12 月};M_4：{月份:此月是 2 月}。

* day 变量的有效等价类

D_1：{日期:1 $\leqslant$ 日期 $\leqslant$ 27};D_2：{日期:日期=28};D_3：{日期:日期=29};D_4：{日期:日期=30};D_5：{日期:日期=31}。

* year 变量的有效等价类

Y_1：{年:年是闰年};Y_2：{年:年不是闰年}。

* 可能使用的操作

A_1：日期不存在;A_2：日期增加 1;A_3：日期复位;A_4：月份增加 1;A_5：月份复位;A_6：年增加 1。

年、月、日 3 个等价类的笛卡尔积包含 40 个元素,可以生成决策表,见表 5-6 和表 5-7,所产生的组合规则包含大量不关心条目。

表 5-6　NextDate 函数的决策表

	1	2	3	4	5	6	7	8	9	10
C_1:月份在	M_1	M_1	M_1	M_1	M_1	M_2	M_2	M_2	M_2	M_2
C_2:日期在	D_1	D_2	D_3	D_4	D_5	D_1	D_2	D_3	D_4	D_5
C_3:年在	-	-	-	-	-	-	-	-	-	-
A_1:不可能					X					
A_2:日期增加 1	X	X	X			X	X	X	X	
A_3:日期复位				X						X
A_4:月份增加 1				X						X
A_5:月份复位										
A_6:年增加 1										

表 5-7　NextDate 函数的决策表

	11	12	13	14	15	16	17	18	19	20	21	22
C_1:月份在	M_3	M_3	M_3	M_3	M_3	M_4	M_4	M_4	M_4	M_4	M_4	M_4
C_2:日期在	D_1	D_2	D_3	D_4	D_5	D_1	D_2	D_2	D_3	D_3	D_4	D_5
C_3:年在	-	-	-	-	-	-	Y_1	Y_2	Y_1	Y_2	-	-
A_1:不可能										X	X	X
A_2:日期增加 1	X	X	X	X		X	X					
A_3:日期复位					X			X	X			
A_4:月份增加 1								X	X			
A_5:月份复位					X							
A_6:年增加 1					X							

经过决策表的简化,可以得出一个 22 条规则的决策表(见表 5-8 和表 5-9)。头 5 条规则处理有 30 天的月份,这里不考虑闰年;接下来的规则 6～10 和规则 11～15 处理有 31 天的月份,其中头 5 条规则处理 12 月之外的月份,后 5 条规则处理 12 月;最后的 7 条规则关注的是 2 月和闰年。

表 5-8　NextDate 函数的简化决策表

	1～3	4	5	6～9	10
C_1:月份在	M_1	M_1	M_1	M_2	M_2
C_2:日期在	$D_1 \sim D_3$	D_4	D_5	$D_1 \sim D_4$	D_5
C_3:年在	-	-	-	-	-
A_1:不可能			X		
A_2:日期增加 1	X			X	
A_3:日期复位		X			X
A_4:月份增加 1		X			X
A_5:月份复位					
A_6:年增加 1					

表 5-9　NextDate 函数的简化决策表

	11～14	15	16	17	18	19	20	21～22
C_1:月份在	M_3	M_3	M_4	M_4	M_4	M_4	M_4	M_4
C_2:日期在	$D_1 \sim D_4$	D_5	D_1	D_2	D_2	D_3	D_3	$D_4 \sim D_5$
C_3:年在	-	-	-	Y_1	Y_2	Y_1	Y_2	-
A_1:不可能							X	X
A_2:日期增加 1	X		X	X				
A_3:日期复位		X			X	X		
A_4:月份增加 1					X	X		
A_5:月份复位		X						
A_6:年增加 1		X						

　　决策表法测试用例适用于具有以下特征的应用系统:if-then-else 逻辑很突出;输入变量之间存在逻辑关系;输入变量需要作等价类划分的;输入与输出之间存在因果关系;程序复杂度圈数比较高的。如果使用有限条目决策表规则比较多,可以转化为扩展条目决策表。另外,决策表的设计可能一次不会成功,但是多次迭代可以最终得到满意的决策表。

5.4　因果图法

　　因果图法提供了一种把需求规格说明书转化为决策表的系统化方法。等价类划分法和边界条件法着重考虑输入条件本身的属性,但未考虑输入条件之间的逻辑关系。如果软件的输入之间没有什么关系,采用等价类划分法和边界条件法是有效的,但是如果输入条件之间有关系,例如约束关系、组合关系等,则采用等价类划分法和边界条件法是难以描述的,测试效果也很难保障。这就需要利用因果图的方法,它是一种帮助人们系统的选择一组高效测试用例的方法。因果图方法最终生成的就是决策表,它适合于检查程序输入条件的各种情况。

　　对于规模较大的程序来说,由于输入条件的组合数太大,所以很难整体上使用一个因果图。可以把它划分成若干个部分,根据测试资源的实际情况,然后对重要部分使用因果图。

　　描述输入条件之间因果关系的共有 4 类图形,因果图的基本符号如图 5-6 所示。

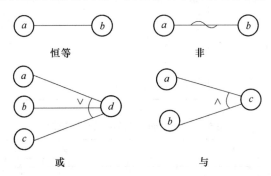

图 5-6　因果图基本符号

图中左边的节点表示原因,右边的节点表示结果。恒等、非、或、与的含义如下。
- 恒等:若 $a=1$,则 $b=1$;若 $a=0$,则 $b=0$。
- 非:若 $a=1$,则 $b=0$;若 $a=0$,则 $b=1$。
- 或:若 $a=1$ 或 $b=1$ 或 $c=1$,则 $d=1$;若 $a=b=c=0$,则 $d=0$。
- 与:若 $a=b=1$,则 $d=1$;若 $a=0$ 或 $b=0$,则 $d=0$。

在实际问题中,输入和输出之间还可能存在某些依赖关系,称之为约束。为表达这些特殊情况,在因果图上用一些记号表示约束条件。因果图的约束条件如图 5-7 所示。

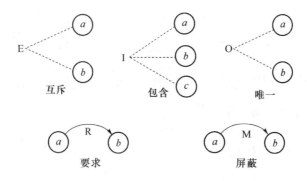

图 5-7　因果图的约束条件

其中互斥、包含、唯一是对原因的约束,要求、屏蔽是对结果的约束。它们的含义如下。

- 互斥:表示不同时为 1,即 a、b 中至多只有一个 1。
- 包含:表示至少有一个 1,即 a、b、c 中不同时为 0,至少有一个为 1。
- 唯一:表示 a、b 中有且仅有一个 1。即 a 为 1 或 b 为 1,但不能同时为 1。
- 要求:表示若 $a=1$,则 b 必须为 1。即不可能 $a=1$ 且 $b=0$。
- 屏蔽:表示若 $a=1$,则 b 必须为 0。

应用因果图法生成测试用例的步骤:

(1) 根据需求规格说明书,把程序划分成可以工作的片段。

(2) 确定规格说明书中的原因和结果。

(3) 分析规格说明书,以确定原因和结果之间的逻辑关系,并用因果图的方式表示出来。

(4) 确定因果图转化为决策表。

(5) 从决策表中产生测试用例。

例 5-6　有一个饮料自动售货机(处理单价为 5 角)的控制处理软件,它的规格说明为——若投入 5 角钱的硬币,按下“橙汁”或“啤酒”的按钮,则相应的饮料就送出来;若投入 1 元钱的硬币,同样也是按下“橙汁”或“啤酒”的按钮,则自动售货机在送出相应饮料的同时退还 5 角硬币。

分析这一段规格说明,可以列出“原因”、“结果”如下(见表 5-10)。

表 5-10　原因和结果集表

原　　因	投入 1 元硬币
	投入 5 角硬币
	按下“橙汁”按钮
	按下“啤酒”按钮
结　　果	退还 5 角硬币
	送出“橙汁”饮料
	送出“啤酒”饮料

根据原因和结果,可以画出相应的因果图。在绘制因果图时,为了表达清晰,需要引入一些必要的表示中间状态(已投币、已按钮)的处理节点,如图 5-8 所示。

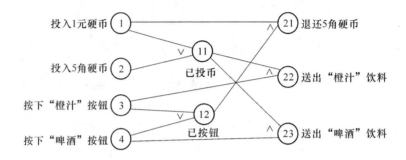

图 5-8　因果图

考虑到 1 元硬币和 5 角硬币不会同时被投入到自动售货机内,且"橙汁"和"啤酒"按钮也不可能同时被按下,因此,需要完善上面的因果图。添加约束条件的因果图如图 5-9 所示。

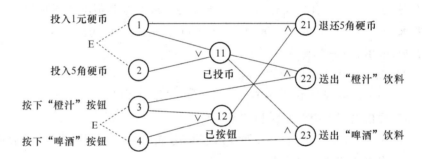

图 5-9　添加约束条件的因果图

接下来根据因果图画出决策表。画决策表的方法一般比较简单,可以把所有原因作为输入条件,每一项原因(输入条件)安排为一行,而所有的输入条件的组合一一列出(真值为 1,假值为 0),对于每一种条件组合安排为一列,并把各个条件的取值情况分别填入决策表中对应的每一个单元格中。例如,因果图中的原因有 4 项,那么决策表中的输入条件则共有 4 行,而列数则为 $2^4 = 16$。考虑到存在的约束条件,很多组合是无效的,因此根据因果图画出决策表时,可以有意识的排除掉这些无效的条件组合,从而使判定表的列数大幅度减少。根据图 5-9 所示的因果图,可以画出下面的决策表(见表 5-11)。

表 5-11　从因果图导出的决策表

			1	2	3	4	5	6	7	8
输　　入	投入 1 元硬币	1	1	1	1	0	0	0	0	0
	投入 5 角硬币	2	0	0	0	1	1	1	0	0
	按下"橙汁"按钮	3	1	0	0	1	0	0	1	0
	按下"啤酒"按钮	4	0	1	0	0	1	0	0	1
中间节点	已投币	11	1	1	1	1	1	1	0	0
	已按钮	12	1	1	0	1	1	0	1	1
输　　出	退还 5 角硬币	21	1	1	0	0	0	0	0	0
	送出"橙汁"饮料	22	1	0	0	1	0	0	0	0
	送出"啤酒"饮料	23	0	1	0	0	1	0	0	0

最后,就可以用因果图中导出的决策表中的每一列设计一个测试用例。

5.5　正交表测试法

利用等价类划分法、边界条件法、决策表法和因果图法设计测试用例时,即使对于中、小规模的软件,设计出的测试用例数目也是庞大的,这使测试工作成本极高。为了有效地、合理地减少测试的工作量,降低测试成本,可利用正交表测试法进行测试用例的设计。同时,正交表测试法也是一种成对测试交互系统的有效方法,它提供能对所有变量对的组合进行典型覆盖(均匀分布)的方法。这种技术对软件组件的集成测试和配置选项组合的测试尤其有用。在软件系统中,交互和集成是最主要的缺陷来源。很多缺陷并非出现在复杂的交互情况下,比如,"当背景是蓝色的,字体是 Arial,页面右侧有菜单,图像是一个大的图像和时间是星期四时,表格没有排列好",而很多缺陷都是发生在成对的交互中,比如,"当字体是 Arial 和页面右侧有菜单时,表格没有排列好"。如果随机的选取测试值而生成的组合一般是没有什么效率的测试集,因为这些值的分布是随机的并且是无意义的。正交表测试法针对上述原因,利用严谨的统计学定理作为支撑,高效、快速和经济的设计测试用例。

正交表是一个二维数字表格。正交表的次数(Runs)是正交表中的行的个数,它直接对应到用正交表测试法设计成的测试的个数。正交表的因素数(Factors)是正交表中列的个数。它直接对应到用这种技术设计测试用例时的变量的最大个数。正交表的水平数

(Levels)是任何单个因素能够取得的值的最大个数。正交表中包含的值为从 1 到水平数 n。

正交表通常用下面的形式表示：

$$L_{次数}(水平数^{因素数})$$

$$L_{Runs}(Levels^{Factors})$$

例如 $L_9(3^4)$，它表示需 9 个测试用例，最多可观察 4 个因素，每个因素均为 3 水平，其正交表见表 5-12。

表 5-12　$L_9(3^4)$ 正交表

	因　　素			
	0	0	0	0
	0	1	1	2
	0	2	2	1
	1	0	1	1
次　　数	1	1	2	0
	1	2	0	2
	2	0	2	2
	2	1	0	1
	2	2	1	0

从以上的例子可以看出来，正交表具有两个特点。

(1) 每列中不同数字出现的次数相等。例如在 $L_9(3^4)$ 中，数字 1、2、3 在每列中都各出现 3 次。由于每个因素的每个水平与其他水平参与试验的几率是完全相同的，从而保证了在各个水平中最大限度地排除了其他因素水平的干扰，能够有效地比较测试结果。

(2) 在任意 2 列其横向组成的数字对中，每种数字对出现的次数相等。例如在 $L_9(3^4)$ 中，任意 2 列横向组成的数字对有 (1,1)、(1,2)、(1,3)、(2,1)、(2,2)、(2,3)、(3,1)、(3,2)、(3,3)，它们各自出现 1 次。这个特征保证了测试点均匀地分散在因素与水平的完全组合之中，因此具有很强的代表性。

正交表测试法具有测试次数少、测试点分布均匀、测试结果易于分析等特点。例如，做一个 4 因素 3 水平的测试，按全面测试要求，必须进行 $3^4 = 81$ 种组合的测试。若按照 $L_9(3^4)$ 正交表来安排测试，它只需做 9 次。而对于 6 因素 5 水平的测试，全面测试需要进行 $5^6 = 15\,625$ 次，如按照 $L_{25}(5^6)$ 正交表来安排测试，它只需做 25 次。显然，正交表测试法大大减少了测试工作量，而且在某种意义上，这较少次数（25 次）的测试很大程度上代表了全部组合条件次数(15 625 次)下的测试。

使用正交表测试法非常简单,步骤大致如下。

(1) 确定交互测试中有多少个相互独立的变量,这映射到表中的因素数(Factors)。

(2) 确定每个变量可以取值的个数的最大数,这映射到表中的水平数(Levels)。

(3) 选择一个次数(Run)数最少的最适合的正交表。一个最合适的正交表是至少满足第一步说明的因素数和第二步说明的水平数。

(4) 把因素和值映射到表中。

(5) 为剩下的水平数选取值。

(6) 把次数中所描述的组合转化成测试用例,再增加一些没有生成的但可疑的测试用例。

例 5-7　假设一个网页有 3 个不同的部分(Top、Middle、Bottom),并且可以把其中的一个单独部分显示及隐藏。要测试这 3 个不同部分的交互。按照前面给出的正交表测试用例设计步骤,设计该系统的正交表测试用例。

(1) 确定有 3 个独立的变量(网页的 3 个部分)。

(2) 每个变量能够取两个值(Hidden 或 Visible)。

(3) 选择 $L_4(2^3)$ 正交表——变量为三因素,值为二水平。

(4) 把变量的值映射到表中,如表 5-13 所示,其中 Hidden=0,Visible=1。

表 5-13　$L_4(2^3)$正交用例表

因素映射之前			
	因素 1	因素 2	因素 3
次数 1	0	0	0
次数 2	0	1	1
次数 3	1	0	1
次数 4	1	1	0
因素映射之后			
	Top	Middle	Bottom
用例 1	Hidden	Hidden	Hidden
用例 2	Hidden	Visible	Visible
用例 3	Visible	Hidden	Visible
用例 4	Visible	Visible	Hidden

(5) 此种情况没有剩余的水平数,也就是说,表中的每一个水平都有一个值被映射过来。

(6) 把表中每一行转换成测试用例,可以得到 4 个测试用例。这是测试 3 个变量成对交互时需要测试的内容。测试用例描述如下:

① 显示首页,隐藏这 3 部分;

② 显示首页,显示除 Top 部分外的其他部分;

③ 显示首页,显示除 Middle 部分外的其他部分;

④ 显示首页,显示除 Bottom 部分外的其他部分。

这里不是所有的可能组合都被测试。如果测试所有可能的组合将需要 8 个测试用例。这测试实际工作中,可以根据测试人员的经验添加特殊的测试用例。例如,如果觉得显示所有部分或仅仅显示 Middle 部分等这些组合很有可能出错,就可以增加这个测试用例来测试。

下面看一个与可用的正交表不完全相配的例子。

例 5-8 一个面向对象系统包含一个客户端(C_1)和两个子客户端(C_2 和 C_3)。这些客户端与一个服务器(S_1)交互,这个服务器有两个子服务器(S_2 和 S_3)。这个服务器具有一个功能 F(),它以 M_1 的一个实例消息作为参数。M_1 又有两个子消息(M_2 和 M_3)。图 5-10 描述了这些对象的关系。

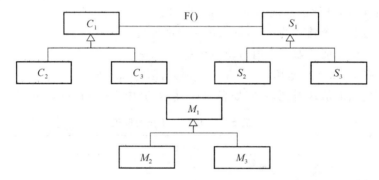

图 5-10　客户端、服务器和消息关系图

为了测试这些类的所有组合,那么必须设计 27 个测试用例(3 类客户端可以送 3 类消息到 3 类服务器——$3 \times 3 \times 3 = 27$)。但是使用正交表测试法可以大幅度地减少测试用例的数量。

(1) 确定有 3 个独立的变量(客户端、服务器和消息)。

(2) 每个变量可以有 3 个值。

(3) 理想情况下,将使用 3 水平 3 因素的正交表 $L_?(3^3)$。但是,没有这种类型的正交表被设计并公布出来。因此,需要找一个最小的能够处理问题的正交表。$L_9(3^4)$ 正好满足这个要求。它有 3 水平的值,4 因素,用它来处理 3 个变量已经够了。

(4) 把值映射到正交表中,将得到表 5-14。

① 对客户端,$C_1 = 0$;$C_2 = 1$;$C_3 = 2$。

② 对服务器,$S_1 = 0$;$S_2 = 1$;$S_3 = 2$。

③ 对消息,$M_1 = 0$;$M_2 = 1$;$M_3 = 2$。

表 5-14　L_7 (3^3) 正交用例表

因素映射之前			
	因素 1	因素 2	因素 3	因素 4
次数 1	0	0	0	0
次数 2	0	1	1	2
次数 3	0	2	2	1
次数 4	1	0	1	1
次数 5	1	1	2	0
次数 6	1	2	0	2
次数 7	2	0	2	2
次数 8	2	1	0	1
次数 9	2	2	1	0

因素映射之后			
	客户端	服务器	消息	
用例 1	C_1	S_1	M_1	
用例 2	C_1	S_2	M_2	
用例 3	C_1	S_3	M_3	
用例 4	C_2	S_1	M_2	
用例 5	C_2	S_2	M_3	
用例 6	C_2	S_3	M_1	
用例 7	C_3	S_1	M_3	
用例 8	C_3	S_2	M_1	
用例 9	C_3	S_3	M_2	

（5）此种情况没有剩下的水平数。在原始的表中有一个额外的因素没有使用,可以简单地忽略这个因素,而不影响由此表生成的测试集,该测试集仍将是一个成对的均匀分布组合。

（6）把表中每一行提取出来就可以得到 9 个测试用例。这 9 个组合可映射到一个更大的测试用例集。

例 5-9　下面是一个运用到混合多水平的复杂的例子。假设一个系统有 5 个独立的变量（A、B、C、D、E）。变量 A 和 B 都有 2 个取值（$A_1 \sim A_2$ 和 $B_1 \sim B_2$）。变量 C 和 D 都有 3 个可能的取值（$C_1 \sim C_3$ 和 $D_1 \sim D_3$）。变量 E 有 6 个可能的取值（$E_1 \sim E_6$）。为了测试所有的组合,必须设计 216 个测试用例（$2 \times 2 \times 3 \times 3 \times 6 = 216$）。如何使用正交表测试法设计测试用例,降低测试用例的数量。

（1）确定有 5 个独立的变量。

（2）2 个变量取 2 个值;2 个变量取 3 个值;1 个变量取 6 个值。

（3）选择正交表最简单的方法是在正交表的列表中找一个合适的满足至少 6 水平（任何一个变量中的最大水平数）和至少 5 个因素数的正交表。最小的并且水平数相容的正交表就可能是 $L_{49}(7^8)$。这个正交表生成 49 个测试用例。这远比 216 个测试用例好，但测试用例数量仍显较多。实际上还有很少一部分的正交表是有混合水平数的。如 $L_{18}(3^6 6^1)$ 就是一个这样的正交表。这个正交表的命名意味着运行次数 18 次，有 7 个因素，6 个 3 水平数的、1 个 6 水平数的。这个问题就很适合这个正交表，测试集中的测试用例数从 49 个减少到 18 个。现在测试用例的数目比 216 更少了。

（4）在把值映射到正交表，如表 5-15 所示。

① 对 A，$A_1 = 0$、$A_2 = 1$。

② 对 B，$B_1 = 0$、$B_2 = 1$。

③ 对 C，$C_1 = 0$、$C_2 = 1$、$C_3 = 2$。

④ 对 D，$D_1 = 0$、$D_2 = 1$、$D_3 = 2$。

⑤ 对 E，$E_1 = 0$、$E_2 = 1$、$E_3 = 2$、$E_4 = 3$、$E_5 = 4$、$E_6 = 5$。

表 5-15　$L_{18}(3^6 6^1)$ 正交用例表

因素映射之前							
	因素 1	因素 2	因素 3	因素 4	因素 5	因素 6	因素 7
次数 1	0	0	0	0	0	0	0
次数 2	0	1	2	2	0	1	1
次数 3	0	2	1	2	1	0	2
次数 4	0	1	1	0	2	2	3
次数 5	0	2	0	1	2	1	4
次数 6	0	0	2	1	1	2	5
次数 7	1	1	1	1	1	1	0
次数 8	1	2	0	0	1	2	1
次数 9	1	0	2	0	2	1	2
次数 10	1	2	2	1	0	0	3
次数 11	1	0	1	2	0	2	4
次数 12	1	1	0	2	2	0	5
次数 13	2	2	2	2	2	2	0
次数 14	2	0	1	1	2	0	1
次数 15	2	1	0	1	0	2	2
次数 16	2	0	0	2	1	1	3
次数 17	2	1	2	0	1	0	4
次数 18	2	2	1	0	0	1	5

因素映射之后							
	A	B	C	D			E
用例 1	A_1	B_1	C_1	D_1			E_1
用例 2	A_1	B_2	C_3	D_3			E_2
用例 3	A_1	2	C_2	D_3			E_3
用例 4	A_1	B_2	C_2	D_1			E_4
用例 5	A_1	2	C_1	D_2			E_5
用例 6	A_1	B_1	C_3	D_2			E_6
用例 7	A_2	B_2	C_2	D_2			E_1
用例 8	A_2	2	C_1	D_1			E_2
用例 9	A_2	B_1	C_3	D_1			E_3
用例 10	A_2	2	C_3	D_2			E_4
用例 11	A_2	B_1	C_2	D_3			E_5
用例 12	A_2	B_2	C_1	D_3			E_6
用例 13	2	2	C_3	D_3			E_1
用例 14	2	B_1	C_2	D_2			E_2
用例 15	2	B_2	C_1	D_2			E_3
用例 16	2	B_1	C_1	D_3			E_4
用例 17	2	B_2	C_3	D_1			E_5
用例 18	2	2	C_2	D_1			E_6

（5）像先前的例子一样，这个正交表有额外的不需要的因素。它们可以被安全地忽略，如表 5-14 中的空白部分。这个正交表有剩下的水平数。变量 A 和 B 在原始表中有 3 个水平数，但是它们实际只有两个可能的取值。这将导致在把因素映射过之后变量 A 和 B 有多余的水平。为了明确有多余水平的测试用例，必须在表中相应的位置填写一个值。值的选择是任意的，但是为了帮助增加发现缺陷的机会，增加尽可能多样化的值会更有意义的。一个很好的方法是在填写剩下的水平时从列的顶部开始循环所有可能的值。表 5-16 显示了使用循环方法填写剩下的水平的表格。

表 5-16　完成剩余水平取值后的 $L_{18}(3^6 6^1)$ 用例表

映射剩余的水平数之后							
	A	B	C	D			E
用例 1	A_1	B_1	C_1	D_1			E_1
用例 2	A_1	B_2	C_3	D_3			E_2
用例 3	A_1	B_1	C_2	D_3			E_3
用例 4	A_1	B_2	C_2	D_1			E_4

映射剩余的水平数之后						
	A	B	C	D		E
用例 5	A_1	B_2	C_1	D_2		E_5
用例 6	A_1	B_1	C_3	D_2		E_6
用例 7	A_2	B_2	C_2	D_2		E_1
用例 8	A_2	B_1	C_1	D_1		E_2
用例 9	A_2	B_1	C_3	D_1		E_3
用例 10	A_2	B_2	C_3	D_2		E_4
用例 11	A_2	B_1	C_2	D_3		E_5
用例 12	A_2	B_2	C_1	D_3		E_6
用例 13	A_1	B_1	C_3	D_3		E_1
用例 14	A_2	B_1	C_2	D_2		E_2
用例 15	A_1	B_2	C_1	D_2		E_3
用例 16	A_2	B_1	C_1	D_3		E_4
用例 17	A_1	B_2	C_3	D_1		E_5
用例 18	A_2	B_2	C_2	D_1		E_6

（6）如前所述，从 216 个可能的情况中得到 18 个测试用例。这 18 个测试用例测试了这些独立变量所有的成对组合。证明了在测试时它比测试全部组合的方法省去了不少的测试工作，而它能够发现交互中的大部分缺陷。

5.6　黑盒测试的其他方法

1. 特殊值测试

特殊值测试就是指定软件中某些特殊值为测试用例而对软件实施的测试。这些值并不是根据某种方法推导出来的，而是根据测试人员的知识、经验得来的。特殊值测试是应用非常广泛的一种测试方法，就发现故障而言，该方法效率是比较高的。但是该方法完全依赖测试人员的水平和对测试软件了解的程度。通常情况下，特殊值测试设计人员都会关注在过去发生过失效的事件，或者是总会出现问题的情况，或者是对于用户来说十分重要的事件。

2. 故障猜测法

根据经验和直觉猜测软件中可能存在的各种故障，从而有针对性地编写测试这些故障的测试用例，这就是故障猜测法，在实践中是被广泛使用的一种测试方法，特别是对自己测试自己开发的软件系统，或者是测试人员对被测试软件非常熟悉的情况下，这种方法非常有效。

3. 随机测试

对于给定的被测软件系统和软件系统的定义域,按照定义域中样本取值的概率,随机的选择其样本并作为其测试数据的过程称为随机测试。随机测试使用的是真实数据,但是所有数据的产生是随机的。通常,使用随机数据测试时,不必预先得出预期结果,但是评价测试结果将花费一定时间。这种测试往往都不是很真实,许多测试用例是冗余的,确定预期结果时可能会需要花费大量时间。因此,这种测试方法常常用于系统防崩溃能力的测试中。

评价黑盒测试用例设计好坏的标准一般有 3 个:其一是测试用例有效性,即检测故障的数目;其二是测试的复杂度,即生成测试用例的难易程度;其三是测试的效率,即执行测试用例的成本。一般来讲,选择测试用例设计方法是这三个标准的一种均衡过程。

小　结

黑盒测试技术就是根据功能需求来设计测试用例,验证软件是否按照预期要求工作。黑盒测试技术主要有等价类划分法、边界条件法、因果图法、决策表法、正交表测试法等,这些方法都是借鉴了其他学科理论和工程实践。等价类划分法测试技术是依据软件系统输入集合、输出集合或操作集合实现功能的相同性为依据,对其进行的子集划分,并对每个子集产生一个测试用例的设计方法。边界条件分析法是对等价类划分方法的扩张,长期的测试工作已发现大量错误是发生在边界条件上,而不是发生在内部。根据对边界条件测试的强度不同,分为 4 种边界条件测试用例设计方法:一般边界条件法、健壮性边界条件法、最坏边界条件法和健壮最坏边界条件法。决策表法测试用例适用于具有以下特征的应用系统:if-then-else 逻辑很突出;输入变量之间存在逻辑关系;输入变量需要作等价类划分的;输入与输出之间存在因果关系;程序复杂度圈数比较高的。因果图法提供了一种把需求规格说明书转化为决策表的系统化方法。因果图方法最终生成的就是决策表,它适合于检查程序输入条件的各种情况。正交表测试法也是一种成对测试交互系统的有效方法,它提供能对所有变量对的组合进行典型覆盖(均匀分布)的方法。

思 考 题

5.1　三角形程序接受 3 个整数 a、b 和 c 作为输入,用做三角形的边。整数 a、b 和 c 必须满足以下条件:

C_1: $1 \leqslant a \leqslant 200$

C_2 : $1 \leqslant b \leqslant 200$

C_3 : $1 \leqslant c \leqslant 200$

程序的输出是由这 3 条边确定的三角形类型。写出三角形问题的输入等价类和输出等价类。

5.2 Windows 文件名可以包含除了、/：＊？" 〈〉。文件名长度是 1～255 个字符。写出文件名创建等价类测试用例。

5.3 如何确定从数据库读取数据的等价类？

5.4 测试向共享打印机发送文件是否成功的边界值测试用例？

5.5 第一列字符必须是 A 或 B，第二列字符必须是数字，在此情况下文件被更新。但如果第一个字符不正确，那么信息 X_{12} 被产生；如果第二个字符不是数字，则信息 X_{13} 产生。画出因果图及决策表。

5.6 假定有一个 Web 站点，该站点有大量的服务器和操作系统，并且被许多具有各种插件的浏览器浏览：Web 浏览器（Netscape 6.2、IE6.0、Opera 4.0）、插件（RealPlayer、MediaPlayer）、应用服务器（IIS、Apache、Netscape Enterprise）、操作系统（Windows 2000、Windows NT、Linux），写出该系统的正交表测试法测试用例。

案 例 题

一个假想的保险金计算程序，根据投保人的年龄和驾驶历史记录这两个因素计算半年保险金：

保险金＝基本保险费率×年龄系数－安全驾驶折扣

年龄系数是投保人年龄的函数，如果投保人驾驶执照上的当前点数（根据交通违规次数确定）低于与年龄有关的门限，则给予安全驾驶折扣，见表 5-17。书面保险政策的驾驶人年龄范围为 16～100 岁，如果投保人有 12 点，则驾驶人的执照就会被吊销（因此不需要保险）。基本保险费率随时间变化，每半年 500 美元。

表 5-17 安全驾驶折扣表

年龄范围	年龄系数	门限点数	安全驾驶折扣
16≤年龄<25	2.8	1	50
25≤年龄<35	1.8	3	50
35≤年龄<45	1.0	5	100
45≤年龄<60	0.8	7	150
60≤年龄<100	1.5	5	200

5.7　写出输入变量的一般边界值分析测试用例的输入值。

5.8　写出保险金计算程序的最坏情况边界值测试,并用坐标描述。

5.9　写出输入变量的详细边界值分析测试用例的 5 个值。

5.10　用坐标描述详细最坏情况值测试用例。

5.11　写出保险金计算程序的弱等价类测试用例,并用坐标的实心点表示。

5.12　写出保险金计算程序的强等价类测试用例,并用坐标的空心点表示。

5.13　写出保险金计算程序的决策表测试用例,并用坐标的空心点表示。

第6章　白盒测试用例设计技术

　　白盒测试也称结构测试或逻辑驱动测试,通过了解软件系统的内部工作过程,设计测试用例来检测程序内部动作是否按照规格说明书规定的正常进行,按照程序内部的结构测试程序,检验程序中的每条通路是否都有能按预定要求正确工作。白盒测试旨在使测试充分地覆盖软件系统的内部结构,并以软件结构中的某些元素是否都已得到测试为准则来判断测试的充分性。这里讲到的某些元素正是本章将要介绍到的各种测试设计技术所给出的元素定义,测试的充分性是以被测元素占总元素的百分比来衡量的。实践表明,测试的充分性是与错误的发现率相关的。目前,比较成熟的白盒测试技术方法有静态白盒法、侵入式法、控制流图法、基路径法、数据定义使用法、程序片法。

6.1　静态白盒法

　　多年以来,软件界的大多数人都持有一种想法,即编写程序仅仅是为了提供给计算机执行,并不是供人们阅读,软件测试的唯一方法就是在计算机上执行它。20 世纪 70 年代早期,一些程序员最先意识到阅读代码对于构成完善的软件测试和调试手段的价值。如今研读程序代码作为测试工作的一部分,这个观念已经得到了广泛认同。这种不运行程序的进行代码研读查错的测试方式称为静态白盒法。执行静态白盒法有两点好处:其一在开发过程初期尽早发现软件缺陷;其二为黑盒测试用例设计提供思路。实施静态白盒测试法的人员可以是开发人员也可以是测试人员,这取决于选择哪一种方式更适合自身的情况。

　　静态白盒测试法一般根据审查的严格程度分为同行评审、走查和评审 3 种。

　　(1) 同行评审

　　同行评审有时称为伙伴审查。这种方法大体类似于"如果你给我看你的,我也给你看我的"类型的讨论。同行评审常常仅在编写代码或设计体系结构的程序员,以及充当审查者的其他一两个程序员和测试员之间进行。这个小团体只是在一起审查代码,寻找问题和失误。这是一种简单有效的寻找软件缺陷静态白盒测试法。

（2）走查

走查是比同行评审更正规化些的方法，走查中，编写代码的程序员向由其他程序员和测试员组成的小组作正式陈述。审查人员应该在审查之前接到代码复件，以便检查并编写备注和问题，在审查过程中提问。审查人员之中至少有一位资深程序员。陈述者逐行或者逐个功能的通读代码，解释代码为什么且如何工作。审查人员聆听叙述，提出有疑义的问题。由于公开陈述的参与人数要多于同行评审，为检查做好准备和遵守规则是非常重要的。审查之后，陈述者编写报告，说明发现了哪些问题，计划如何解决发现的软件缺陷也是同样重要的。

（3）评审

评审是最正式的审查类型，具有高度组织化，要求每一个参与者都接受训练。评审与同行评审和走查的不同之处在于陈述代码的人——陈述者或者宣读者——不是原来的程序员。这就迫使他们学习和了解要陈述的材料，从而有可能在检验会议上提出不同的看法和解释。其余的参与者称为评审员，其职责是从不同的角度，例如用户、测试员或者产品支持人员的角度审查代码。这有助于对产品的全面审查，通常可以找出不同的软件缺陷。有些评审员同时被委任为会议协调员和会议记录员，以保证评审过程遵守规则及审查有效进行。召开评审会议之后，要准备一份书面报告，明确解决问题所必需重做的工作。然后程序员进行修改，由会议协调员验证修改结果。根据修改的范围和规模以及软件的关键程序，可能还需要进行重新评审，以便找到其余的软件缺陷。评审经证实是所有软件交付过程中，特别是设计文档和代码中发现软件缺陷非常有效的方法。

无论采用何种形式的静态白盒测试方法，都应该具备以下 4 个基本要素。

• 确定问题。静态白盒测试的目的是找出软件的问题，全部的批评应该直指代码或设计，而不是其设计实现者。参与者之间不应该相互指责，应该把自我意识、个人情绪和敏感丢在一边。

• 遵守规则。静态白盒测试要遵守一套固定的规则，如哪些内容要做评价等。其重要性在于参与者了解自己的角色、目标是什么。这有助于使审查进展的更加顺利。

• 充分准备。每一个参与者都尽自己的力量为审查做准备。根据审查的类型，参与者可能扮演不同的角色。他们需要了解自己的责任和义务，并积极参与审查。在审查过程中找出的问题大部分是在准备期间发现的，而不是实际审查期间。

• 编写报告。审查小组必须做出审查结果的书面总结报告，并使报告便于开发小组的成员使用。

进行静态白盒测试要按照已经建立起来的过程执行。随意"聚在一起复查代码"是不够的，实际上还会造成危害。如果执行过程随意，就会遗漏软件缺陷，参与者很可能感觉这样做是在浪费时间。如果审查正确地进行，就可以证明这是早期发现软件缺陷的好方法。同时静态白盒测试审查的依据一般包括：相关标准和规范，以及审查过程中积累的静态白盒测试检查单。

6.2 侵入式法

侵入式法白盒测试指的是在软件测试过程中需要对软件系统的代码进行修改的测试方法。按照修改的目的不同分为:程序插桩测试、断言测试和缺陷种植法。

程序插桩测试是指在程序中设置断点或打印语句,在执行过程中了解程序的一些动态特性。这就相当于在运行程序以后,一方面检验测试结果数据,另一方面借助插入语句给出的信息了解程序的动态执行特性。在程序的特定部位插入记录动态特性的语句,最终是为了把程序执行过程中发生的一些重要历史事件记录下来,例如,测试用例执行的路径,程序执行过程中某些变量值的变化情况、变化范围等。此外,程序插桩技术也是实现各种测试覆盖度量的必要手段,要统计各种成分的覆盖率,在一些点插入必要信息是必不可少的。程序插桩作为一种基本的测试手段,在软件测试中有着广泛的应用。

例如,计算整数 X 和整数 Y 的最大公约数程序,如何使用程序插桩技术。图 6-1 给出了该程序的流程图。图中虚线框表示的是插入语句。

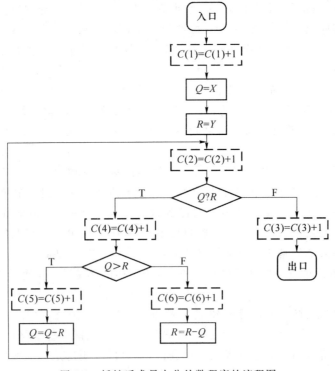

图 6-1　插桩后求最大公约数程序的流程图

这些虚线框要完成的操作都是计数语句,其形式为:

$$C(i)=C(i)+1 \quad i=1,2,3,\cdots,6$$

程序从入口开始执行,到出口结束。凡经历的计数语句都能记录下该程序点的执行次数。如果在程序的入口处还插入了对计数器 $C(i)$ 初始化的语句,在出口处插入了打印这些计数器的语句,就构成了完整的插桩程序。它能记录并输出在各程序点上语句的实际执行次数。

设计插桩程序时需要考虑的问题包括如下几个。

- 探测哪些信息?
- 在程序的什么部位设置探测点?
- 需要设置多少个探测点?

其中前两个问题需要结合具体课题解决,并不能给出笼统的回答。至于第三个问题,需要考虑如何设置最少探测点的方案。例如,在如图 6-1 所示的程序入口处,若要记录语句 $Q=X$ 和 $R=Y$ 的执行次数,只需插入 $C(1)=C(1)+1$ 这样一个计数语句就够了,没有必要在每个语句之后都插入一个计数语句。在一般的情况下,可以认为在没有分支的程序段中,只需一个计数语句。但程序中往往存在多种控制结构,使得整个程序十分复杂。为了在程序中设计最少的计数语句,需要针对程序的控制结构进行具体的分析。

断言测试用于检查在程序运行过程出现的一些本"不应该"发生的情况。也就是在一个应该正确的地方,加一条判断来验证程序运行时,它是否真正如当初预料的那样,具有预期的正确性。这样程序的开发人员就能够很好地控制并确保他所开发的程序模块,按照预期的流程正确运行。如果程序中出现缺陷,那么断言则可能会失败,并同时报告和返回一些与错误相关的详细信息,以帮助调试者迅速的定位错误和查找到导致错误的背后原因,并有效地排除这个错误。

断言测试就是在程序中插入断言,插入断言的根本目的是用于帮助程序的调试与排错,因此本质上它是属于测试代码,是一种特殊的插桩语句,而不是属于真正的应用程序模块的一部分。也就是说,应用程序发布时,这些带有断言性质的代码是不会随应用程序一起被发布的。所以断言的实现一般是利用编译器的条件编译来完成的。

断言具备以下特点。

- 一般是一个宏定义,或者是语言的一部分。
- 仅在调试版本产生作用。
- 断言失败时,程序将停止运行,并输出错误的信息。这些信息主要包含有错误的原因、错误出现的位置(如源文件的名称、行号等),以及程序运行时的一些调试信息,如相关变量的值和函数调用栈等。

程序中的许多地方可以采用断言机制,它的应用范围非常广泛,主要适用的场合有函数参数的检验,对指针变量的验证。例如,删除一个对象时,可以用一个断言来验证这个被释放的对象的指针是否合法,以及其他许多表达式的验证与判断等。

缺陷种植测试是一种用来估计驻留在程序中的缺陷数量的技术。工作原理是向一个软件中"种植"缺陷,然后运行测试集,以检查发现了多少个种植的缺陷,还有多少个种植的缺陷没有被发现,以及已经发现了多少个新的非种植的缺陷。然后就可以预测残留的缺陷数量。

例如,如果种植了 100 个种子缺陷,而在测试中只找到 75 个种植的缺陷,那么种子发现率为 75%。如果已经发现了 450 个真实的缺陷,那么可以通过种子发现率,推出这450 个真实的缺陷只代表了现在存在所有真实缺陷的 75%。那么,真实的缺陷总数估计为 600 个。所以还有 150 个真实的缺陷需要测试出来。

在实践中不可能像程序员那样创造性地构造种植的缺陷。特别是,种植的缺陷很少能够复制出开发员制造的缺陷所具有的复杂性、布局、发生频率等。但是这项技术仍然是有意义的,将种植的某类缺陷用于检验该类缺陷软件测试集的充分性,确定是否发现了所有种植的某类缺陷,如果有些缺陷还没有发现,那么说明测试集还不够充分。如果发现了所有的缺陷,则说明测试集可能已经很充分。

6.3 路径覆盖法

白盒测试最常用的基本技术是覆盖率分析,研究的内容包括:如何选择程序元素,如何生成指定程序元素的测试用例;程序元素的覆盖率;测试效果的评价。可执行路径是程序的一种元素,也是分析程序的一种视角。路径覆盖法即设计出足够的测试用例来完成对被测试程序可执行路径进行全方位的执行覆盖。它一般主要包括逻辑路径覆盖和物理路径覆盖的两种方法,这是从两个不同的角度来实现代码覆盖,它们之间既有联系,也有区别。逻辑路径覆盖是用测试用例数据来运行被测程序,以考察对程序逻辑的覆盖程度,逻辑路径覆盖主要是针对程序中的由于判定条件所产生的逻辑分支结构进行测试。典型的逻辑路径覆盖度量标准有 5 种,按照从低到高的排序一般可分别为语句覆盖、判定覆盖、条件覆盖、判定/条件覆盖和条件组合覆盖。物理路径覆盖法与逻辑路径覆盖法关系非常紧密,但是它们之间也是存在一些区别的。逻辑路径覆盖主要是从由于各种逻辑判定条件所形成的复杂的程序执行路径这个角度入手,来进行分析。可以说逻辑路径覆盖必然涉及程序的逻辑结构。物理路径覆盖是从图论的角度来测试所有可执行的物理路径。即便是逻辑覆盖程度最高的条件组合覆盖(MCC),也不能保证覆盖了所有可执行的物理路径;而符合物理路径覆盖的一组测用例,也不能完全保证它一定符合了条件组合覆盖的度量标准。因此这里逻辑路径覆盖和物理路径覆盖分开来阐述。

以图 6-2 作为被测试的目标模块,接下来分析在各种不同的覆盖度量标准下所设计出来的测试用例的情况。在该程序流程图中,每个节点都被赋予一个字母予以标识,以便于记录测试用例的覆盖情况。

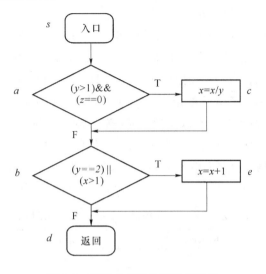

图 6-2　带节点标示的程序流程图

1. 语句路径覆盖

语句路径覆盖是一个比较弱的逻辑路径覆盖标准。它的含义是指通过选择足够的测试用例,使得运行这些测试用例时,被测程序的每个语句至少被执行一次。例如,针对上面的示例程序进行测试,只要选择满足条件$(y>1,z==0,x>1)$或者$(y==2,z==0)$的一组(x,y,z)作为测试数据,该程序的每个语句都将被执行了一次,因此满足语句覆盖度量标准的测试用例很容易选择,如表 6-1 所示。

表 6-1　符合语句路径覆盖度量标准的测试用例

测试用例名称	测试数据	预期结果	测试路径
CASE1	$x=4,y=2,z=0$	$x=3$	sacbed

由于程序中每个语句都得到执行,语句覆盖度量标准似乎能够比较全面地检验程序的综合执行情况和一定程度上验证程序的可靠性。但是,相对于其他几种覆盖度量标准而言,语句覆盖是最弱的一个度量标准。实践证明,即便是通过了语句覆盖度量标准的程序模块,仍然会有存在许多缺陷的可能性。例如,上面被测试的程序中,如果第一个判断语句的“逻辑与”运算符被程序员错写为“逻辑或”运算符后,测试用例 CASE1 仍然会继续按照 sacbed 路径被执行,并且测试结果与预期结果也完全一致。因此,语句覆盖度量标准通常也是实际测试过程中所要求达到的最基本的逻辑路径覆盖度量标准。

2. 判定路径覆盖

判定路径覆盖又称为分支路径覆盖,判定路径覆盖比语句路径覆盖的标准稍强一些,它是指通过设计足够的测试用例,使得程序中的每一个判定至少都获得一次"真值"和"假值",或者说使得程序中的每一个分支都至少通过一次。因此判定路径覆盖要比语句路径覆盖更严格,因为如果每个分支都执行过了,则每个语句也就必然被执行过了。

图 6-2 中有两个判定,第 1 个判定是($y>1$ 并且 $z==0$),第 2 个判定是($y==2$ 或者 $x>1$)。该例中满足判定路径覆盖度量标准的测试路径可以有多种。例如测试路径 sacbed 和 sabd 就满足判定路径覆盖度量标准,测试路径 sacbd 和 sabed 同样也满足判定路径覆盖度量标准。而且还可找出符合判定路径覆盖度量标准的其他测试路径,当然选择其中的一种即可。例如,假使选择测试路径 sacbd 和 sabed,可以设计出如表 6-2 所示的两个测试用例。

表 6-2　符合判定路径覆盖度量标准的测试用例

测试用例名称	测试数据	预期结果	测试路径
CASE2	$x=1,y=3,z=0$	$x=1/3$	sacbd
CASE3	$x=3,y=2,z=1$	$x=4$	sabed

CASE2 测试用例中,第 1 个判定为真,第 2 个判定为假。CASE3 测试用例中,第 1 个判定为假,第 2 个判定为真。上述两组测试用例不仅满足了判定路径覆盖度量标准,同时还满足了语句路径覆盖度量标准,所以说满足判定路径覆盖度量标准的测试用例,一定也满足语句路径覆盖的度量标准。判定路径覆盖度量标准虽然比语句路径覆盖度量标准更强一些,但是与语句路径覆盖度量标准类似,某个程序模块即便是通过了判定路径覆盖度量标准,它也仍然有可能会存在许多缺陷。例如,第 2 个判定中,如果条件 $x>1$ 被错写为 $x<1$,表 6-2 中的测试用例照样能按预期的测试路径被执行,并且不影响测试结果。

3. 条件路径覆盖

在软件设计过程中,一个判定往往可能由多个条件组成。例如图 6-2 中,第 1 个判定就是由条件 $y>1$ 和 $z==0$ 组成,第 2 个判定是由条件 $y==2$ 和 $x>1$ 组成。判定路径覆盖仅考虑了判定的结果,而没有考虑每个条件的可能结果。

条件路径覆盖的含义是指,对于每个判定中所包含的若干个条件,应设计足够多的测试用例,使得判定中的每个条件都至少取到一次"真值"和"假值"的机会,也就是说,判定中的每个条件的所有可能结果至少出现一次。

在图 5-2 中,第 1 个判定中全部条件的所有可能结果为:$y>1,y<=1,z==0,z!=0$;第 2 个判定中,全部条件的所有可能结为:$y==2,y!=2,x>1,x<=1$。于是,可以选

择下列两组测试用例来满足条件路径覆盖的标准,如表 6-3 所示。

表 6-3　符合条件路径覆盖度量标准的测试用例

测试用例名称	测试数据	预期结果	测试路径
CASE4	$x=1,y=2,z=0$	$x=3/2$	sacbed
CASE5	$x=2,y=1,z=1$	$x=3$	sabed

一般来说,条件路径覆盖通常比判定路径覆盖强,但这并不能代表或保证,满足条件路径覆盖度量标准的测试用例就一定能满足判定路径覆盖度量标准。也就是说,有的测试用例虽然满足了条件路径覆盖度量标准,但不一定会满足判定路径覆盖度量标准。例如,表 6-3 中的一组测试用例 CASE4 和 CASE5,它们显然满足条件路径覆盖度量标准,但这组测试用例却不能满足判定路径覆盖度量标准,因为第 2 个判定($y==2$ 或者 $x>1$)取值为“假”的机会并没有出现过。

4. 判定/条件路径覆盖

在较少的情况下,覆盖了条件的测试用例并不一定覆盖了分支。因此,为了解决这一矛盾,需要对条件和分支兼顾,这就是判定/条件路径覆盖。它的含义是指,通过设计足够多的测试用例,使得运行这些测试用例时,判定中的每个条件的所有可能结果至少出现一次,并且每个判定本身的所有可能结果也至少出现一次。

显然,满足判定/条件路径覆盖度量标准的测试用例一定也满足判定路径覆盖、条件路径覆盖和语句路径覆盖度量标准。在某些程序的测试中,如果选择得好,判定路径覆盖、条件路径覆盖和判定/条件路径覆盖可以使用相同的最少的测试用例。例如,可以设计出如表 6-4 所示的两个测试用例。

表 6-4　符合判定/条件路径覆盖度量标准的测试用例

测试用例名称	测试数据	预期结果	测试路径
CASE6	$x=4,y=2,z=0$	$x=3$	sacbed
CASE7	$x=1,y=1,z=1$	$x=1$	sabd

5. 条件组合路径覆盖

在条件路径覆盖中考虑了判定中每个条件的所有可能结果,但并未考虑条件的组合情况。条件组合路径覆盖是指,通过设计足够多的测试用例,使得运行这些测试用例时,每个判定中条件结果的所有可能组合至少出现一次。

例如在图 6-2 中,两个判断各包含两个条件,因此这 4 个条件在两个判断中可能有 8 种组合。其中第 1 个判定中,条件结果的所有可能组合有如下 4 种,它们是:

① $y>1,z==0$　　② $y>1,z!=0$
③ $y<=1,z==0$　　④ $y<=1,z!=0$

同样,第 2 个判定中,条件结果的所有可能组合也有 4 种,它们是:

⑤ $y==2,x>1$ 　　　　　 ⑥ $y==2,x<=1$

⑦ $y!=2,x>1$ 　　　　　 ⑧ $y!=2,x<=1$

这里,可以设计 4 个测试用例来满足条件组合路径覆盖度量标准,如表 6-5 所示。

表 6-5　符合条件组合路径覆盖度量标准的测试用例

测试用例名称	测试数据	预期结果	测试路径
CASE8	$x=4,y=2,z=0$	$x=3$	sacbed
CASE9	$x=1,y=2,z=1$	$x=2$	sabed
CASE10	$x=2,y=1,z=0$	$x=3$	sacbed
CASE11	$x=1,y=1,z=1$	$x=1$	sabd

上面的一组测试用例中,其中 CASE8 覆盖条件组合①和⑤,CASE9 覆盖条件组合②和⑥,CASE10 覆盖条件组合③和⑦,CASE11 覆盖条件组合④和⑧。

应该强调的是,条件组合路径覆盖是对每个判定分别考虑它们的条件组合,而不是对整个程序中所有判定的所有条件的组合。

由于条件组合路径覆盖使每个判定中条件结果的所有可能组合都至少出现一次,因此判定本身的所有可能结果也一定至少出现一次,同时也使每个条件的所有可能结果至少出现一次。因此,满足条件组合路径覆盖的测试一定满足语句路径覆盖、判定路径覆盖、条件路径覆盖和判定/条件路径覆盖,它是上述 4 种覆盖度量标准中最强的一种。

6. 修正的条件/判定路径覆盖

修正的条件/判定路径覆盖需要足够的测试用例来确定各个条件能够影响到包含的判定的结果。它要求满足两个条件:首先,每一个程序模块的入口和出口都要考虑至少要被调用一次,每个程序的判定到所有可能的结果至少转换一次;其次,程序的判定被分解为通过逻辑操作符连接的布尔条件,每个条件对于判定的结果值是独立的。本质上它是判定/条件覆盖的完善版本和条件组合覆盖的精简版。修正的条件/判定路径覆盖是为了既实现判定/条件路径覆盖中尚未考虑到的各种条件组合情况的覆盖,又减少像条件组合路径覆盖中可能产生的大量数目的测试用例。该方法尽可能实现使用较少的测试用例来完成更有效果的覆盖,它抛弃条件组合路径覆盖中那些作用不大的测试用例。具体地说,就是在各种条件组合中,其他所有的条件变量恒定不变的情况下,对每一个条件变量分别只取真假值一次,以此来抛弃那些可能会重复的测试用例。在图 6-2 中,由于每个判定只有两个条件变量,所以修正的条件/判定路径覆盖度量标准所设计出的测试用例,与条件组合路径覆盖的度量标准的测试用例应该是一样的。对于那些每个判定存在 3 个或 3 个以上的条件变量的情况下,修正的条件/判定路径覆盖往往能大幅减少测试用例的数目。

例如,设计测试用例如下判定"A and(B or C)"。首先写出这个判定的所有条件组合,如表 6-6 所示。

表 6-6　判定的所有条件组合表

A	B	C	A and(B or C)
T	T	T	T
T	T	F	T
T	F	T	T
T	F	F	F
F	T	T	F
F	T	F	F
F	F	T	F
F	F	F	F

修正的条件/判定路径覆盖具体设计方法如下:测试元素均从表 6-6 中选取,保持 A 和 B 的值不变,测试元素 TFT 和 TFF 满足改变 C 条件的值而改变表达式的结果;而保持 A 和 C 的值不变,测试元素 TTF 和 TFF 满足改变 B 条件的值而改变表达式的结果;保持 B 和 C 的值不变,测试元素 TFT 和 FFT 满足改变 A 条件的值而改变表达式的结果。这个测试集(TTF、TFF、TFT、FFT)完全满足修正的条件/判定路径覆盖的要求,即当锁定其他的条件保持不变,而改变判定中一项条件的值,必然引起整个表达式执行的变化。

7. 物理路径覆盖

虽然条件组合路径覆盖已经是很强的一个测试标准,但是,条件组合路径覆盖度量标准还不能保证程序中所有可执行路径都被覆盖了。例如,从图 6-2 中可以看出,这一简单的程序中,共有 4 条路径,它们分别是 sacbed、sabed、sabd 和 sacbd。上面的 CASE8、CASE9、CASE10,以及 CASE11 等测试用例虽然覆盖了条件组合,同时也覆盖了 4 个分支,但是它显然仅覆盖了 3 条路径,而 sacbd 路径却并没有经过。

因此前面讨论的多种逻辑路径覆盖度量标准,有的虽然提到了所走路径问题,但尚未涉及全部物理可执行路径的覆盖,而物理可执行路径能否全面覆盖在软件测试中是重要问题。如果程序中的每一条路径都得到了考验,才能说明程序受到了全面检验。

物理路径覆盖是指,通过设计足够多的测试用例,使得运行这些测试用例时,程序的每条可能执行的物理路径都至少经过一次(如果程序中有环路,则要求每条环路至少经过一次)。

现在,可以根据分析出来的 4 条路径,设计 4 个测试用例来满足物理路径覆盖的标准,如表 6-7 所示。

表 6-7　符合物理路径覆盖度量标准的测试用例

测试用例名称	测试数据	预期结果	测试路径
CASE8	$x=4, y=2, z=0$	$x=3$	sacbed
CASE9	$x=1, y=2, z=1$	$x=2$	sabed
CASE12	$x=1, y=3, z=0$	$x=2$	sacbd
CASE11	$x=1, y=1, z=1$	$x=1$	sabd

　　物理路径覆盖实际上考虑了程序中各种判定结果的所有可能组合,但它并未考虑判定中的条件结果的组合。因此,虽然说物理路径覆盖是一种非常强的覆盖度量标准,但并不能代替条件路径覆盖和条件组合路径覆盖度量标准。

6.4　基本路径法

　　在实际软件系统中,即便是一个不太复杂的程序,其路径的组合都可能是一个庞大的天文数字,要想在测试中覆盖这样多的路径往往是不太现实的。为了解决这一难题,使路径覆盖变得切实可行,必须要把覆盖的路径数目缩减到一定限度之内。于是,一种被称为“基本路径测试法”的方法便出现了,它的思想源于数学上的“基”的概念。所有向量空间都有一个基(事实上可以有很多个基)。向量空间的基是相互独立的一组向量,基“覆盖”整个向量空间,使得该空间中的任何其他向量都可以用基向量来表示。因此,一组基向量在一定程度上可以表示整个向量空间的“本质”:空间中的一切都可以用基表示,并且如果一个基元素被删除,则这种覆盖特性也会丢失。这样的思想对于测试来说意义在于:如果可以把程序看做是一种向量空间,则这种空间的基就是要测试的非常重要的元素组合。如果基没有问题,则可以希望能够用基表述的一切都没有问题的。

　　基本路径法是在程序控制流图的基础上,通过分析控制结构的环路复杂性,导出基本可执行路径集合,从而设计测试用例的方法。设计出的测试用例要保证在测试中程序的每个可执行语句至少执行一次。基本路径法包括以下几个部分。

- 程序的控制流图:描述程序控制流的一种图示方法。
- 程序环路复杂性:McCabe 复杂性度量;从程序的环路复杂性可导出程序基本路径集合中的独立路径条数,这是确定程序中每个可执行语句至少执行一次所必需的测试用例数目的上界,也即应该设计的测试用例的数目。
- 确定线性无关的路径的基本集。
- 准备测试用例,确保测试基本路径集中的每一条路径的执行。

首先介绍控制流图。控制流图来源于程序流程图。程序流程图是软件开发过程中进行详细设计时,表示模块单元内部逻辑的一个常用的也非常有效的图示法。程序流程图详细地反映了程序内部控制流的处理和转移过程,它一般是进行模块编码的参考依据。在程序流程图中,通常拥有很多种图示元素,例如,"矩形框"往往表示的是一个计算处理过程,而"菱形框"则表示是一个判定条件等。通常,测试人员为某个程序模块做白盒测试设计,做与路径相关的各种分析时,这些细节的信息是不太重要的。因此,为了更加清晰地显示出程序的控制结构,反映控制流的转移过程,一种简化的程序流程图便出现了,这就是程序的控制流图。在控制流图中,一般只有两种简单的图示符号:节点和控制流。

节点:用标有编号的圆圈表示。它一般代表了程序流程图中矩形框所表示的处理、菱形框所表示的判定条件,以及两条或多条节点的汇合点等。一个节点就是一个基本的程序块,它可以是一个单独的语句(如 if 条件判断语句或循环语句),也可以是多个顺序执行的语句块。

控制流:用带箭头的弧线表示,用来连接相关的两个节点。它与程序流程图中的控制流所表示的意义是一致的,都是指示了程序控制的转移过程。为了便于处理,每个控制流也可以标有名字,这实际就相当于有向图中的边。每条边(控制流)必须要中止于某一节点。

控制流图中还有一个重要的概念——区域。一个区域就是由一组节点,以及相关连接节点的边(控制流)所共同构成。

现在,可以对图 6-2 进行简化,只绘制出图形符号,对于其中的判定条件和计算处理过程的描述都予以删略,这样简化了的程序流程图如图 6-3(a)所示。针对简化了的程序流程图,很容易绘制相对应的程序控制流图,如图 6-3(b)所示。

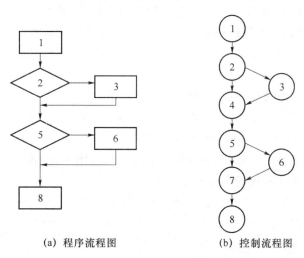

(a) 程序流程图　　　　　(b) 控制流程图

图 6-3　简化了的程序流程图和对应的控制流程图

其中,所有的节点都简化为带编号的圆圈,另外,在选择或者是多分支结构中分支的汇集处,即使汇集处没有执行语句,也应该添加一个汇聚节点。图 6-3(b)中的节点 4 和节点 7 就是这样的节点。对于单纯的线性顺序的多个节点,可以把多个节点规约合并在一个节点,这样做是为了使控制流图更加简洁,易于对程序控制逻辑的理解和便于分析,虽然这一点在图 6-3(b)中并没有被体现出来。

图 6-3 所示的程序控制流图是比较简单的,只反映了简单的分支结构的控制流。而实际软件模块中的程序控制流更为复杂。因此对应的控制流图也会很复杂,例如,多分支的结构(case 语句或 if-else 语句等),以及各种循环结构的语句。在控制流图中,其基本的控制结构所对应的图形符号如图 6-4 所示。

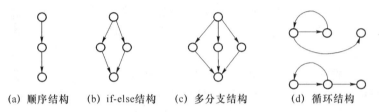

(a) 顺序结构　(b) if-else结构　(c) 多分支结构　(d) 循环结构

图 6-4　控制流图的基本控制结构的图形符号

控制流图的一个重要性质是它的可规约性。如果程序中不存在从循环外跳到循环内的 goto 语句,那么这个程序对应的控制流图是可规约的,反之这个控制流图就是不可规约的。因此,模块复合结构化程序设计的准则是控制流图可规约的基础。

程序环路复杂性就是 McCabe 复杂性度量,它一般常用圈复杂度描述,记录为 $V(G)$。它用来衡量一个程序模块所包含的判定结构的复杂程度,数量上表现为独立路径的条数,即合理的预防错误所需测试的最少路径条数,圈复杂度大的程序,说明其代码质量可能低且难于测试和维护。经验也表明,程序可能存在的缺陷数,与圈复杂度有着很大相关性。

圈复杂度的计算方法也很简单,其计算公式如下:

$$V(G)=e-n+2$$

其中,e 表示程序控制流图中边的数量,如图 6-3 所示的控制流图中,边的数量为 9;n 表示程序控制流图中节点的数量,如图 6-3 所示的控制流图中,节点的数量为 8。所以,该控制流图所对应的程序模块的圈复杂度 $V(G)$ 等于 3。

其实,圈复杂度的计算还有更直观的方法,因为圈复杂度所反映的是"判定条件"的数量,所以圈复杂度实际上就是等于判定节点的数量再加 1,也即控制流图的区域数。其对应的计算公式如下:

$$V(G)=区域数=判定节点数+1$$

利用上式同样可计算图 6-3 所示的控制流图的圈复杂度,因为只有节点 2 和节点 5

为判定节点,所以判定节点数为 2,这里计算出来的 $V(G)$ 结果同样是 3。对于多分支的 case 结构或 if-elseif-else 结构,统计判定节点的个数时需要特别注意一点,要求必须统计全部实际的判定节点数,也即每个 elseif 语句,以及每个 case 语句,都应该算为一个判定节点。判定节点在模块的控制流图中很容易被识别出来,所以,针对程序的控制流图计算圈复杂度 $V(G)$ 时,最好还是采用第一个公式,也即 $V(G)=e-n+2$。而针对模块的控制流图时,可以直接统计判定节点数,这样更为简单。

所谓程序基本路径是指包括一组以前没有处理的语句或条件的一条路径。从控制流图中看,一条独立路径是至少包含有一条在其他独立路径中从未有过的边的路径。

例如,在如图 6-5 所示的控制流图中,线性独立路径数为

$$V(G)=e-n+2=10-7+2=5$$

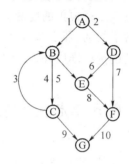

图 6-5　控制图

因此有 5 个线性独立路径,关于如何确定基路径集合,McCabe 开发了一种算法:首先选择一个基线路径,该路径对应任何一个正常用例的程序执行。这也说明,基本路径集不是唯一的,对于给定的控制流图,可以得到不同的基本路径集。这样的选择具有随意性,建议选择尽可能多的判断节点的路径。然后重新回溯基线路径,依次“翻转”每个判断节点,即当节点有多个分支时,必须取不同的边。根据该算法给出在图 6-5 中用节点序列表示的路径:

P_1:A,B,C,G

P_2:A,B,C,B,C,G

P_3:A,B,E,F,G

P_4:A,D,E,F,G

P_5:A,D,F,G

给出基路径集合的关联矩阵,其中矩阵的行对应路径,列对应边,如表 6-8 所示。

表 6-8　基路径集合的关联矩阵

所经过的路径/边	1	2	3	4	5	6	7	8	9	10
P_1:A,B,C,G	1	0	0	1	0	0	0	0	1	0
P_2:A,B,C,B,C,G	1	0	1	2	0	0	0	0	1	0
P_3:A,B,E,F,G	1	0	0	0	1	0	0	1	0	1
P_4:A,D,E,F,G	0	1	0	0	0	1	0	1	0	1
P_5:A,D,F,G	0	1	0	0	0	0	1	0	0	1
ex1:A,B,C,B,E,F,G	1	0	1	1	1	0	0	1	0	1
ex2:A,B,C,B,C,B,C,G	1	0	2	3	0	0	0	0	1	0

从关联矩阵可以看出 $P_1 \sim P_5$ 的线性独立性。路径 ex1 可以用基和 $P_2 + P_3 - P_1$ 来表示,路径 ex2 可以用基和 $2P_2 - P_1$ 来表示,所有可执行路径都可以用基路径来表示。但是对于路径表示的实际意义解释存在问题,如 $2P_2 - P_1$ 中,$2P_2$ 部分的含义是什么?要执行两次路径吗?$-P_1$ 部分的含义是什么?是反向执行路径 P_1 吗?取消对 P_1 的最近一次执行?或是下一次不再执行 P_1?这也是基本路径法存在的问题。

从此例中可知,只要设计出的测试用例能够确保这些基本路径的执行,就可以使得程序中的每个可执行语句至少执行一次,并且每个判定条件的取真和取假分支也能得到覆盖测试。换句话说,经过了基本路径测试的程序模块,它同样也达到了语句路径覆盖和判定路径覆盖的度量标准。而如果导出的控制流图中,把所有存在复合条件的判定都分解了的话,那么基本路径法测试的程序模块,除了达到了语句路径覆盖和判定路径覆盖的度量标准以外,还达到了条件路径覆盖和判定/条件路径覆盖。

6.5 定义/使用法

定义/使用法是按照程序中的变量定义和使用的位置来选择程序的测试路径的一种测试方法。在程序设计中,程序的变量有两种不同的作用:一是将数据存储起来;二是将所存储的数据取出来。这两种作用是通过变量在程序中所处的位置来决定的。当一个变量出现在赋值语句的左边时,它表示把赋值语句右边的计算结果存放到该变量所对应的存储空间内,也就是将数据与变量相绑定。当一个变量出现在赋值语句右边的表达式中时,表示该变量中所存储的数据被取出,参与计算,即当该变量相绑定的数据被引用。定义/使用法测试的意义在于测试程序中数据的定义与使用是否正确,运行程序中从数据被绑定给一个变量之处到这个数据被引用之处的路径。

常见的定义/使用路径错误包括:
- 引用一个未初始化的变量;
- 一个变量的死(无用)定义;
- 等待一个还没有安排的进程;
- 安排了一个与自身相同的进程;
- 等待一个先前已经被中止了的进程;
- 引用一个在并行进程中被定义的变量;
- 引用一个值不确定的变量。

为了说明定义/使用法测试,假设程序的每条语句都赋予了独特的语句号 n,定义程序图 $G(P)$ 的程序 P 和一组程序变量 V。程序图 $G(P)$ 按图论方式构造,语句片断代表节点,边代表节点序列。$G(P)$ 由一个单入口节点和一个单出口节点,并且不允许有从某个节点到其自身的边。

定义：

节点 $n \in G(P)$ 是变量 $v \in V$ 的定义节点，记作 DEF(v, n)，当且仅当变量 v 的值由对应节点 n 的语句片段处定义。

输入语句、赋值语句、循环控制语句和过程调用，都是定义节点语句的例子。如果执行对应这种语句的节点，那么该变量关联的存储单元的内容就会改变。

定义：

节点 $n \in G(P)$ 是变量 $v \in V$ 的使用节点，记作 USE(v, n)，当且仅当变量 v 的值在对应节点 n 的语句片段处使用。

输入语句、赋值语句、条件语句、循环控制语句和过程调用，都是使用节点语句的例子。如果执行对应这种语句的节点，那么与该变量关联的存储单元的内容会保持不变。

定义：

使用节点 USE(v, n) 是一个谓词使用（记作 P-use），当且仅当语句 n 是谓词语句；否则，USE(v, n) 是计算使用（记作 C-use）。对应于谓词使用的节点永远有外度 $\geqslant 2$，对应于计算使用的节点永远有外度 $\leqslant 1$。

定义：

关于变量 v 的定义/使用路径（记作 du-path）是 PATHS(P) 中的路径，使得对某个 $v \in V$，存在定义和使用节点 DEF(v, n) 和 USE(v, n)，使得 m 和 n 是该路径的最初和最终节点。

定义：

关于变量 v 的定义清晰路径（记作 dc-path），是具有最初和最终节点 DEF(v, n) 和 USE(v, n) 的 PATHS(P) 中的路径，使得该路径中没有其他节点是 v 的定义节点。

测试人员应该注意到这些定义如何用所存储数据值捕获的关键计算。定义/使用路径和定义清晰路径描述了值被定义的点到值被使用的点的源语句的数据流。不是定义清晰的定义/使用路径，是潜在有问题的地方。

查找下列程序中不是定义清晰的定义/使用路径：

```
1      Main:program:
2         declare integer x,y;
          /* x and y are global variables known throughout
          the main programs and all tasks */
3         declare boolean flag;
4         T1: task;
5             write x;
6             wait for T3;
```

```
7        Close T1;
8        T2: task;
9            x = 5;
10           y = 6;
11       close T2;
12       T3: task;
13           read x;
14       close T3;
         /* end of declarations */
15       schedule T1;/* first executable statement of Main */
16       schedule T2;
17       read flag;
18       if flag then x = 8;
19       write x;
20       y = 9;
21       wait for T2;
22       if flag then y = 10;
23       write y;
24       wait for T2;
25       schedule T1;
26    close Main;
```

表 6-9   变量 X、Y 的定义/使用节点

变量	定义节点	使用节点
X	9,13,18	5,19
Y	10,20,22	23

表 6-10 X 变量的定义/使用路径

变量	路径(开始,结束)节点	是否清晰?
X	9,19	否
X	13,19	否
X	18,19	是
X	9,5	否
X	13,5	否
X	18,5	否

表 6-11　Y 变量的定义/使用路径

变量	路径(开始,结束)节点	是否清晰?
Y	10,23	否
Y	20,23	否
Y	22,23	是

可以发现如下问题：

(1) 变量 X 在语句 5 行处的引用可能没有被定义,这是因为任务 T_1 可能在任务 T_2 开始前结束；

(2) 变量 Y 在第 10 行、第 20 行处的定义可能没有用,因为 Y 会在其可能被第 23 行引用前在第 22 行处被重新定义；

(3) Y 被两个并行执行的进程定义,这样在第 23 行的引用其值可能是无法确定的；

(4) X 被两个并行执行的进程定义,这样在第 5 行和第 19 行的引用其值可能是无法确定的。

如果程序的所有变量都标识了定义节点和使用节点,并且关于各个变量都标识了定义/使用路径。就可用以下定义来度量定义/使用法的覆盖率。T 是变量集合 V 的程序 P 的程序图 $G(P)$ 中的一个路径集合。

定义：

集合 T 满足程序 P 的全定义覆盖,当且仅当所有变量 $v\in V$,T 包含从 v 的每个定义节点到 v 的一个使用的定义清晰路径。

定义：

集合 T 满足程序 P 的全使用覆盖,当且仅当所有变量 $v\in V$,T 包含从 v 的每个定义节点到 v 的所有使用,以及到所有 USE(v,n) 后续节点的定义清晰路径。

定义：

集合 T 满足程序 P 全谓词使用/部分计算使用准则,当且仅当所有变量 $v\in V$,T 包含从 v 的每个定义节点到 v 的所有谓词使用的定义清晰路径,并且如果 v 没有一个定义谓词使用,则定义清晰路径导致至少一个计算使用。

定义：

集合 T 满足程序 P 全计算使用/部分谓词使用准则,当且仅当所有变量 $v\in V$,T 包含从 v 的每个定义节点到 v 的所有计算使用的定义清晰路径,并且如果 v 没有一个定义计算使用,则定义清晰路径导致至少一个谓词使用。

定义：

集合 T 满足程序 P 的全定义/使用路径准则,当且仅当所有变量 $v\in V$,T 包含从 v 的每个定义节点到 v 的所有使用,以及到所有 USE(v,n) 后续节点的定义清晰路径,并且这些路径要么有一次的环经过,要么没有环路。

根据以上的定义,可以得出界于全路径覆盖指标和全判断(全边)覆盖指标之间的,更加细化的结构化测试覆盖指标,如图 6-6 所示。定义/使用法提供了一种检查缺陷可能发生点的严格和系统化方法。

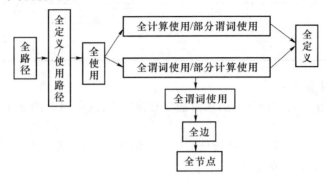

图 6-6　路径覆盖指标关系

6.6　程序片法

程序片是确定或影响某个变量在程序某个点上的取值的一组程序语句。程序片也就是给定的一个程序行为的子集,通过切片技术把程序分解到一个最小化形式,并且仍可执行。

首先给出程序片的数学定义,继续沿用定义/使用法使用的符号:假设程序的每条语句都赋予了独特的语句编号 n,定义程序图 $G(P)$ 的程序 P 和一组程序变量 V。

定义:

给定一个程序 P 和一个给出语句及语句片段编号的程序图 $G(P)$,以及 P 中的一个变量集合 V,变量集合 V 在语句片段 n 上的一个片,记作 $S(V,n)$,是 P 中在 n 以前对 V 中的变量值做出贡献的所有语句片段编号的集合。

程序片的思想,是将程序分成具有某种(功能)含义的组件。首先需要解释一下定义的两个部分。这里的“在 n 以前”具有动态意义,因此程序片可获取对应该片内变量的程序执行时间行为。

在程序切片过程中,确定语句与该变量的关系分为使用关系和定义关系。使用关系有 3 种形式。

- **谓词使用**:用在谓词(判断)中。
- **计算使用**:用在计算中。
- **输出使用**:用于输出。

定义关系有两种形式。

- **输入定义**:通过输入定义。
- **赋值定义**:通过赋值定义。

现在先假设程序片 $S(V,n)$ 是一个变量的程序片,即集合 V 由单一变量 v 组成。如果语句片段 n 是 v 的一个定义节点,则 n 包含在该片中。如果语句片段 n 是 v 的使用节点,则 n 不包含在该片中。其他变量的谓词使用和计算使用影响到了 v 的取值,那么这个语句包含在该程序片中。

例如下面的这段程序:

```
1   begin
2   read(x,y);
3    total:=0.0;
4    sum:=0.0;
5    if x<=1
6       then sum:=y
7       Else begin
8          Read(z);
9        Total:=x*y
10        End;
11       Write(total,sum)
12   end
```

写出变量 x 的值在语句 12 处的程序切片为:$S_1(x,12)=\{1,2,12\}$。就可以得到如下可执行的程序片。

```
1   begin
2   read(x,y);
12   end
```

写出变量 y 的值在语句 12 处的程序切片为:$S_2(y,12)=\{1,2,12\}$。就可以得到如下可执行的程序片。

```
1   begin
2   read(x,y);
12   end
```

写出变量 z 的值在语句 12 处的程序切片为:$S_3(z,12)=\{1,2,5,6,7,8,10,12\}$。就可以得到如下可执行的程序片。

```
1   begin
2   read(x,y);
5    if x<=1
6       then sum:=y
7       Else begin
8          Read(z);
```

```
10        End;
12   end
```

写出变量 sum 的值在语句 12 处的程序切片为：$S_4(sum,12)=\{1,2,4,5,6,12\}$。就可以得到如下可执行的程序片。

```
1   begin
2    read(x,y);
4      sum: = 0.0;
5     if x<= 1
6        then sum: = y
12   end
```

写出变量 total 的值在语句 12 处的程序切片为：$S_5(total,12)=\{1,2,3,5,6,7,9,10,12\}$。就可以得到如下可执行的程序片。

```
1   begin
2    read(x,y);
3     total: = 0.0;
5     if x<= 1
6        then sum: = y
7        Else begin
9            Total: = x * y
10            End;
12   end
```

从上述的例子可以看出,通过程序片法可以将一个复杂程序分解成几个相对简单的可执行程序,这样的程序片相对于原来的程序来说,要简单且易于测试。而且可以将这些片组成该程序的一个格,如图 6-7 所示。

格的定义：

如果偏序集合中,任何两个元素构成的子集$\{a,b\}$都有最小上界和最大上界,则这个偏序集合是格(lattice)。

根据格的定义,片的相对补可以提供一种测试策略,测试可以叶部的片开始,逐渐往根部进行,且只测试相对的测试过片的补集即可。

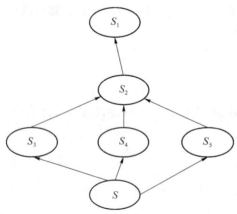

图 6-7　程序片组成的格

6.7　白盒测试的其他方法

1. 域测试

域测试是一种基于程序结构的测试方法。Howden 曾对程序中出现的错误进行分类,他把程序错误分为域错误、计算型错误及丢失路径错误 3 种。这是相对于执程序的路径来说的。每条执行路径对应于输入域的一类情况,是程序的一个子计算。如果程序的控制流有错误,对于某一特定的输入可能执行的是一条错误路径,这种错误称为路径错误,也叫做域错误。如果对于特定输入执行的是正确路径,但由于赋值语句的错误致使输出结果不正确,则称为计算型错误。另外一类错误是丢失路径错误。它是由于程序中某处少了一个判定谓词而引起的。域测试是主要针对域错误进行的程序测试。

域测试的"域"是指程序的输入空间。域测试方法基于对输入空间的分析。自然,任何一个被测程序都有一个输入空间。测试的理想结果就是检验输入空间中的每一个输入元素是否都产生正确的结果。而输入空间又可分为不同的子空间,每一子空间对应一种不同的计算。在考察被测试程序的结构以后,就会发现,子空间的划分是由程序中分支语句中的谓词决定的。输入空间的一个元素,经过程序中某些特定语句的执行而结束(当然也可能出现无限循环而无出口),那都是满足了这些特定语句被执行所要求的条件的。

域测试正是在分析输入域的基础上,选择适当的测试点以后进行测试的。域测试有两个致命的弱点:一是为进行域测试对程序提出的限制过多;二是当程序存在很多路径时,所需的测试点很多。

2. 程序变异测试

程序变异测试是一种基于程序错误的测试方法,它的目的是要说明程序中不含有某些特定的错误。

程序变异方法是一种错误驱动测试。错误驱动测试是指该方法是针对某类特定程序错误的。经过多年的测试理论研究和软件测试的实践,人们逐渐发现要想找出程序中所有的错误几乎是不可能的。比较现实的解决办法是将错误的搜索范围尽可能地缩小,以利于专门测试某类错误是否存在。这样做的好处在于,便于集中目标,瞄准那些对软件危害最大的可能错误,从而暂时忽略对软件危害较小的可能错误。这样可以取得较高的测试效率,并降低测试的成本。

错误驱动测试主要有两种,即程序强变异和程序弱变异。为便于测试人员使用变异方法,一些变异测试工具也被开发出来了。

3. 符号测试

符号测试是基于代数运算的一种结构测试方法。它的基本思想是允许程序的输入不仅是数值数据,而且包括符号值,这个方法也是因此而得名的。这里所说的符号值可以是基本符号变量值,也可以是这些符号变量值的一个表达式。这样,在执行程序过程中以符号的计算代替了普通测试执行中对测试用例的数值计算,所得到的结果自然是符号公式或是符号谓词。也就是说,普通测试执行的是算术运算,符号测试执行的则是代数运算。因此符号测试可以认为是普通测试的一个自然的扩充。

符号测试可以看作是程序测试和程序验证的一个折中方法。一方面,它沿用了传统的程序测试方法,通过运行被测程序来验证它的可靠性;另一方面,由于一次符号测试的结果代表了一大类普通测试的运行结果,实际上是证明了程序接受此类输入后,所得输出是正确的还是错误的。最为理想的情况是,程序中仅有有限的几条执行路径。如果对这有限的几条路径都完成了符号测试,就能较有把握地确认程序的正确性了。从符号测试方法的使用来看,问题的关键在于开发出比传统的编译器功能更强,能够处理符号运算的编译器和解释器。

目前符号测试受到分支问题、二义性问题,以及大程序等问题的困扰,这些问题严重地影响着它的发展前景。

4. 白盒测试方法的评估

黑盒测试技术会产生一组测试用例,白盒测试技术可以得出可计算的测试元素,例如程序路径数、基本路径数或程序片数。如何评价测试方法的优劣,可以根据以下定义,假设黑盒测试技术 M 生成 m 个测试用例,根据白盒测试技术指标 S 可以标识出被测单元中的有 s 个元素。当执行 m 个测试用例时,会经过 n 个白盒测试元素。

定义:

方法 M 关于指标 S 的覆盖是 n 与 s 的比值,记作 $C(M,S)$。

$$C(M,S)=n/s$$

定义:

方法 M 关于指标 S 的冗余是 m 与 s 的比值,记作 $R(M,S)$。

$$R(M,S)=m/s$$

定义:

方法 M 关于指标 S 的净冗余是 m 与 n 的比值,记作 $NR(M,S)$。

$$NR(M,S)=m/n$$

下面解释这些指标:覆盖指标 $C(M,S)$ 表达漏洞问题。如果这个值低于 1,则说明该指标在覆盖上存在漏洞。如果 $C(M,S)=1$,则一定有 $R(M,S)= NR(M,S)$。冗余性指标取值越大,冗余性越高。净冗余指实际经过的元素。将三种指标集合在一起,给出一种评估测试有效性方法。

一般来说,白盒测试技术指标越精细,会产生更多的元素(s 越大),因此给定黑盒测试技术通过更严格的白盒测试技术指标评估时有效性变得较低。这与直观感觉是一致的,并且可以通过例子证明。

5．结束测试

测试结束的依据，有以下几种可能：

（1）当时间用光时；

（2）当继续测试没有产生新失效时；

（3）当继续测试没有发现新缺陷时；

（4）当无法考虑新测试用例时；

（5）当回报很小时；

（6）当达到所要求的覆盖时；

（7）当所有缺陷都已经清除时。

但是，第一种答案太常见，第七种答案不能保证。测试结束的依据就只能在中间的答案中选择。软件测试技术提供支持第二和第三种选择的答案，这些方法在业界都得到成功的使用。第四种选择不同一般，如果遵循前面两种规则和指导方针，则这个依据可能是一种好的答案。另外，如果是由于缺乏动力，则这种选择与第一种是一样结果。第五种回报变小选择具有一定的吸引力：它指的是持续进行了认真的测试，并且所发现的新缺陷急剧降低继续测试变得很昂贵，并且可能不会发现新的缺陷。如果能够确定剩余缺陷的成本（或风险），这样做比较清晰且容易做出。剩下的是第六种依据覆盖率，这是常用的依据，在白盒测试技术中已经介绍了很多了。

小　结

白盒测试也称结构测试或逻辑驱动测试，通过了解软件系统的内部工作过程，设计测试用例来检测程序内部动作是否按照规格说明书规定的正常进行，按照程序内部的结构测试程序，检验程序中的每条通路是否都有能按预定要求正确工作。目前，比较成熟的白盒测试技术方法有静态白盒法、侵入式法、控制流图法、基路径法、数据定义使用法、程序片法。侵入式法白盒测试指的是在软件测试过程中需要对软件系统的代码进行修改的测试方法。按照修改的目的不同分为：程序插桩测试、断言测试和缺陷种植法。路径覆盖法即设计出足够的测试用例来完成对被测试程序可执行路径进行全方位的执行覆盖。它一般主要包括逻辑路径覆盖和物理路径覆盖的两种方法。基本路径法是在程序控制流图的基础上，通过分析控制结构的环路复杂性，导出基本可执行路径集合，从而设计测试用例的方法。设计出的测试用例要保证在测试中程序的每个可执行语句至少执行一次。定义/使用法是按照程序中的变量定义和使用的位置来选择程序的测试路径的一种测试方法。通过程序片法可以将一个复杂程序分解成几个相对简单的可执行程序，这样的程序片相对于原来的程序来说，要简单且易于测试。

思 考 题

6.1 静态白盒测试法的意义是什么?

6.2 应用侵入式测试法需要注意的地方?

6.3 逻辑路径覆盖和物理路径覆盖度量指标之间的关系是什么?

6.4 基本路径法可以实现哪种逻辑路径覆盖指标?

6.5 分析定义/使用法的工作原理。

6.6 基于程序片的测试法对编程技术的启示有哪些?

案 例 题

前亚利桑那州境内的一位步枪销售商销售密苏里州制造商制造的步枪机(lock)、枪托(stock)和枪管(barrel)。枪机卖 45 美元,枪托卖 30 美元,枪管卖 25 美元。销售商每月至少要售出一支完整的步枪,且生产限额是大多数销售商在一个月内可销售 70 个枪机、80 个枪托和 90 个枪管。每访问一个镇子之后,销售商都给密苏里州步枪制造商发出电报,说明在那个镇子中售出的枪机、枪托和枪管数量。到了月末,销售商要发出一封很短的电报,通知-1 个枪机被售出。这样步枪制造商就知道当月的销售情况,并计算销售商的佣金如下:销售额不到(含)1 000 美元的部分为 10%,1 000(不含)~1 800(含)美元的部分为 15%,超过 1 800 美元的部分为 20%。佣金程序生成月份销售报告,汇总售出的枪机、枪托和枪管总数、销售商的总销售额以及佣金。

以下是给案例的程序实现:

```
1    Program Commission (INPUT,OUTPUT)

2        Dim locks,stocks,barrels As Integer

3        Dim lockPrice,stockPrice,barrelPrice As Real

4        Dim totalLocks,totalStocks,totalBarrels As Integer

5        Dim lockSales,stockSales.barrelSales As Real

6        Dim sales,commission As Real

7        lockPrice = 45.0

8        stockPrice = 30.0
```

```
9       barrelPrice = 25.0
10      totalLocks = 0
11      totalStocks = 0
12      totalBarrels = 0

13      Input(locks)
14      While NOT(locks = - 1)      'loop condition uses-1 to indicate end of
15          Input(stocks,barrels)
16          totalLocks = totalLocks + locks
17          totalStocks = totalStocks + stocks
18          totalBarrels = totalBarrels + barrels
19          Input(locks)
20      EndWhile

21      Output("Locks sold:",totalLocks)
22      Output("Stocks sold:",totalStocks)
23      Output("Barrels sold:",totalBarrels)
24      lockSales = lockPrice * totalLocks
25      stockSales = stockPrice * totalStocks
26      barrelSales = barrelPrice * totalBarrels
27      sales = lockSales + stockSales + barrelSales
28      Output("Total sales:",sales)

29      If(sales>1800.0)
30          Then
31                  commission = 0.10 * 1000.0
32                  commission = commission + 0.15 * 800.0
33              commission = commission + 0.20 * (sales - 1800.0)
34      Else If(sales>1000.0)
35          Then
36                  commission = 0.10 * 1000.0
37                  commission = commission + 0.15 * (sales - 1000.0)
38              Else commission = 0.10 * sales
```

```
39              EndIf

40          EndIf

41          Output("Commission is $",commission)

42          End Commission
```

6.7 画出该系统的流程图。

6.8 设计满足语句覆盖、判定覆盖、条件覆盖、判定/条件覆盖、条件组合覆盖及物理路径覆盖的测试用例,并分析其相关性。

6.9 确定系统的基路径。

6.10 写出给系统各参数的定义/使用路径。

6.11 给出 Sales 和 commisson 的格。

第三篇

应 用 篇

现代的测试理论认为,软件测试要伴随着软件生存周期的每一个阶段,是软件生存周期的一个全过程的测试。高质量的软件必须要经过单元测试、集成测试、系统测试和验收测试,每个阶段的测试关注的软件质量问题都有所不同,同时测试的环境和人员也不尽相同。

本篇将分为4章介绍测试的应用部分:第7章介绍如何进行单元测试,以及测试的重点内容和实施策略;第8章主要讲述集成测试的各种组装策略,以及它们的特点和使用范围;第9章讲述了系统测试阶段需要进行的各种专业化测试的内容;第10章描述了如何实施验收测试及其关注的重点。

第7章 单元测试

在本章中,描述了如何进行单元测试。在讨论如何进行单元测试时,会用到前面软件测试技术相关章节讨论的测试技术。本章将从单元测试的定义、目的、内容、用例设计技术、策略及管理实践进行描述。

7.1 单元测试概念及目的

7.1.1 单元测试定义

软件的最小单元可能是一个具体的函数(function 或 procedure)、一个模块、一个类或一个类的方法(method),它应该具有一些基本属性,如明确的功能或规格定义、与其他部分明确的接口定义。因此,如果一个单元可以清晰地与同一程序的其他单元划分开来,就可以把它作为软件一个的单元,进行单元测试。

单元测试就是验证软件单元的实现是否和该单元的说明完全一致的相关联的测试活动组成的。根据软件单元的说明文档(在实践环境中,该文档可能是一种说明语言,或者是一种自然语言或是状态转换图)编写测试用例,对重要的接口、局部数据结构、边界条件、独立路径和错误处理路径,通过代码检查或执行测试用例有效地进行测试。

在结构化编程语言中,一般对函数或子过程进行单元测试。在使用纯 C 语言的代码中,一般认为一个函数就是一个单元,这样可以避免开发人员和测试人员陷入不必要的单元争论中。在面向对象的语言中,单元测试主要是指类或类方法的测试。单元测试通常情况下应用到白盒测试技术和黑盒测试技术。

7.1.2 单元测试目的

软件工程认为,软件的开发质量是由软件开发过程进行保证的。因此单元测试不仅要检

117

测代码的错误,还需要测试代码编写是否是根据详细设计进行的。单元测试的目的主要有:

- 验证代码是否与设计相符合;
- 跟踪需求和设计的实现是否一致;
- 发现设计和需求中存在的错误;
- 发现在编码过程中引入的错误。

单元测试是软件测试的最早阶段,是进行其他测试的基础和前提。它能使软件中的问题尽早暴露,错误发现后能明确知道是由哪一单元产生的,便于问题的定位解决。使得在详细设计阶段及编码阶段排除尽可能多的缺陷和问题,提高代码质量。并减少其后阶段测试的工作量,节约开发成本。单元测试允许多个被测单元的测试工作同时开展。

进行单元测试是非常必要的,它可以明显地提高软件的质量和测试工作的产量。首先,通过单元测试使开发人员能够提高代码的质量,提高他们对自己代码的信心。如果没有单元测试,很多简单的缺陷或问题将被留在独立的单元中,会导致在软件集成为一个系统时增加额外的工作量,而且当这个系统投入使用时也无法确保它能够可靠运行。一旦完成了单元测试,很多缺陷或问题被修改,在确信自己开发的单元稳定可靠的情况下,开发人员能够进行更高效的集成测试工作。其次,错误产生到其发现的时间越长,纠正的代价就越大。单元测试的成本效率最高。与其他测试相比,由于是开发人员测试自己编写的代码,发现问题后能迅速定位,修改起来效率很高。因此,在软件测试中单元测试的花费是最小的,而回报却最高。实践表明,软件产品中的缺陷发现得越晚,修改它所需的费用就越高。图 7-1 数据显示单元测试的成本效率大约是集成测试的两倍,是系统测试的三倍。另外,有效地单元测试减少了时间进度,提高了产量。一个项目组能并行地测试很多单元,但系统测试一般会降低这种并行测试的数目。单元测试周期一般为几周,而对大型系统而言,系统测试周期可能需要数十周的时间。最后,想通过用户验收测试来替代单元测试,就好比隔靴搔痒,客户通常不会使用软件单元的所有特征,也不会去测试软件单元的所有特征。因此,将希望寄托在用户身上去测试软件单元是困难或不可能的。

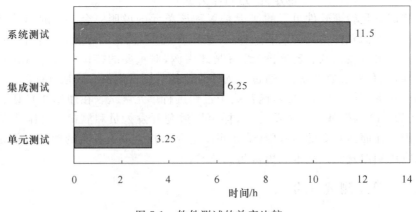

图 7-1　软件测试的效率比较

随着软件开发规模的增大、复杂程度的增加,软件测试也变得更加困难,测试的成本也越来越高。因此,应尽可能早的排除尽可能多的错误,以便减少后阶段测试的工作量。Humphrey 指出:有效的单元测试可以发现 70％的缺陷。可以说,如果单元测试执行的有效、充分,不仅能够提高软件产品的质量和测试工作的产量,而且将大大降低企业软件开发的成本。

7.2　单元测试内容

通常单元测试内容包括以下几个方面。

7.2.1　接口

对单元接口的测试,保证进出软件单元的数据流是正确的。

对穿越单元接口的数据流的测试要在任何其他测试开始之前进行,如果数据不能正确地输入和输出的话,所有的其他测试都是没有实际意义的。

7.2.2　局部数据结构

对单元局部数据结构的测试保证临时存储的数据在算法执行的整个过程中都能维持其完整性。单元的局部数据结构是经常出现错误,应当使用定义/使用和程序片测试方法,发现下列类型的错误:
- 不正确或者不一致的类型描述;
- 错误的初始化或默认值;
- 不正确的(拼写错误的或被截断的)变量名字;
- 不一致的数据类型;
- 下溢、上溢和地址错误。

除了局部数据结构,全局数据对单元的影响在单元测试过程中也应当进行审查。

7.2.3　边界条件

对软件单元边界条件的测试是为了保证单元在极限或严格的情形下仍然能够正确执行。

边界测试是单元测试的最为重要的一个步骤。软件通常是在边界情况下出现故障的,这就是说,错误往往出现在一个 n 元数组的第 n 个元素被处理的时候,或者一个 i 次循环的第 i 次调用,或者当允许的最大或最小数值出现的时候。用一般边界条件法、健壮性边界条件法、最坏边界条件法和健壮性最坏边界条件法来测试数据结构、控制流、数值就很有可能发现错误。

7.2.4 独立路径

在控制结构中的所有路径覆盖法或基本路径法都是需要测试的,以保证在一个模块中的所有语句都能执行至少一次。

在单元测试过程中,对执行路径的选择性测试是最主要的任务。测试用例应当能够发现由于错误计算、不正确的比较或者不正常的控制流而产生的错误。其他常见的错误如下:

- 误解的或者不正确的算术优先级;
- 混合模式的操作;
- 不正确的初始化;
- 精度不够精确;
- 表达式的不正确符号表示。

比较和控制流是紧密地耦合在一起的(如控制流的转移是在比较之后发生的),测试用例应当能够发现下列错误:

- 不同数据类型的比较;
- 不正确的逻辑操作或优先级;
- 应该相等的地方由于精度的错误而不能相等;
- 不正确的比较或者变量;
- 不正常的或者不存在的循环中止;
- 当遇到分支循环的时候不能退出;
- 不适当地修改循环变量。

7.2.5 错误处理路径

要对所有处理错误的路径进行测试。好的设计要求错误条件是可以预料的,而当错误真的发生的时候,错误处理路径被建立,以重定向或者干净地终止处理。在错误处理部分应当考虑的潜在错误有下列情况:

- 对错误描述得莫名其妙;
- 所报的错误与真正遇到的错误不一致;
- 错误条件在错误处理之前就引起了系统异常;
- 例外条件处理不正确;
- 错误描述没有提供足够的信息来帮助确定错误发生的位置。

7.3 单元测试策略

制定一个正确的单元测试策略至关重要,它能保证单元测试活动有效地进行。目前有由顶向下的单元测试策略、由底向上的单元测试策略和孤立的单元测试策略 3 种方式。

7.3.1　由顶向下的单元测试策略

这种测试策略的方法是：先对顶层的单元进行测试，把顶层所调用的单元做成桩模块。其次对第二层进行测试，使用上面已测试的单元做驱动模块。以此类推直到完成所有模块的测试。这种策略的具有以下优缺点。

优点：在集成测试前提供系统早期的集成途径。由于详细设计一般都是由顶向下进行设计的，这样由顶向下的单元测试策略在执行上同详细设计的顺序一致。该测试方法可以和详细设计及编码进行重叠操作。

缺点：单元测试被桩模块控制，随着单元一个一个被测试，测试过程将变得越来越复杂，并且开发和维护的成本将增加。测试层次越到下层，结构覆盖率就越难达到。同时任何一个单元的修改将影响到其下层调用的所有单元都要被重新测试。底层单元的测试须等待顶层单元测试完毕后才能进行，并行性不好，测试周期将延长。

该策略比基于孤立单元测试的成本要高很多，不是单元测试的一个好的选择。但是如果单元都已经被独立测试过了，可以使用此方法。

7.3.2　由底向上的单元测试策略

这种测试策略的方法是：先对模块调用层次图上最底层的模块进行单元测试，模拟调用该模块的模块作驱动模块。然后再对上面一层做单元测试，用下面已被测试过的模块做桩模块。以此类推，直到测试完所有模块。这种策略具有以下优缺点。

优点：在集成测试前提供系统早期的集成途径，不需要桩模块。测试用例可以直接从功能设计中获取，而不必从结构设计中获取。该方法在详细设计文档缺乏结构细节时比较有效。

缺点：随着单元一个一个被测试，测试过程将变得越来越复杂，开发和维护的成本将增加。并且测试层次越到顶层，结构覆盖率就越难达到。同时任何一个单元的修改将影响到直接或间接调用该单元的所有上层单元被重新测试。顶层单元的测试需等待低层单元测试完毕后才能进行，并行性不好，测试周期将延长。并且第一个被测试的单元一般都是最后一个被设计的单元，单元测试不能和详细设计、编码重叠进行。

该策略是一个比较合理的单元测试策略，尤其当需要考虑到对象或复用时。但由底向上的单元测试是面向功能的测试，而不是面向结构的测试。这对于需要获得高覆盖率的测试目标来说相当困难，并且该方法往往与紧凑的开发时间表冲突。

7.3.3　孤立的单元测试策略

这种测试策略的方法是：不考虑每个模块与模块之间的关系，为每个模块设计桩模块和驱动模块。每个模块进行独立的单元测试。

其优点是最简单、最容易操作。可以达到比较高的结构覆盖率。由于一次只需要测试一个单元,其驱动模块比由底向上策略的驱动模块设计简单,其桩模块比由顶向下策略的桩模块设计简单。由于各模块之间不存在依赖性,所以单元测试可以并行进行,该方法对通过增加人员来缩短开发时间非常有效。该方法是纯粹的单元测试,上面两种策略是单元测试和集成测试的混合。

缺点是不提供一种系统早期的集成途径。另外需要结构设计信息,使用到桩模块和驱动模块。

该策略是最好的单元测试策略,如果辅助以集成测试策略,将可以缩短整个软件开发周期。

7.4　单元测试关键实践

对于每个软件单元,需要决定是否进行独立测试,还是以某种方式将其作为系统某个较大部分的一个组件进行测试。基于以下因素进行决策:
- 这个单元在系统中的作用,尤其是与之相关联的风险程度;
- 这个单元的复杂程度(输入、输出和操作数以及与其他单元有多少关联度);
- 开发这个单元测试的驱动器和桩所需的工作量。

如果一个单元是系统重要的部分,即使测试驱动程序的开发成本可能很高,对它进行充分的测试也是值得的,因为它的正确操作是最重要的。假如它的执行不正确的话,程序就不能正常工作。

在单元测试中以下因素影响单元测试的效果。

7.4.1　单元测试人员

软件单元通常由它的开发人员来测试,这样可以减少理解单元说明的成本投入,它还方便了基于白盒测试技术的应用,这是因为开发人员对于代码极其熟悉,可以使用测试驱动程序来调试他们编写的代码。

由同一个人开发测试驱动程序和代码,其主要缺点是:开发人员对单元说明造成的任何误解将会影响到测试用例和测试驱动程序。不过,通过对代码进行静态白盒测试,或者让另一个开发人员作同行评审,这样就可以避免这些潜在的问题。如果是独立的测试人员进行单元测试,需要给与他们一些时间去理解单元说明,才可能很好地完成单元测试。

7.4.2　测试时间

单元测试应该在完成单元说明并且准备对其编码后不久,就开发一个测试计划,至少是确定测试用例的类型。如果单元的开发人员还负责该单元的测试,这样做就更加必要了。因为早期确定测试用例有助于开发人员理解单元说明,也有助于获得对单元说明完整性、正确性和一致性的检查。如果开发人员编写的测试用例不正确或不充分,有可能该单元通过了单元测试,但是在该单元集成到某个较大的系统时,将会导致严重的问题。

单元测试可以在开发过程中的不同部分同时进行。在一个递增迭代的开发过程中,一个单元说明或实现在工程的进展中可能会发生变化,所以应该在软件的其他部分使用该单元之前执行单元测试。每当一个单元的实现发生变化时,就应该执行该单元的回归测试。如果变化是因发现单元代码中的缺陷而引起的,那么就必须增加或改变测试用例来测试可能出现的缺陷。

7.4.3　测试过程

制订单元测试计划

单元测试计划在详细设计阶段制订。设计人员完成系统的详细设计后,针对设计的每个单元,制订单元测试计划。单元测试计划是详细设计书的一部分。在计划中要说明每个单元的测试要点、过程、方法等,可以以表格的形式列出。

设计单元测试用例

当详细设计完成后,就可以设计单元测试用例了。建议在编写代码之前设计测试用例,这样测试用例会更加灵活。如果在代码完成后设计测试用例,会倾向于测试该单元在做什么(这不是真正的测试目的),而不是测试其应该做什么。

测试用例的内容应包括:测试目标、测试环境、输入数据、测试步骤、预期结果、测试代码等。

执行单元测试

执行单元测试是按照测试用例手动或运行测试代码自动执行单元测试,记录测试过程中每个测试用例的结果,并可以对修改后的单元进行回归测试。最后形成单元测试报告。在执行过程中,还可以借助测试工具对代码覆盖率、代码性能等进行统计分析,以便代码优化。

评审单元测试

评审单元测试是对单元测试结果进行评审。开发人员完成自己编码部分的单元测试后就可组织单元测试评审,也可几个开发人员完成编码后共同组织单元测试评审。单元测试评审可以采用多种形式,如会议评审、邮件评审等。评审结束后要形成评审总结报告。

单元测试评审内容如下。

- 单元测试用例的设计是否合理？是否足够？
- 测试结果记录是否明确？
- 单元测试用例通过率是否达到组织规定的比例？
- 单元测试是否具有可重复性？
- 是否每一组测试数据都得到了执行？
- 每一组测试数据的测试结果是否与预期结果一致？

小　结

　　软件的最小单元应该具有一些基本属性,如明确的功能或规格定义、与其他部分明确的接口定义。单元测试就是验证软件单元的实现是否和该单元的说明完全一致的相关联的测试活动组成的。通常单元测试内容包括接口、局部数据结构、边界条件、独立路径和错误处理路径。单元测试策略目前有三种方式:由顶向下的单元测试策略、由底向上的单元测试策略和孤立的单元测试策略。单元测试人员、时间和过程影响单元测试的效果。

思 考 题

7.1　如何定义软件系统的单元？

7.2　单元测试可能使用到的测试技术是什么？

7.3　比较单元测试 3 种测试策略的成本。

7.4　如何提高单元测试效率？

第8章 集成测试

集成测试主要关注的问题是:应该测试哪些构件和接口? 以什么样的次序进行集成? 哪些集成测试策略比较适合? 本章通过集成测试在测试中的地位,重点讲解集成测试的策略。

8.1 集成测试概念

8.1.1 集成测试的定义

集成测试(Integration Testing),也叫组装测试、联合测试、子系统测试和部件测试。它是单元测试的逻辑扩展,即在单元测试基础之上,将所有模块按照概要设计要求组装成为子系统或系统,进行测试。这意味着集成测试之前,单元测试已经完成。

集成测试主要关注下列问题:

- 模块间的数据传递是否正确?
- 一个模块的功能是否会对另外一个模块的功能产生错误的影响?
- 全局数据结构是否有问题,会不会被异常修改?
- 块组合起来的功能能否满足要求?
- 各个模块累积的误差是否会达到不可接受的程度?

集成测试的最简单的形式是:两个已经测试过的单元组合成一个组件,并且测试它们之间的接口。从这一层意义上讲,组件是指多个单元的集成聚合。在现实方案中,许多单元组合成组件,而这些组件又聚合成软件。

8.1.2 集成测试的必要性

集成测试主要识别组合单元之间的问题。集成测试前要求确保每个单元具有一定质量,即单元测试应该已经完成。因此集成测试是检测单元交互问题,一个集成策略必须回答以下 3 个问题:

- 哪些单元是集成测试的重点?
- 单元接口应该以什么样的顺序进行检测?
- 应该使用哪种测试技术检测每个接口?

单元范围内的测试是寻找单元内的错误,系统范围内的测试则是在查找导致不符合系统功能的错误。大多数互操作的错误不能通过孤立地测试一个单元而发现,所以集成测试是必要的。集成测试的首要目的是揭示构件互操作性的错误,这样系统测试就可以在最少可能被中断的情况下进行。

在实践中,集成是指多个单元的聚合,许多单元组合成模块,而这些模块又聚合成程序,如分系统或系统。集成测试采用的方法是测试软件单元的组合能否正常工作,以及与其他组的模块能否集成起来工作。最后,还要测试构成系统的所有模块组合能否正常工作。集成测试依据的测试标准是软件概要设计规格说明,任何不符合该说明的程序模块行为都应该称为缺陷。

所有的软件项目都不能跨越集成这个阶段。不管采用什么开发模式,具体的开发工作总得从一个一个的软件单元做起,软件单元只有经过集成才能形成一个有机的整体。具体的集成过程可能是显性的也可能是隐性的。只要有集成,总是会出现一些常见问题,工程实践中,几乎不存在软件单元组装过程中不出任何问题的情况。集成测试需要花费的时间远远超过单元测试,直接从单元测试过渡到系统测试是极不妥当的做法。

集成测试的必要性还在于一些模块虽然能够单独地工作,但并不能保证连接起来也能正常工作。程序在某些局部反映不出来的问题,有可能在全局上会暴露出来,影响功能的实现。此外,在某些开发模式中,如迭代式开发,设计和实现是迭代进行的。在这种情况下,集成测试的意义还在于能间接地验证概要设计是否具有可行性。

集成测试的目的是确保各单元组合在一起后能够按既定意图协作运行,并确保增量的行为正确。集成测试的内容包括单元间的接口以及集成后的功能。使用黑盒测试方法测试集成的功能,并且对以前的集成进行回归测试。

8.1.3 常见的集成测试故障

集成测试可以揭示构件中导致构件交互失败的错误,一般的接口错误包括:

(1)配置/版本控制错误;

(2)遗漏、重叠或冲突函数;

（3）不一致的数据结构；

（4）使用冲突的数据视图；

（5）破坏全局存储或数据库数据的完整性；

（6）由于编码错误或未预料到的运行是绑定导致的错误方法调用；

（7）客户发送违反服务器前提条件、顺序约束的消息；

（8）错误的参数或不正确的参数值；

（9）错误的对象和消息的绑定；

（10）由不正确的内存管理分配/收回引起的失败；

（11）不正确的使用虚拟机、OS；

（12）组件之间的服务；

（13）资源竞争。

8.2　集成测试策略

集成测试策略就是在分析测试对象的基础上，描述软件模块集成的方式、方法。集成测试的基本策略较多。如大爆炸集成（Big Bang Integration）、自底向上集成（Bottom-Up Integration）、自顶向下集成（Top-Down Integration）、三明治集成（Sandwich Integration）、协作集成（Collaboration Integration）和高频集成（High-frequency Integration）方法。

集成测试策略直接关系到测试的效率、结果等，一般要根据具体的系统来决定采用哪种模式。集成测试策略大部分是独立于应用领域的。集成测试基本可以概括为以下两种：非渐增式测试模式和渐增式测试模式。非渐增式测试模式即先分别测试每个模块，再把所有模块按设计要求放在一起结合成所要的程序，如大爆炸模式；渐增式测试模式即把下一个要测试的模块同已经测试好的模块结合起来进行测试，测试完以后再把下一个应该测试的模块结合进来测试。

8.2.1　大爆炸集成

大爆炸集成（Big Bang Integration）。试图通过同时测试所有的构件以论证系统稳定性。

前提

大爆炸测试策略在以下情况下需要。

• 软件系统已经稳定而且从它最后通过系统范围的测试包以后，只有少数几个模块被加入或修改。

• 软件系统比较小并且可测试，而且它的每个模块都通过了充分的单元测试。

• 对于单片电路系统可能是唯一可行的方法。当构件被紧密联结在一起以至于无法分别进行检测时,实际上就是不能建立测试构件子集的,这种情况常见于用传统编程语言开发的无结构的系统、没有设计或设计不佳的面向对象实现以及在这两种情况下为特定目的而存在的系统。

如果不具备这些条件,一般情况下,使用大爆炸集成会弊大于利,在进度的压力下它通常是可以使用的,但是效果不佳。

策略

大爆炸测试策略是非渐增式集成测试,整个系统已经建立并且在系统范围内进行测试以证实最低限度的可操作性。如图 8-1 所示即为这种策略。相反,本章介绍的其他所有集成策略都是从建立几个构件开始,测试它们的互操作性,再增加几个构件,测试它们的互操作性,以此类推,直到已经检测了所有的接口。

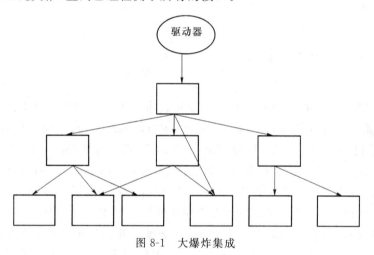

图 8-1　大爆炸集成

评价

通常是不建议大爆炸集成的,它根本就没有使用方法。常见的结果是存在如此多的接口错误以至于系统几乎无法运行,如果大爆炸集成测试发现很多缺陷,但是确定错误的地点非常困难。

大爆炸集成测试主要有两个缺点:一是无法得到错误定位的线索,所以调试非常困难,对渐增式集成来说,最新增加的构件最可能有错,或引发另一构件的错误,使一个先前存在的错误也得以传播,相反,大爆炸集成中的每个构件都值得怀疑;二是即使集成测试通过,许多接口错误也可以隐藏并且潜伏到系统测试中。

但是,在有些情况下,大爆炸集成可以导致迅速完成集成测试,只要开发少数的驱动器或桩,用少量的测试用例运行来证实系统充分的稳定性也是有可能的。如果系统开发质量比较高,那么测试安装和测试运行花费的只是少量的时间;但是如果需要超过 3 次的爆炸—纠错—爆炸循环,那么大爆炸集成就是一个不合适的策略选择。

8.2.2 自顶向下集成

自顶向下集成(Top-Down Integration)依据应用控制层次来交错进行构件集成测试。

前提

软件系统遵循一个迭代式和增量式方法开发一个系统,该系统控制结构模型与树一样,其中顶层构件具有控制功能,实现重要的控制策略,因此存在相对较高的风险。自顶向下集成首先集中于这些构件,使系统范围的可操作性有较高的优先权。

策略

这种集成方式是将模块按系统程序结构,沿控制层次自顶向下进行组装。其步骤如下。

(1) 以主模块为所测模块兼驱动模块,所有直属于主模块的下属模块全部用桩模块对主模块进行测试。

(2) 采用深度优先(depth-first)或广度优先(breadth-first)策略(如图 8-2 所示),用实际模块替换相应桩模块,再用桩代替它们的直接下属模块,与已测试的模块或子系统组装成新的子系统。

(3) 进行回归测试(即重新执行以前做过的全部测试或部分测试),排除组装过程中引起的错误的可能。

(4) 判断是否所有的模块都已组装到系统中,是则结束测试,否则转到(2)去执行。

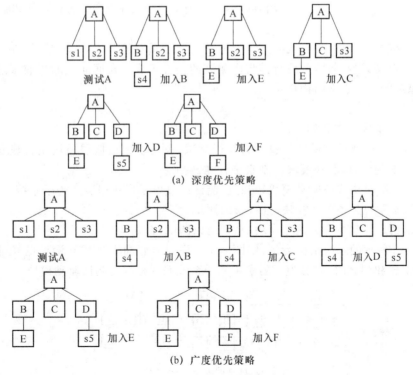

图 8-2 自顶向下增值方式

评价

（1）缺点

桩的开发和维护是自顶向下集成需要花费的成本。桩是进行测试的必要部分,实现一个测试需要编写大量的桩。复杂测试的测试用例要求的桩是不同的,随着桩数量的增加,对于桩的管理和维护需要的工作量就会增加。

如果对已经测试过的单元进行修改,相应的测试该部分的驱动器和桩也要进行修改,并重新测试,而且这种修改还要影响到其他相应单元,这个过程会易于出错、成本很高而且费时。直到最后一个构件代替了它的桩并且通过测试用例,被测软件中所有构件的互操作性才被测试。

（2）优点

测试和集成可以较早开始,即当顶层构件编码完成后就可以开始了。第一阶段可以检测所有高层构件的接口。减少了驱动器开发的费用。驱动器的编码相对于桩的编码要有一定的难度。构件可以被并行开发,若干开发者可以独立在不同的构件和桩上工作。如果低层接口未定义或可能被修改,那么自顶向下集成可以避免提交不稳定的接口。

8.2.3　自底向上集成

自底向上集成(Bottom-Up Integration)。依据使用相依性来交错进行构件和集成测试。

前提

在迭代或增量开发中,自底向上集成通常用于子系统的集成,也就是说,在每个构件编码的同时对其进行测试,然后将其与已测试的构件集成。自底向上的集成很适合具有健壮的、稳定的接口定义的构件系统。

策略

自底向上集成的步骤如下。

（1）由驱动模块控制最低层模块的并行测试,也可以把最低层模块组合成实现某一特定软件功能的簇,由驱动模块控制它进行测试。

（2）用实际模块代替驱动模块,与它已测试的直属子模块组装成为子系统。

（3）为子系统配备驱动模块,进行新的测试。

（4）判断是否已组装到达主模块,是则结束测试;否则执行(2)。

以图 8-2 所示的系统结构为例,用图 8-3 来说明自底向上集成和测试的顺序。自底向上进行集成和测试时,需要为所测模块或子系统编制相应的测试驱动模块。

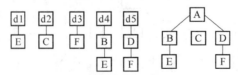

图 8-3　自底向上增值组装方式

评价

（1）缺点

驱动器的开发是自底向上集成中耗费最大的,需要编写的代码量很可能就达到被测系统代码量的两倍。如果对先前测试过的构件进行了修改,那么测试该构件的驱动器就应该作相应的修改并再运行,而且还要对有影响的部分作修改。这一过程是容易出错的、成本高且耗时的。一个自底向上的驱动器并不直接测试构件之间的接口,这样做不能充分对构成与构件之间交互的测试。

（2）优点

任意的叶子级构件一准备好,就可以开始自底向上集成和测试。各子树的集成和测试工作可以并行的进行。

8.2.4　三明治集成

三明治集成(Sandwich Integration)结合了自顶向下集成、自底向上集成和大爆炸集成的特点,适合于迭代开发的稳定系统。

1. 前提

该策略结合了自顶向下和自底向上的两种方法的优点,大多数软件开发项目都可以采用这种集成测试方法。

2. 策略

该策略将系统划分为三层,中间一层为目标层,测试时,对目标层的上面一层采用自顶向下的集成测试方法,而对目标层下面一层采用自顶向下的集成测试方法,最后测试在目标层会合,如图 8-4 所示。

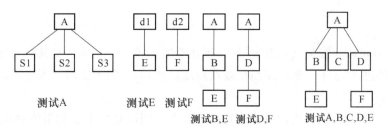

图 8-4　三明治集成

3. 评价

（1）缺点

如果没有对构件的单元进行充分的测试,三明治集成测试会面临大爆炸集成的问题。

（2）优点

三明治集成测试集合了自底向上集成、自顶向下集成和大爆炸的优点。

8.2.5　协作集成

协作集成（Collaboration Integration）根据协作的构件和它们之间的调用关系选择一个集成次序，通过一次测试一个协作组来测试接口。

前提

协作集成测试是测试协作的参与者之间的接口。一个系统一般支持很多调用。可以应用的系统特点如下：

- 被测系统已清楚定义了所有构件和接口的调用关系；
- 尽快验证重要的一个运行协作。

策略

集成测试的步骤如下。

（1）为被测系统开发一个调用图，将协作映射到调用图中。

（2）选择一个应用协作关系。选择协作可以依据以下规则：

- 从最简单的开始，以最复杂的结束；
- 从需要的桩最少的协作开始；
- 根据风险分析的优先级来测试协作的次序。

（3）为每一次协作开发测试包。

（4）运行该测试包并调试，直到第一个协作测试通过。继续直到所有的协作已经被测试。

评价

（1）缺点

协作关系可能比较复杂，调用图制作可能会有难度。一些初始的协作可能需要许多桩。一个调用图描述了一条调用路径或调用路径系列，可能无法测试所有的调用图。

（2）优点

可以使用少量的测试用例执行达到接口覆盖。测试是集中于调用的功能性，所以协作测试可以重用到系统测试中。协作集成测试包与协作构件耦合度低，因此构件的修改对测试包的影响不大。较少了驱动器的开发费用，原因和自顶向下集成相同。

8.2.6　高频集成

高频集成（High-frequency Integration）即开发并重复运行一个集成测试包进行每小时、每日或每周测试。

1．前提

频繁地将新代码加入到一个已经稳定的基线（Baseline）中，以免集成故障难以发现，同时控制可能出现的基线偏差。

高频集成测试是指同步于软件开发过程，每隔一段时间对开发团队的现有代码进行一次集成测试，控制可能出现的基线偏差。使用高频集成测试需要具备一定的条件：

- 可以持续获得一个稳定的增量，并且该增量内部已被验证没有问题；
- 大部分有意义的功能增加可以在一个相对稳定的时间间隔（如每个工作日）内获得；
- 测试包和代码的开发工作必须是并行进行的，并且需要版本控制工具来保证始终维护的是测试脚本和代码的最新版本；
- 必须借助于使用自动化工具来完成。

2．策略

高频集成一个显著的特点就是集成次数频繁，显然，人工的方法是不胜任的。

高频集成测试一般采用如下步骤来完成：

（1）选择集成测试自动化工具；

（2）设置版本控制工具，以确保集成测试自动化工具所获得的版本是最新版本；

（3）测试人员和开发人员负责编写对应程序代码的测试脚本；

（4）设置自动化集成测试工具，每隔一段时间对配置管理库的新添加的代码进行自动化的集成测试，并将测试报告汇报给开发人员和测试人员；

（5）测试人员监督代码开发人员及时关闭不合格项。

按照步骤（3）～步骤（5）不断循环，直至形成最终软件产品。

3．评价

（1）缺点

高频集成需要开发和维护源代码和测试包。如果测试包维护不及时，可能会出现测试杀虫剂现象。测试包可能不能暴露深层次的编码错误和图形界面错误。

（2）优点

严重错误、遗漏错误和不正确的假设可能较早地被揭示。因为发现错误最有可能和新加入部分有关，所以调试时寻找错误根源更容易。开发组可以较早看到真实的结果，这样的策略可以提高士气。

以上介绍了几种常见的集成测试策略，一般来讲，在现代复杂软件项目集成测试过程中，通常采用核心系统先行集成测试和高频集成测试相结合的方式进行，自底向上的集成测试方案在采用传统瀑布式开发模式的软件项目集成过程中较为常见。集成策略的选择应该结合项目的实际工程环境及各测试方案适用的范围进行合理的选型。

小　结

　　集成测试是单元测试的逻辑扩展,即在单元测试基础之上,将所有模块按照概要设计要求组装成为子系统或系统,进行测试。集成测试的目的是确保各单元组合在一起后能够按既定意图协作运行,并确保增量的行为正确。集成测试策略包括大爆炸集成、自底向上集成、自顶向下集成、三明治集成、协作集成和高频集成方法。集成策略的选择应该结合项目的实际工程环境及各测试方案适用的范围进行合理的选型。

思 考 题

8.1　描述集成测试与单元测试的关系。

8.2　对集成测试常见测试策略的成本做一下比较。

8.3　描述选择集成测试策略的依据。

第 9 章　系 统 测 试

　　针对与单元测试和集成测试,系统测试是最接近日常测试实践的。系统测试是从功能角度考虑系统是否符合用户的需求,而不是从结构角度来考虑的。本章首先要介绍一种新的系统构造结构,然后讨论如何设计系统级的测试用例。

9.1　系统测试概念

9.1.1　系统测试的定义

　　系统测试是通过与系统需求规格作比较,发现软件与系统需求规格不相符合或与之矛盾的地方。它将通过确认测试的软件,作为整个基于计算机系统的一个元素,与计算机硬件、外设、某些支持软件、数据和人员等其他系统元素结合起来,在实际运行(使用)环境下,对计算机系统进行的测试。

　　系统测试的目的在于通过与系统的需求定义作比较,发现软件与系统定义不符合或与之矛盾的地方,以验证软件系统的功能和性能等满足其规约所制定的要求。系统测试的用例应根据需求分析说明书来设计,并在实际使用环境下来运行。

9.1.2　系统测试与单元测试、集成测试的区别

　　系统测试与单元测试、集成测试的区别如下。

　　(1)测试方法不同:系统测试应用黑盒测试技术,而单元测试、集成测试一般应用白盒测试技术。

　　(2)测试范围不同:单元测试主要测试模块内部的接口、数据结构、逻辑、异常处理等

对象。集成测试主要测试模块之间的接口和异常。系统测试主要测试端口输入到端口输出实践是否满足用户需求。例如在测试 ATM 机中输入 PIN 测试中,输入什么数字,软件的响应问题,这是单元测试需要做的工作;输入几次 PIN,以及取消键这是集成测试需要做的工作。而系统测试需要做的是插入卡、输入 PIN、等待交易选择。这个粒度是系统测试需要做的工作。

(3) 评估基准不同:系统测试的评估基准是测试用例对需求规格的覆盖率;而单元测试和集成测试的评估主要是代码和设计的覆盖率。需求规格说明书有大量的说明方法、标记和技术,在系统测试中,重点考虑的是系统的数据、端口和事件。基于端口和基于事件的测试主要适合于以事件驱动的系统,这种系统称为"反应式"系统,这些系统要对端口输入事件做出响应,并且以端口输出事件做出反应。反应式系统有两个重要特征:一是长时间运行,与完成短时间大量计算的处理软件不同;二是保持和环境的关系。而以数据驱动的系统,常常被称为"转换式"系统而不是"反应式",这种系统支持以数据库为基础的事务处理。讨论这些基本概念是为了说明如何利用它们来标识测试用例。

9.2　系统数据测试

当系统需求以其数据进行描述时,主要描述系统所使用和创建的信息。数据是指可以经过初始化、存储、更新和删除的信息。通常采用变量、数据结构、字段、记录、数据存储和文件来描述数据。高层数据用实体/关系模型来描述,底层数据使用一些常规的描述方法,数据结构图等。系统测试用例可以直接通过数据模型来标识。数据实体之间的关系可以是一对一、一对多、多对一和多对多,这些差别在设计系统测试用例中都是要考虑的因素。如在 ATM 系统中,初始数据描述各账户(PAN)及其 PIN,每个账户都有一个数据结构,包含诸如账户余额这样的信息。当出现 ATM 事务处理时,结果作为被创建的数据保存,并在每天将终端数据报告给中央银行。在这个系统中,银行客户可以拥有多个账户,每个账户需要唯一的 PIN。如果多个人可以访问同一个账户,则需要相同的 PAN 的 ATM 卡。针对这样的数据要求,可以设计系统级的测试用例。

针对系统数据主要测试以下指标。

D1:测试 E/R 中每个关系的基数。一对一、一对多、多对一和多对多的关系是否正确。

D2:测试每个关系的参与。全参与、部分参与、上参与和中参与是否正确。

D3:测试关系之间的逻辑关系的正确性。

例如,简单的图书馆系统可用 E/R 模型来描述,如图 9-1 所示。

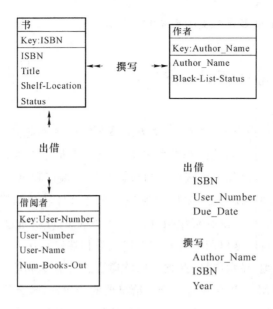

图 9-1　图书馆的 E/R 模型

以下是图书馆系统的一些典型测试用例：

向图书馆添加图书；

向图书馆删除图书；

向图书馆增加阅读者；

向图书馆删除阅读者；

向借阅者出借图书；

借阅者返还图书。

根据系统数据测试指标可以设计以下系统测试用例。

D1：测试 E/R 中每个关系的基数。在图书馆例子中，书和撰写关系是多对多关系，说明一个作者可以撰写多本书，并且一本书可以有多位作者；一本书可以借给很多借阅者，一位借阅者可以借阅多本书。这些信息可以产生多个测试用例，如果考虑到边界值、等价类等方法，会有更多系统测试用例产生。

D2：测试每个关系的参与。在撰写关系上，书和作者实体都要求全参与，不能没有作者的图书，也不能没有图书的作者。通过这些信息可以产生很多边界条件的系统测试用例。

D3：测试关系之间的逻辑关系的正确性。有些事务处理确定关系之间的明显逻辑关系。例如，不能借出不属于图书馆的图书，也不能删除已经外借的图书，不能删除手头还有图书的借阅者。如果数据库被规范化，则这类逻辑依赖关系会减少，但是仍旧存在一些,这里也可以产生很多有意义的系统测试用例。

9.3　系统端口事件测试

　　每个系统都有端口设备,这些端口设备是系统级输入和输出端口事件的源和目标地,区分端口和端口设备之间的微小差别有时对测试人员很有帮助。在技术上,端口是端口设备接入系统的点,例如串行端口、并行端口、网络端口和电话端口。物理事件如击键和屏幕激活发生在端口设备上,端口设备是将物理事件转化为逻辑事件,或者从逻辑事件转化为物理事件。如果没有实际端口设备,系统测试可以通过端口事件的逻辑实现作为输入和输出的接口。这里用端口表示端口设备和端口。在 ATM 系统中的端口包括数字键、取消键、功能键、显示屏幕、存款和取款通道、ATM 卡和收据槽等,还有些隐含在内部的端口,如将 ATM 卡和存款信封传递给机器的传送器、现金给付器、收据打印机等。确定输入端口有助于测试人员定义系统功能性测试所需的输入空间,同样输出端口提供了基于输出的系统功能性测试的输出空间。

　　需求规格说明书通过系统操作来描述也是一种常见形式,这是因为命令是命令式程序设计语言是以操作为主要内容的。操作通常包括:转换、数据转换、控制转换、处理、活动、任务、方法和服务。

　　事件既有数据方面的一些特征,又有操作方面的特征。事件是发生在端口设备上的系统级数据输入或输出。事件可以是离散的,如 ATM 键盘输入,也可以是连续的,例如温度、高度和压力等。离散事件必须有一定的持续时间,在实时系统中,这一点可能是至关重要的因素。事件是现实世界物理事件和这些事件的内部逻辑表示的转换点。端口输入事件是物理到逻辑的转换,同样,端口输出事件是逻辑到物理的转换。系统测试人员应该关注事件的物理层面,而不是逻辑层面,系统的逻辑层面是集成测试人员要关注的内容。例如在如图 9-2 所示的 SATM 系统中,通过一种全状态模型开发系统端口事件测试用例。在全状态模型中,状态表示关键原子系统功能。宏级状态是:"ATM 卡输入"、"PIN 输入"、"事务处理请求"和"会话管理"。状态顺序就是测试顺序。ATM 终端初始显示屏幕 1,输入了正确有效的 ATM 卡,导致显示屏幕 2。输入与该卡匹配的密码,显示使客户能够选择事务处理类型的屏幕 5。按下 B1 键(要求余额查询)时,端口输出事件表示"余额",显示屏幕 6。当第二次按下 B1 键(支票)时,会显示屏幕 14,并将支票账户余额打印到收据上。当按下 B2 键时,会显示屏幕 15,打印收据,退出 ATM 卡,显示屏幕 1。这种情况叫做"与语境有关的端口事件",应该在每种语境中测试这种事件。

屏幕1

欢迎！

请插入ATM卡

屏幕2

请输入个人身份编号

如果输错请按"取消"键

屏幕3

个人身份编号有误，
请重新输入

屏幕4

无效标识。您的卡将被
留下。请给银行打电话

屏幕5
请选择交易类型：
余额
存款
取款
如果输错请按"取消"键

屏幕6
请选择账户类型：
支票
储蓄
如果输错请按"取消"键

屏幕7
请输入账号
取款必须是
10美元的整数倍
ーーーー·ーー
如果输错请按"取消"键

屏幕8
余额不足
请输入一个新账号

如果输错请按"取消"键

屏幕9
机器不能给付这样
的金额，请重新输入

屏幕10
暂时无法取款
进行另一个交易吗？
　　　　　是
　　　　　否

屏幕11
正在更新余额，请从
给付器中取现金

屏幕12
暂时无法存款
进行另一个交易吗？
　　　　　是
　　　　　否

屏幕13
请将信封放入存款槽中
余额将被更新

如果输错请按"取消"键

屏幕14
新余额正打印在收据上
进行另一个交易吗？
　　　　　是
　　　　　否

屏幕15

请取走收据和ATM卡

谢谢

图 9-2　SATM 系统

基于系统的端口事件的系统测试中，下列覆盖指标是比较重要的。

PI1：测试每个端口输入事件。

PI2：测试每个端口的常见输入事件。

PI3：测试每个端口异常输入事件。

PO1：测试每个端口输出事件。

PO2：测试每个端口的常见输出事件。

PO3：测试每个端口异常输出事件。

对于 PI1 大多数系统是做不到的。PI2 的覆盖指标是比较常用的，但是对于什么是常见事件,可能难以确定,这要根据实际系统的需求规格说明分析。也包括系统的静止点即系统中的静止事件,例如屏幕显示。PI3 测试系统每个端口异常输入事件。大多数需求规格说明书都尽力描写正常操作,而异常输入事件通常需要测试人员去发现。如系统对预期规定的输入响应应该是什么? 对于异常操作系统需要输出什么样的警告信息? 这些是需要靠测试人员的经验来完成的。如果时间允许的话,还可以对需求规格说明书进行改进。同理对于每个端口的输出事件的 3 个指标也要这样进行测试。通常情况下,需求规格说明书要将端口事件以事件列表的形式来描述的。对于系统的端口设备是第三方提供商的,端口事件测试就更重要了。

9.4　系统测试类型

根据系统测试的目标不同,系统测试一般包括以下类型。

1. 性能测试

在实时系统和嵌入系统中,符合功能需求但不符合性能需求的软件是不能被接受的。性能测试(Performance Testing)的目标是用来测试软件在实际系统中的运行性能的。性能测试可以发生在测试过程的所有步骤中,即使是在单元层,一个单独模块的性能也可以使用白盒测试来评估,然而,只有当整个系统的所有成分都集成到一起以后,才能检查一个系统的真正性能。

2. 负载测试

负载测试(Load Testing)通常是指让被测系统在其能忍受的压力的极限范围之内连续运行,来测试系统的稳定性。负载测试需要给被测系统施加其刚好能承受的压力,比如测试163 邮箱系统的登录模块,先用 1 个用户登录,再用两个用户并发登录,再用 5 个、10 个,以此类推,在这个过程中,每次都需要观察并记录服务器的资源消耗情况可以通过任务管理器中的性能监视器或者控制面板中的性能监视器来观察,当发现服务器的资源消耗快要达到临界值时(如 CPU 的利用率 90％以上,内存的占有率达到 80％以上),停止增加用户,假如现在的并发用户数为 20,就用这 20 个用户同时多次重复登录,直到系统出现故障为止。负载测试为测试系统在临界状态下运行是否稳定提供了一种办法。

3. 强度测试

强度测试(Stress Testing)目的时调查系统在其资源超负荷的情况下的表现。尤其感兴趣的是这些对系统的处理时间有什么影响。这类测试在一种需要反常数量、频率或资源的方式下执行系统。例如平均每秒出现 1 个或 2 个中断的情形下,或对每秒出现 10 个中断的情形来进行特殊的测试。

4．容量测试

容量测试(Volume Testing)的目的是使系统承受超额的数据容量来发现它是否能够正确处理。这种测试通常容易与压力测试混淆。压力测试主要是使系统承受速度方面的超额负载,例如一个短时间之内的吞吐量。容量测试是面向数据的,并且它的目的是显示系统可以处理目标内确定的数据容量。

5．安全性测试

安全性测试(Security Testing)的目的在于验证安装在系统内的保护机构确定能够对系统进行保护,使之不受各种非正常的干扰。系统的安全测试要设置一些测试用例试图突破系统的安全保密措施,检验系统是否有安全保密的漏洞。在安全测试过程中,测试者扮演的一个试图攻击系统的个人角色。

6．配置测试

配置测试(Configuration Testing)是测试系统在不同的系统配置下是否有错误。一个软件是在一定的配置环境下才能工作的,配置项包括硬件配置项和软件配置项。硬件配置项包括内存大小、硬件大小、显存大小、监视器大小、主频等。软件的配置项包括操作系统、数据库、浏览器等,一个软件可能设计几十、几百甚至数千个配置项,例如,最新的网页开发环境中,可能超过 7 000 多种配置。配置测试就是要测试在各种不同的配置下系统能否正常的工作。

7．故障恢复测试

故障恢复测试(Recovery Testing)的目标是验证系统从软件或者硬件失败中恢复的能力。这个测试验证系统在应用处理过程中处理中断和回到特殊点的偶然特性。恢复测试采取各种人工干预方式使软件出错,而不能工作。进而检验系统的恢复能力。如果系统本身能够自动进行恢复,则应检验;重新初始化、检验点设置机构、数据回复以及重新启动是否正确。如果这一恢复需要人为的干预,则应考虑平均修复时间是否在限定的范围以内。

8．安装测试

安装测试(Installation Testing)主要是验证成功安装系统的能力。安装系统通常是开发人员的最后一个活动,并且通常在开发期间不太受关注。然而在客户使用系统是执行的第一个操作。

9．文档测试

文档测试(Documentation Testing)主要针对系统提交给用户的文档的验证。目标是验证用户文档是正确的并且保证操作手册的过程能够正确工作。文档测试有一些优点,包括改进系统的可用性、可靠性、可维护性和可安装性。在这些例子中,测试文档有助于发现系统中的不足并且/或者使得系统更可用。文档测试还减少客户支持成本,例如客户从文档中解决自己的问题,而不需要当面提供支持。

10. 用户界面测试

用户界面测试(GUI Testing)主要包括两个方面的内容,一方面是界面实现与界面设计的吻合情况;另一方面是确认界面处理的正确性。界面设计与实现是否吻合,主要指界面的外形是否与设计内容一致;界面处理的正确性也就是当界面元素被赋予各种值时,系统处理是否符合设计以及是否没有异常。例如,当选择"打开文档"菜单,系统应当弹出一个打开文档的对话框,而不是弹出一个保存文档的对话框或别的对话框。

其中,功能测试、配置测试、安装测试等在一般情况下是必需的。而其他的测试类型则需要根据软件项目的具体要求进行裁剪。

小 结

系统测试是通过与系统需求规格作比较,发现软件与系统需求规格不相符合或与之矛盾的地方。系统测试应用黑盒测试技术,系统测试主要测试端口输入到端口输出实践是否满足用户需求。在系统测试中,重点考虑的是系统的数据、端口和事件。根据系统测试的目标不同,系统测试的测试类型一般包括:性能测试、负载测试、强度测试、容量测试、安全性测试、配置测试、故障恢复测试、安装测试、文档测试、用户界面测试。

思 考 题

9.1 在系统测试,特别是交互式系统的系统测试中,如何预测用户可能做出的各种奇怪操作。如果 ATM 系统的客户输入 3 位密码后离开,会出现什么情况呢?

9.2 增加了新功能的系统回归测试如何实施?

9.3 分析系统数据主要测试指标的覆盖充分性。

9.4 分析系统的端口事件的系统测试指标的有效性。

第10章 验收测试

10.1 验收测试概念

验收测试主要是根据用户的需求而建立,是整个测试过程中的最后一个阶段。在执行这类测试时,最终用户要参与之中。验收测试计划过程应该在需求确定之后尽快开始进行。在软件生命周期的早期进行此项工作时很重要的,因为验收测试的出口准则为产品的验收奠定了基础。验收测试计划和验收测试用例应该非常准确地描述未来完成产品的特性。在外包开发的情况下,验收测试计划和测试用例甚至可能会成为外包合同的一个组成部分。

验收测试是证明需求的有效性和为取得用户的认可提供支持的一种很有价值的手段。验收测试和系统测试的主要差别是测试的主体,也就是说谁在进行测试工作。当用户在系统测试中起到了十分积极的作用时,而且测试环境的其他部分足够真实,那么验收测试和系统测试合并在一起是有意义的。另外一种情况是,用户不参与任何测试,也就是说验收测试也是测试团队自己来做,那么验收测试和系统测试也就一样了。

用户或用户代表在验收测试过程中起着十分重要的作用。他们的职责可能包括以下这些内容:

- 定义需求;
- 识别业务风险;
- 建立、更新或评审验收测试计划;
- 定义真实的基于场景的测试;
- 提供真实的测试数据;
- 执行测试;
- 评审测试输出;
- 提供验收标准。

在验收测试中需求的跟踪是重要方面,需求跟踪就是指确保一个或多个测试用例能够覆盖到每个需求过程。需求跟踪是一个较高等级的覆盖度量,这个度量也是测试有效性度量的一种手段。需求的跟踪矩阵通常与软件风险分析一起使用。验收测试是要确保每个需求都被涵盖到了。但是验收测试不是对每个需求都进行了完全的测试,它只是表明每个需求都被涵盖到了,也就是说,验收测试并不是一项综合性的测试,它是向用户和用户代表表明需求得到了满足。

通常的验收测试有 Alpha 测试和 Beta 测试两种形式。他们是软件产品在正式发布前经常需要进行的两种不同类型的测试。

10.2 Alpha 测试

Alpha 测试有时也称为室内测试,是由一个用户的使用环境下进行的测试,也可以是开发机构内部的用户在模拟实际操作环境下进行的测试。开发者坐在用户旁边,随时记下错误情况和使用中的问题。这是在受控制的环境下进行的验收测试。

Alpha 测试前应当将测试目的明确的传达给测试参与人员,应该向测试参与人员介绍一些项目的历史背景知识,测试人员要在测试期间提供协助,并给出测试的一般规则。

Alpha 测试主要用于发现下面一些问题:
- 概念性缺陷或者与主题不协调的地方;
- 发现与功能需求和项目规格不符合的地方;
- 发现拼写、标点以及习惯用法方面的错误;
- 发现图形的位置错误;
- 发现不准确、不清晰或者不完整的图形;
- 发现不完整或不准确的标题。

Alpha 测试参与人员需要遵循的原则:

随时记录下对于系统的建议,建议应该足够详细,以便能指导修改;

按照计划进行 Alpha 测试,在时间不足的情况下,可以提醒测试参与人员关注软件系统的重要部分;提出软件系统的修改建议或改进建议,而不仅仅是批评。

测试参与人员对系统的建议分为 3 种:
- 必须修改:这一般是属于错误,并且需要在正式发布的版本中修改。
- 一般修改:这主要是属于没有详细的提示信息或帮助信息。
- 改进型修改:这些建议可以不在当前发布版本中修改,可以安排在下一个版本中。

进行 Alpha 测试时可能会使用到观察实验室。在观察实验室中,用户坐在观察室中使用软件产品,摄像机对用户的活动、面部表情、体态和其他能够反映被测软件质量方面的各种因素进行了记录。在单向镜面的另一侧,观察员同时对用户进行观察,观察用户在软件系统上作的工作。有时用户会被问到为什么做这个操作,或者给与操作的指导,但是通常情况下尽量减小观察员和用户之间的交流。观察员可以由开发人员或测试人员担任。摄像机是主要记录方式。观察员要做笔录,用户也要填写一份调查问卷。最终将这些资料形成报告。

10.3　Beta 测试

　　Beta 测试是由软件的多个用户在用户的实际使用环境下进行的测试。这些测试参与人员是与公司签订了 Beta 测试合同的外部用户,他们被要求使用软件系统,并愿意返回有关错误信息给开发公司。与 Alpha 测试相同的是,开发者通常不在测试现场。因而,Beta 测试是在开发者无法控制的环境下进行的软件测试。

　　Beta 测试的特点如下。

- 通常在产品发布到市场之前,邀请公司的客户参与产品的测试工作。
- 提升了产品的价值,因为它使那些"实际"的客户有机会把自己的意见渗透到公司产品的设计、功能和使用过程中。
- Beta 测试并不是一种实验室的测试。

Beta 测试小组

　　开展 Beta 测试,首先需要建立一个 Beta 测试小组。一个良好的 Beta 测试小组就像一个团队,只有每一个成员都充分地发挥自己的作用,它才能有效地运转。图 10-1 所示为 Beta 测试的组织结构图。

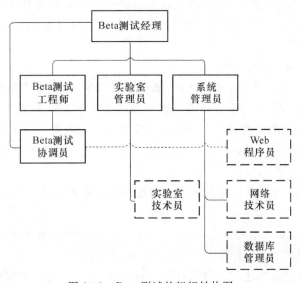

图 10-1　Beta 测试的组织结构图

Beta 测试经理的职责一方面是对要开展的 Beta 测试进行全局的安排;另一方面要向项目经理汇报 Beta 测试中的各种相关信息,包括测试结果、进度、用户满意度等。其任职条件是:既要有技术实力,又要了解客户服务技巧,还要有一定的管理经验;最好是有多种背景和客户服务的经验;具有沟通和管理技巧。

Beta 测试工程师首要任务就是选择有一定的技术背景,能够胜任 Beta 测试的测试参与者。其职责是:负责和 Beta 测试参与人员联系;及时回答测试参与者提出的问题;确认测试参与者是否真正履行了测试义务;检查测试结果;与测试经理探讨测试预算问题。其任职条件是:必须熟知要测试的产品技术方面的情况,必须了解从代码到包装等方面的细节;要具有客户服务方面的经验;必须能够合理地安排时间,具有项目管理的基础;具有沟通和管理技巧。

Beta 测试协调员是 Beta 测试团队的核心人物。主要负责处理一些琐碎的事情,如运输、软件复印、产品分发、物品整理,以及其他一些简单却耗时的工作,因此 Beta 测试协调员所做的工作是"维护"Beta 测试的正常运转。其职责是:把产品运送到测试参与者手中,以及把产品从测试参与者手中取回来;监督执行测试过程,让所有的测试参与者履行合约;建立和维护一个文件系统,其中包括 Beta 测试文件、法律文书和其他重要文件。其任职条件是:对任何职位来说,教育背景和工作经验都是非常重要的任职条件。但是,对于 Beta 测试员协调员来说,最重要的任职条件就是坚持不懈地努力工作;具有沟通和管理技巧。

一般软件公司进行 Beta 测试主要有两种方式:公共 Beta 测试和私有 Beta 测试。公共 Beta 测试允许每个人员可以访问这个软件,可以自由下载,或者只需付少量的钱就可以购买到被测试软件。而私有 Beta 测试被限制在一小部分人当中,这些人在有协议的情况下进行测试,私有 Beta 测试的测试参与人员要自愿参与测试和反馈信息。

Beta 测试的过程

Beta 测试过程如图 10-2 所示。

(1)获取产品的需求文档:对于 Beta 测试经理来所说,全面了解产品的最好方法就是获取一份该产品的需求文档,并详细研读一番。如果建立需求文档不是公司产品开发过程的一部分,那么功能说明书或者其他设计文档也可以有助于分析产品的特征。

(2)要把项目加入测试队列,测试队列是关于测试的一个时间表,它包括即将开始的测试和正在进行的测试。

(3)需要编写 Beta 测试计划。测试计划是一份全面的文档,用于给项目团队提供关于 Beta 测试的概述。

(4)要经过产品培训才能使 Beta 测试人员初步学会使用新系统。产品培训设计使用产品说明、阅读技术手册、了解其他类似的产品等内容。

(5)获取测试材料:确定收集测试材料的时机;建立一个对这些材料进行分类和跟踪的系统;分发测试材料。

（6）选择测试人员：所选择的测试人员一定要对新产品有使用需求。例如做的是应用型软件，需要选择的测试人员，要熟悉业务，要细心有耐心，要愿意去测试新的系统。告诉 Beta 测试人员，因为他们以后工作每天使用的就是这套新的程序，细心的测试新程序是为了他们今后更便捷的工作。

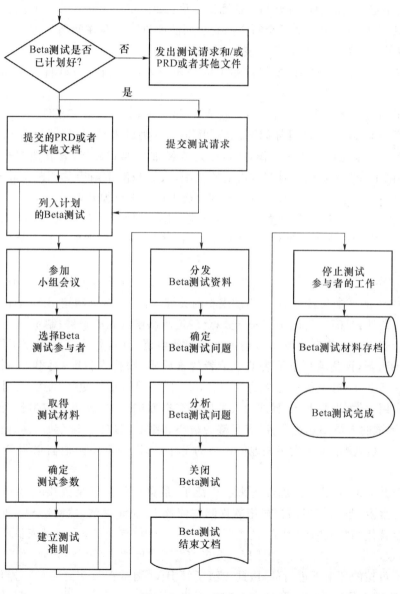

图 10-2　Beta 测试过程

（7）建立测试标准：在确定测试标准是要注意以下 3 点：

- 在确定测试标准时，最重要的是要制订测试目标；
- 测试标准在开始测试之前可能会修改多次；
- 测试标准要得到测试小组和开发小组的认可。

（8）要制定相关的测试策略和评估测试结果：如测试应该进行多长时间？基于产品当前的状态，客户使用过产品后会对产品有负面的评价吗？存在问题是否影响执行 Beta 测试吗？考虑到这些问题是否还应该继续测试过程？

（9）在进行 Beta 测试前，要签订相关的法律协议：保密协议；软件许可协议；测试合同。

（10）产品分发。产品分发包括：欢迎信；测试标准；测试包装和附件。

（11）管理测试参与者，具体如下：要积极与 Beta 测试人员交流，因为 Beta 测试人员的测试工作大多是他们额外的工作，所以一定要经常与他们交流，看看他们测试中的工作状态。调配时间，主要包括对测试进度的调配，人员与测试内容的调配。要对 Beta 测试人员进行一定的培训，使这些非专职测试人员工作起来更加专业化。

（12）对测试结果进行各种数据评估：收集缺陷，及时反馈给开发人员，及时进行修改。对一个发布的版本进行评估，要和开发方内部的测试一样评估数据包括技术数据和营销数据。

（13）结束 Beta 测试：关闭测试参与者；关闭文档；测试数据归档；Beta 测试完成。

选择 Beta 测试参与者是 Beta 测试成功的关键。首先，需要制定 Beta 测试参与者候选人的参与条件：要确定测试参与人员数；要确定测试候选人的条件；制定一个 Beta 测试参与者申请表；最后，确定并发布召集书。在选择申请者中，要注意考虑以下因素：需要 Beta 测试的人数，评估填写申请表的申请者的素质质量、技术特征；对 Beta 测试参与者还要时时进行交互；对一些不合格的参与者，要回收产品，重新更新候选人；对于面向固定行业的应用软件，进行 Beta 测试的人员是由客户方选定的，这里一定尽量要求客户方参与 Beta 测试的人员要熟悉业务，有足够的耐心和细心，最好就是今后实际使用新系统的用户，因为这些测试工作大多是他们多余的工作，所以一定要向他们强调 Beta 测试的重要性。

现在公共 Beta 测试方式已经越来越广泛了，最典型的例子是微软的 Beta 测试。随着互联网的普及，越来越多的公司把软件测试依赖于 Beta 测试，然而，公共的 Beta 测试并不能完全替代实验室内的测试，这主要基于以下原因：首先，Beta 测试人员不是专业的测试人员，很难发现一些深层次的问题，更多的发现是停留在易用性方面；其次，由于 Beta 测试是在不可控的环境下进行的，因此无法了解 Beta 测试人员实际是如何操作系统的，很多 Beta 测试人员反馈的问题是由于使用不当而引起的；而且有些 Beta 测试人员往往不是为了测试软件而参与，而是为了评价软件或获得软件而参与测试，当他们发现软件

中存在一些重要缺陷时,可能并不是积极反馈,而是私下决定不再购买该软件;另外,Beta
测试人员反馈的问题信息很简单,经常无法重现,开发人员往往需要花费很多的精力去
定位问题。

小　结

　　验收测试是证明需求的有效性和为取得用户的认可提供支持的一种很有价值的
手段。验收测试和系统测试的主要差别是测试的主体,也就是说谁在进行测试工作。
通常的验收测试有两种形式:Alpha 测试和 Beta 测试。他们是软件产品在正式发布前
经常需要进行的两种不同类型的测试。Alpha 测试有时也称为室内测试,是由一个用
户的使用环境下进行的测试,也可以是开发机构内部的用户在模拟实际操作环境下进
行的测试。Beta 测试是由软件的多个用户在用户的实际使用环境下进行的测试。
Beta测试并不是一种实验室的测试。

思 考 题

10.1　如何观察和询问 Alpha 测试人员?

10.2　在 Beta 测试中,如何保证与 Beta 测试人员的高效沟通?

10.3　如何激励 Beta 测试人员?

第四篇

测试自动化

　　软件测试不仅能有效地发现软件中的缺陷,同时也应该是高效的,即尽可能占有少量的时间开销,这就需要对测试过程进行自动化。测试自动化可以大大减少测试开销,同时能增加在有限时间内的测试,执行一些手工测试困难或做不到的测试,使测试具有一致性和可重复性,提高测试的效率。

　　本篇将分为3章介绍测试自动化部分:第11章首先对测试自动化的基本概念进行介绍;第12章讲解测试自动化中所涉及到的自动化技术;第13章介绍各种测试自动化工具及其应用范围和特点。

第11章　测试自动化的基本概念

11.1　测试自动化的定义

11.1.1　概述

软件测试自动化,是一项让计算机代替测试人员进行软件测试的技术。软件测试自动化希望能够通过自动化测试工具或者其他手段,按照测试工程师的预定计划进行自动的测试,目的是减轻手工测试的工作量。由于软件测试的工作量很大(约占总开发时间的 40%～60%),并且有很大部分用例执行适于自动化测试,因此它可以让测试人员从烦琐和重复的测试活动中解脱出来,专心从事有意义的测试设计等活动,从而达到提高软件质量的目的。

在大多数情况下,软件测试自动化可以减少开支,增加有限时间内可执行的测试,在执行相同数量测试时节约测试时间。如果采用自动比较技术,还可以自动完成测试用例执行结果的判断,从而避免人工比对存在的疏漏问题。设计良好的自动化测试,在某些情况下可以实现"夜间测试"和"无人测试"。

软件测试自动化通常借助测试工具进行。测试工具可以进行部分的测试设计、实现、执行和比较的工作。通过运用测试工具,可以达到提高测试效率的目的。部分的测试工具可以实现测试用例的自动生成,但通常的工作方式为人工设计测试用例,使用工具进行用例的执行和比较。软件测试自动化的设计并不能由工具来完成,必须由测试人员进行手工设计,但是在设计时必须考虑自动化的特殊要求,否则无法实现利用工具进行用例的自动执行。为此,就必须在测试的设计和内容的组织方面采取一些特殊的方法。

153

对于软件测试自动化的工作,大多数人都认为是一件非常容易的事。其实,软件测试自动化的工作量非常大,而且也并不是在任何情况下都适用,同时软件测试自动化的设计并不比程序设计简单。

11.1.2　自动化测试的优点

好的自动化测试可以达到比手工测试更有效、更经济的效果,通过自动化测试,可以使某些任务提高执行效率。自动化测试具有的优点如下。

（1）对程序的回归测试更方便

这可能是自动化测试最主要的任务,特别是在程序修改比较频繁时,效果是非常明显的。由于回归测试的动作和用例是完全设计好的,测试期望的结果也是完全可以预料的,将回归测试自动运行,可以极大提高测试效率,缩短回归测试时间。对于产品型的软件,每发布一个新的版本,其中大部分功能和界面都和上一个版本相似或完全相同,这部分功能特别适合于自动化测试,从而可以让测试达到测试每个特征的目的。

（2）可以运行更多、更烦琐的测试

对于产品型软件或需求不断更新的系统,每一版产品发布或系统更新的周期就只有短短的几个月,这就意味着开发周期也只有短短的数月,而在测试期间是每天或每几天要发布一个版本供测试人员测试,一个系统的功能点少则上百多则上千上万,使用手工测试是非常耗时和烦琐的,这样频繁的重复劳动必然会导致测试人员产生厌倦心理、工作效率低下。自动化的一个明显的好处是可以在较少的时间内运行更多的测试。

（3）可以执行一些手工测试困难或不可能进行的测试

压力测试、并发测试、大数据量测试、崩溃性测试等,都需要成百上千的用户同时对系统加压才能实现其效果,用人来测试是不可能达到的,也是不现实的。在没有引入自动化测试工具之前,为了测试并发,组织几十号人在测试经理的口令"1、2、3!"下,同时按下同一个按钮,但如果需要更大的并发量,就很难实现了,对于这类大量用户的测试,不可能同时让足够多的测试人员同时进行测试,但是却可以通过自动化测试模拟同时有许多用户,从而达到测试的目的。

（4）更好地利用资源

将烦琐的任务自动化,可以提高准确性和测试人员的积极性,将测试技术人员解脱出来投入更多精力设计更好的测试用例。有些测试不适合于自动测试,仅适合于手工测试,将可自动测试的测试自动化后,可以让测试人员专注于手工测试部分,提高手工测试的效率。理想的自动化测试能够按计划完全自动的运行,测试人员可以设置自动化测试程序在周末和晚上执行测试,白天上班的时候测试人员就可以收集测试所发现的缺陷,并交给开发人员修改,同时测试人员可以在白天开发新增功能的自动化测试脚本,或对已有的脚本不适合的地方进行修改。这样充分地利用了公司的资源,也避免了开发和测试之间的等待。

（5）具有一致性和可重复性

由于测试是自动执行的,每次自动化测试运行的脚本是相同的,每次测试的结果和执行的内容的一致性也是可以得到保障的,所以每次执行的测试具有一致性,从而达到测试的可重复的效果,而这一点手工测试是很难做到的。由于自动化测试的一致性,很容易发现被测软件的任何改变。

（6）测试的复用性

由于自动测试通常采用脚本技术,这样就有可能只需要做少量的甚至不做修改,实现在不同的测试过程中使用相同的用例。

（7）可以让产品更快面向市场

自动化测试可以缩短测试时间,加快产品开发周期。

（8）增加软件信任度

由于测试是自动执行的,所以不存在执行过程中的疏忽和错误,完全取决于测试的设计质量。一旦软件通过了强有力的自动测试后,软件的信任度自然会增加。

11.1.3　自动化测试的局限性

（1）不能取代手工测试

不可能也不能期望将所有测试活动自动化。一些测试使用手工测试比自动化测试要简单,因为测试自动化的开销较大。并非所有手工测试都应该自动化,当测试需要频繁运行时,才需要将测试自动化。好的测试策略应该还包括摸索性或横向测试,此类测试最好由手工完成或至少先进行手工测试。当软件不稳定时,手工测试可以很快地发现缺陷。

（2）手工测试比自动测试发现的缺陷更多

测试目的主要是尽早发现缺陷。如果某个测试用例被自动化,首先应对其正确性进行测试。测试用例的测试方法通常是手工运行测试用例。如果被测试软件自动执行测试用例可以发现的缺陷,那么手工运行时,同样也在该点暴露缺陷。James Bach 根据经验报道,自动化测试只能发现 15% 的缺陷,而手工测试可以发现 85% 的缺陷。

（3）对测试质量的依赖性极大

工具只能判断实际结果和期望结果之间的区别(即比较)。因此在自动化测试中,测试的艰巨任务就变为验证期望的正确性。通常工具会很痛快地报告所有测试都通过,实际上只是实际结果与期望结果匹配。确保测试的质量比自动化测试更为重要。为确保质量应对测试软件进行检测。检测是最有效的评价技术,这种技术用于测试文档非常有效。

（4）测试自动化不能提高有效性

自动化测试并不会比手工运行相同的测试更加有效。自动化可以提供测试的效率,即运行测试的开销和时间,但也可能对测试的有效性起反作用。

(5) 测试自动化可能会制约软件开发

自动化测试比手工测试更"脆弱"。软件部分改变有可能使自动化测试软件崩溃。由于自动化测试比手工测试开销大,并且需要维护,这可能限制了软件系统的修改或改进。由于经济原因,对自动测试影响较大的软件修改可能受到限制。由于自动测试比手动测试更脆弱,所以维护会受到限制,从而制约软件的开发。

(6) 工具本身并无想象力

对于一些界面美观和易用性方面的测试,自动化测试工具是无能为力。工具也是软件,只是按照指令执行。工具和测试者都可以按指令执行一组测试,但人可以用不同的方式完成相同的任务。例如,测试者运行一个预先准备好的测试过程,测试该过程时,检查实际输出是否正确。此时,测试者可以判断即使软件符合期望输出,有可能结果都不正确。工具没有想象力的另外一个例子是对意外事件处理。例如网络中断,此时必须重新建立连接,手工测试在测试期间就可以很快知道并解决问题,并且测试者在做这些事情的时候也许并没有意识到已做了计划外的事情。然而这样的意外事件却可以终止自动测试的执行,当然工具也可以具有某些处理事件的功能,但是对问题的判断和处理毕竟不如人灵活。

(7) 自动化测试对测试人员要求比较高

很多人存在这样一个误区:自动化测试工具使用了图形化界面,很容易上手,对人员的要求不高,而实际上简单的"录制/回放"方法并不能实现有效的、长期的自动化测试,测试人员还需要对脚本进行优化,这就需要测试人员具有设计、开发、测试、调试和编写代码的能力,最理想的候选人是既有编程经验,又有测试经验。测试过程中还需要安排专业人员对测试脚本库中的脚本进行维护。

11.2 测试自动化的适用范围

11.2.1 不适合自动化测试情况

自动化测试并不是适合所有公司、所有项目的,如下情况就不适合引入自动化测试。

(1) 定制型项目(一次性的)

为客户定制的项目,维护期由客户方承担的,甚至采用的开发语言、运行环境也是客户特别要求的,即公司在这方面的测试积累就少,这样的项目不适合作自动化测试。

(2) 项目周期很短的项目

项目周期很短,测试周期很短,就不值得花精力去投资自动化测试,好不容易建立起的测试脚本,不能得到重复的利用是不现实的。

（3）业务规则复杂的对象

业务规则复杂的对象,有很多的逻辑关系、运算关系,工具就很难测试。

（4）美观、声音、易用性测试

人的感观方面的:界面的美观、声音的体验、易用性、用户满意度等的测试,也只有人来测试。

（5）测试很少运行,一个月只运行一次

测试很少运行,对自动化测试就是一种浪费。自动化测试就是让它不厌其烦地、反反复复地运行才有效率。

（6）软件不稳定

软件不稳定,则会由于这些不稳定因素导致自动化测试失败。只有当软件达到相对的稳定,没有界面性严重错误和中断错误才能开始自动化测试。

（7）涉及物理交互

工具很难完成与物理设备的交互,比如刷卡的测试等。

11.2.2　合适自动化测试的情况

一个测试过程一般分为以下活动:标识、设计、建立、执行、比较。

- 标识:标识测试条件(确定测什么)和测试优先级。
- 设计:设计测试方案和用例(确定怎么测)。
- 建立:建立测试环境,包含物理连接、数据配置等。
- 执行:按照测试设计的方案和用例进行测试步骤的操作。
- 比较:将测试执行输出结果和用例期望结果进行比较,得到测试结果。

在上面 5 个活动中,前面两个测试活动,即标识和设计主要为抽象的智力活动,并且在整个测试过程中一般也只进行少量的次数,所以一般不适合采用自动化;而建立测试环境涉及到物理环境搭建等,也不适合自动化;只有最后两个活动:执行和比较,需要多次重复进行,这两个活动适合采用自动化。所有的测试活动都可以手工进行,正如测试人员多年所做的那样,所有的测试活动从某种程度也大多可以从工具的支持中获得益处,但是应该将最可能获利的活动进行自动化,清晰、合理地判断哪些测试可以采用自动化是提高测试效率和质量的关键。自动化测试之所以能在很多大公司实施起来,就是有它适合自动化测试的特点和高的投资回报率,在如下情况中引入自动化测试是比较适合的。

（1）产品型项目

产品型的项目,每个项目只改进少量的功能,但每个项目必须反反复复地测试那些没有改动过的功能。这部分测试完全可以让自动化测试来承担,同时可以把新加入的功能的测试也慢慢地加入到自动化测试当中。

（2）增量式开发、持续集成项目

由于这种开发模式是频繁的发布新版本进行测试，也就需要自动化测试来频繁地测试，以便把人从机械测试执行工作中解脱出来测试新的功能。

（3）能够自动编译、自动发布的系统

要能够完全实现自动化测试，必须能够具有自动化编译，自动化发布系统进行测试的功能。当然，不能达到这个要求也可以在手工干预下进行自动化测试。

（4）回归测试

回归测试是自动化测试的强项，它能够很好地确保修复过程中是否引入了新的缺陷，确认老的缺陷是否修改过来了。在某种程度上可以把自动化测试工具叫做回归测试工具。

（5）多次重复、机械性动作

自动化测试最喜欢测试多次重复、机械性动作，这样的测试对它来说从不会失败。比如要向系统输入大量的相似数据和报表来测试压力。

（6）需要频繁运行测试

在一个项目中需要频繁的运行测试，测试周期按天算，就能最大限度地利用测试脚本，提高工作效率。

小　结

软件测试自动化是一项让计算机代替测试人员进行软件测试的技术。测试自动化具有的优点如下：对程序的回归测试更方便；可以运行更多更烦琐的测试；可以执行一些手工测试困难或不可能进行的测试；更好地利用资源；具有测试执行的一致性和可重复性；可以让产品更快面向市场，增加软件信任度。同时也存在一定的局限性：不能取代手工测试；对测试用例质量的依赖性极大；测试自动化不能提高有效性；由于自动测试比手动测试更脆弱，所以维护会受到限制，从而制约软件的开发。自动化测试对测试人员要求比较高。自动化测试并不是适合所有公司、所有项目的，它具有一定的适用范围。

思考题

11.1　实施测试自动化时需要考虑的因素是什么？

11.2　如何提高测试自动化投入效益？

第 12 章　测试自动化的技术

12.1　录制/回放技术

录制/回放技术是以前比较流行的脚本生成技术。采用这种技术的工具,可以自动录制测试执行者所做的所有操作,并将这些操作写成工具可以识别的脚本。录制生成的脚本还包含有测试输入,例如数据信息、鼠标移动、键盘输入等。工具通过读取脚本,并执行脚本中定义的指令,可以重复测试执行者手工完成的操作。脚本通常以文件的形式保存,可以方便地进行维护和编辑。

录制和回放脚本对于自动化测试的初始开展,确实可以起到积极的效果。但是这种作用比大多数自动化初学者所期待要小得多。不可否认,录制的直接好处就是我们可以很快得到可回放的测试比较结果。另外一个好处,就是可以自动产生可以直接使用的测试脚本,另外还自动准备了测试数据。

录制和回放的缺点,会随着使用的次数越来越明显,并且录制的脚本阅读起来会非常困难。录制脚本与所录制的对象紧密相关,脚本可能与屏幕的对象、特定的字符串,甚至是位图位置相关。因此捕捉、回放过程在实际应用中会存在很多问题,最直接的一个问题是测试针对程序界面进行,一旦界面有任何改动,就需要手工修改已录制好的相应测试脚本,或者重新进行一次录制。尤其对于程序中各模块都要使用的一些公共程序部分(如用户登录界面),它的改动会引起我们大量测试工作的返工。通过对手工测试过程的录制产生的测试脚本,通常只能作为设计测试用例的初始原型,必须经过大量的修改和对脚本编程的工作,才能重复利用,如增加检查点(check point)、进行参数化等。在某些情况下修改脚本往往比再次进行手工测试重新录制脚本还要困难。这种情况下,就是失去了录制和回放的意义。现在的专业测试工具,如 Robot、Winrunner 等,均提供通过 GUI 录制回放进行功能测试的功能。在厂商的宣传资料中,可以见到厂商把录制回放描述得如何如何好,如何如何有效。但是在使用的过程中会逐渐发现事实并非如此。

(1) 脚本的维护性

因为 GUI 经常会有变化,导致脚本回放失败。另外,被测程序会有众多的窗口,回放过程中经常会出现不期望的窗口,导致回放失败,然后修改脚本加入对新窗口的处理代码,这个过程会令人感到厌烦。所以很多测试者都是等到程序相对稳定时才开始自动化测试。

(2) 效率问题

好不容易将脚本修改的可以处理全部窗口(已经花费了很多时间和精力),效率问题又出现了。如果需要测试大量的数据,虽然可以使用多台计算机同时回放,但是有时还是满足不了要求。

(3) 界面识别问题

虽然现在的专业测试工具都支持很多种编程语言,但是还是有很多的控件无法正确识别。虽然工具也提供了通过记录鼠标移动轨迹和按键的功能,但是实际的使用效果并不一定理想。

虽然 GUI 录制回放有很多的缺点,但是它仍然是一种不错的测试方法,还是有很多适合使用的地方。

专业的测试工具是通用的,在具体的测试环境中并不能完全满足要求。可以结合其他的工具使用,各取所长。如测试采用 VB、SQL SERVER、Robot 三者结合使用,可以取长补短。

12.2 脚本技术

脚本技术是实现自动化测试最基本的一条要求,脚本语言具有与常用编程语言类似的语法结构,并且绝大多数为解释型语言,可以方便地在 IDE 中对脚本进行编辑修改。具体来讲,任何一种脚本技术应该至少具备以下功能:

* 支持多种常用的变量和数据类型;
* 支持数组、列表、结构,以及其他混合数据类型;
* 支持各种条件逻辑(IF、CASE 等语句);
* 支持循环(FOR、WHILE);
* 支持函数的创建和调用;
* 支持文件读写和数据源连接。

　　脚本技术的功能越强大,能够为测试开发人员提供更灵活的使用空间,而且有可能用一个脚本技术能够写出比被测软件还要复杂得多的测试系统。所以,脚本技术是一个前提和基础,它决定了自动化测试是否可以实现。

　　现在大多数商业化工具都设计了自己专用的脚本技术,或者对某种特定的编程语言进行增强和扩展,形成自己的脚本技术体系。Basic 语言是通常被选用的语言。另外,对于开源工具通常选用标准的 C 语言或 Java 语言作为自己的首选。而企业依靠自身力量开展自动化测试活动,往往利用 Perl、Python 和 Shell 等作为自己的首选脚本语言。

　　脚本技术分为以下几种:

- 线性脚本;
- 结构化脚本;
- 共享脚本;
- 数据驱动脚本;
- 关键字驱动脚本。

　　这些脚本技术之间并非是相互排斥的,它们是相辅相成的,每种技术在支持脚本完成测试用例的时间和开销上都各有优劣。

12.2.1　线性脚本

　　线性脚本是录制手工执行的测试用例得到的脚本。这种脚本包含所有的单击键、功能键、箭头、控制测试软件的控件及输入数据的数字键。如果用户只使用线性脚本技术,即录制每个测试用例的全部内容,则每个测试用例可以通过脚本完整地被回放。如下脚本即为线性脚本:

Part of the Scribble test script

SelectOption′File/Close′

Focuso On′Close′

LeftMouseClick′Yes′

FocusOn′Save As′

Type countries2

LeftMouseClick′Save′

FocusOn′Scribble′

SelectOption′File/Exti′

　　线性脚本也可能包括比较,如"check that the error message position not vaild is displayed"。录制测试用例时,可以添加比较指令(如果工具支持),或在回放脚本录制的输入时增加比较指令。但是要注意,手工运行只用几分钟就能完成的测试用例,可能需要几十分钟甚至几小时进行带比较的自动化测试。因为一旦进行脚本录制必须保证能够正确回放,然而实际情况往往不是这样,当增加新的比较指令时,需要重新回放,新增加的脚本也应进行测试。应用的测试用例越复杂,这个过程花费的时间越多。

线性脚本可以用于演示或者培训,当希望向客户介绍软件功能而不希望不断地进行现场操作时,可以用录制好的脚本代替现场手工操作。线性脚本还可以用于环境参数的设置。如果系统的某一部分发生变化,但从用户的角度不能影响系统的工作,可以录制有用数据、替换软件或硬件,然后回放录制过程可以使新系统的工作恢复成替换前的状态。

几乎任何可重复的操作都可以使用线性脚本技术自动化,线性脚本技术具有以下优点:

- 不需要深入工作或者计划,只需要坐在计算机前录制手工任务;
- 可以快速开始自动化;
- 对实际执行操作可以审计跟踪;
- 用户不必是编程人员(假设不需要修改脚本,用户不必关心脚本本身);
- 提供良好的(软件或工具)的演示。

线性脚本技术也有许多缺点,特别是对于建立长期的自动测试体系,这些缺点更为突出:

- 过程烦琐:产生可行的自动测试(包括比较)的时间比运行手工测试要长 2~10 倍;
- 一切依赖于每次捕获的内容;
- 测试输入和比较是"捆绑"在脚本中的;
- 无共享或重用脚本;
- 容易受软件变化的影响;
- 修改代价大,维护成本高,每个自动化测试与第一次建立测试的开销一样多,每当被测软件发生变化时,大多数脚本都需要一定的维护开销;
- 如果回放脚本时发生了录制脚本时没有发生的情况,例如网络连接意外中断,脚本很容易与被测软件发生冲突,引起整个测试失败。

由于线性脚本的这些缺点,对于长期和大量测试,只使用线性脚本进行自动化测试是不可行的。

12.2.2 结构化脚本

结构化脚本类似于结构化程序设计,结构化脚本中含有控制脚本执行的指令。这些指令可以是控制结构或者调用结构。如下脚本为结构化脚本:

```
Part of the Scribble test script
SelectOption´ File/Close´
Focuso On´ Close´
LeftMouseClick´Yes´
```

```
FocusOn´Save As´
Type countries2
LeftMouseClick´Save´
If Message = ´Replace existing file?´
    LeftMouseClick´yes´
End if
FocusOn ´ Scribble´
SelectOption´File/Exti´
```

所有测试工具脚本语言支持 3 种基本控制结构。第一种形式为"顺序"，也就是上一节介绍的线性脚本，指令序列被顺序执行；第二种形式为"选择"，选择控制结构使脚本具有判断功能，最普通的形式是"if"语句；第三种形式为"迭代"，迭代控制结构可以根据需要重复一个或多个指令序列，这种形式也可以被成为"循环"，在这种结构中指令序列被重复指定次数或直到条件被满足为止。

除控制结构外，一个脚本可以调用另一个脚本，即将一个脚本的控制点转到另一个子脚本的开始，执行完被调用的子脚本后再将控制点返回到前一个脚本。这种机制可以将较大的脚本分为几个较小的易于管理的脚本。调用结构不仅可以提高脚本的重用性，还可以增加脚本的功能和灵活性。

充分利用不同的结构，可以开发出易于维护的合理脚本，更好地支持自动化测试体系的有效性。

结构化脚本的主要优点是：
- 健壮性更好，可以对一些容易导致测试失败的特殊情况进行处理；
- 可以批量执行许多类似的功能，例如需要重复的指令可以使用迭代结构；
- 可以作为模块被其他脚本调用。

结构化脚本的缺点是脚本变得更加复杂，而且测试数据仍然"捆绑"在脚本中。

12.2.3　共享脚本

共享脚本是脚本可以被多个测试用例使用。这种脚本技术的思路是产生一个执行某种任务的脚本，而不同的测试要重复这个任务，当要执行这个任务的时候，只需要在测试用例适当的地方调用这个脚本。这样带来两个好处：第一，可以节省生成脚本的时间；第二，当重复的任务发生变化时，只需要修改一个脚本。

目前的开发工具的特点之一是使用图形开发环境可以方便地修改系统的用户界面。然而，对用户和开发者最有吸引力的方面也是对自动化测试最不利的方面。共享脚本的使用朝建立迅速修改软件的自动化测试迈进了一步，即不需要额外的维护。

例如，当运行应用的特定位置的命令相同时，不需要在许多脚本中重复导航，可以用一个共享脚本实现所有的导航。共享脚本中的应用输入,使不同的测试导航到特定的屏幕。每个测试调用导航脚本,然后返回到具体的测试。当测试完成时,再从公共脚本返回到主菜单。下面是将线性脚本变为共享脚本的举例。

Scribble1 是短小的线性脚本,被分为下面所示的 3 个独立脚本。第一个脚本 Scrib-bleOpen,激活 Scribble 应用并打开一个文档,在脚本被调用时传给脚本文档的名字。类似地,第二个脚本 ScribbleSaveAs 使 Scribble 使用在调用 ScribbleSaveAs 传给它的当前文档名保存文档。第 3 个脚本(new Scribble1)先调用 ScribbleOpen,然后在调用 Scrib-bleSaveAs 之前执行测试操作。

Scribble1

```
LeftMouseClick´Scribble´
FocusOn´Scribble´
SelectOption´File/Open´
FocusOn´Open´
Type´countries´
LeftMouseClick´Open´
FocusOn´Scribble´
SelectOption´List/Add Item´
FocusOn´Add Item´
Type´France´
LeftMouseClick´OK´
FocusOn´Scribble´
SelectOption´List/Add Item´
FocusOn´Add Item´
Type´Germany´
LeftMouseClick´OK´
FocusOn´Scribble´
SelectOption´File/Close´
FocusOn´Close´
LeftMouseClick´Yes´
FocusOn´Save As´
Type ´countries2´
LeftMouseClick´Save´
FocusOn´Scribble´
SelectOption´File/Exit´
```

本段脚本是打开文件的脚本，该段脚本可以重复使用：

ScribbleOpen（FILENAME）

```
LeftMouseClick´Scribble´
FocusOn´Scribble´
SelectOption´File/Open´
FocusOn´Open´
Type´countries´
LeftMouseClick´Open´
```

本段脚本是保存文件的脚本，该段脚本也可以重复使用：

ScribbleSaveAs（FILENAME）

```
FocusOn´Scribble´
SelectOption´File/Close´
FocusOn´Close´
LeftMouseClick´Yes´
FocusOn´Save As´
Type FILENAME
LeftMouseClick´Save´
FocusOn´Scribble´
SelectOption´File/Exit´
```

本段脚本共享了上面两段脚本：

New Script：Scribble1

```
Call ScribbleOpen(´countries´)
FocusOn´Scribble´
SelectOption´List/Add Item´
FocusOn´Add Item´
Type´France´
LeftMouseClick´OK´
FocusOn´Scribble ´
SelectOption´List/Add Item´
FocusOn´Add Item´
Type´Germany´
LeftMouseClick´OK´
FocusOn´Scribble´
Call ScribbleSaveAS(´countries2´)
```

建立共享脚本的时间可能长一些,因为要建立 3 个脚本而不是一个脚本。如果通过录制脚本来建立脚本,这两个共享脚本需要修改,因此输入的文件名不是录制时的文件名,而应指定脚本被调用时的文件名。通常用变量名来代替实际文件名(这里使用变量 Filename),可以被看作是替换符,工具调用该脚本时将其替换为真实文件名。在新测试脚本 Scribble1 中还要增加两行调用共享脚本的语句。

实际上此时给两个共享脚本加上"共享"两个字有些令人费解,因为它们并没有被共享,只有一个脚本调用它们。但当开始实现另一个类似的测试用例时,就可以调用它们两次。可以使更多的测试用例都调用这两个共享脚本。如果 Scribble 的用户界面的改变引起共享脚本的一个改变,这是只有一个共享脚本需要改变。如果使用不同的线性脚本实现所有的测试用例,那么需要对每个脚本进行修改。

这种方法对经常执行的操作或修改频繁的情况是很有效的。导航就是一个例子,但重复脚本活动通常比放在一个公共脚本中要好,特别是脚本很复杂时。

有两种共享脚本:一种是不同的软件应用或系统的测试之间共享脚本,例如注册和注销、同步、输入检索、结果存储、错误恢复等,与应用无关的脚本更适合长期的测试;另一种是用同一个软件应用或系统的测试之间共享脚本,例如菜单、导航、非标准控件等。共享脚本适合小型系统或者大型应用中只有一小部分需要测试的情况。要确保所有的测试在适当的时候确实使用共享脚本。

共享脚本的优点如下:
- 以较少的开销实现类似的测试;
- 维护开销低于线性脚本;
- 减少了重复的脚本;
- 可以在共享脚本中添加更智能的功能,例如注册时遇网络忙等待几分钟重试,只需要一个脚本中做一遍,而不需要上百个脚本都重复做此事。

共享脚本的缺点如下:
- 需要跟踪更多的脚本,文档、名字以及存储,如果管理得不好,很难找出适当的脚本;
- 对于每个测试仍需要一个特定的测试脚本,因为维护脚本比较高;
- 共享脚本通常针对被测软件的某一部分。

如果想从共享脚本中获得更多的收益,必须经过一定的训练。使用共享脚本需要注意的是:应当建立和管理可重用脚本库,并将脚本文档化。脚本库可以帮助测试人员很快地查找可重用的脚本,并且在维护时迅速定位。脚本文档让使用者清楚每个脚本的功能以及知道如何使用它们。

12.2.4 数据驱动脚本

数据驱动脚本技术将测试输入存储到独立的(数据)文件中,而不是存储在脚本中。脚本中存放控制信息(如菜单导航)。执行测试时,从文件而不是直接从脚本中读取测试输入。这种方法的最大好处是同一个脚本可以运行不同的测试。使用数据驱动脚本,可以以较小的开销实现较多的测试用例,这可以通过为一个测试脚本指定不同的测试数据文件而达到。将数据文件单独列出,选择合适的数据格式和形式,可将用户的注意力集中到数据的维护和测试上。达到简化数据,减少出错概率的目的。

数据驱动脚本举例:Control script:ScribbleControl 是脚本的控制代码,Data file:ScribbleData 是脚本的数据部分。

Control script:ScribbleControl

OpenFile´ScribbleData´
For each record in ScribbleData
  Read INPUTFILE
  Read NAME1
  Read NAME2
  Read OUTPUTFILE

```
Call ScribbleOpen(INPUTFILE)
FocusOn´Scribble´
SelectOption´List/Add Item´
FocusOn´Add Item´
Type NAME1
LeftMouseClick´OK´
FocusOn´Scribble´
SelectOption´List/Add Item´
FocusOn´Add Item´
Type NAME2
LeftMouseClick´OK´
FocusOn´Scribble´
Call ScribbleSaveAS(OUTPUTFILE)
EndFor
```

Data file:ScribbleData

```
Countries,Sweden,USA,test1
Countries,France,Germany,test2
Countries,Austria,Italy,test3
Countries,Spain,Finland,test4
```

以上描述了基本测试用例的工作过程。这个例子不是一个测试用例一个脚本,而是用一个脚本实现多个测试用例。这个脚本成为控制脚本,因为其控制许多测试用例定的执行。注意,这里列出的测试用例仅在"Countries"文件中的名字列表中增加两个名字。控制脚本包含一个测试用例脚本的完整复件。不同的是在控制脚本中不使用具体的数据,而采用变量名字的方式。

除了这些变化之外,还增加了一些附加指令,用黑体显示。第一条指令 OpenFile 告诉测试工具将从 ScribbleData 文件读取数据。第二条指令是一对完成迭代控制指令中的一个。另一个指令是 Endfor,即脚本中的最后一条指令。对于数据文件 ScribbleData 中的每一个记录,都执行一遍被迭代控制结构括起来的指令。后四条指令每一条从 ScribbleData 数据文件的当前记录读取一个值并以不同的变量名存储这个值。

无论对控制脚本做出何种设计策略,数据文件必须与之对应。即无论是修改控制脚本还是数据表的格式,都必须确保两者的一致性。由于不同的列表示不同的数据类型,因此数据表中有大量的空格。

在数据驱动脚本层,已经开始从测试自动化中获得益处。使用这种技术,可以以较小的额外开销实现许多测试用例。因为需要做的所有工作只是为每个增加的测试用例指定一个新的输入数据集合(即期望结果),不需要编写更多的脚本。使用数据驱动技术可以针对每个回归测试方便地增加许多测试用例,因为都使用完全相同的脚本指令,需要改变的只是输入数据和期望结果。这样可以产生许多其他测试用例。

数据驱动技术的主要优点是数据文件的格式对于测试者而言易于处理。例如对复杂一些的脚本,数据文件中可以包含一些脚本运行时可以忽略的注释,这样的数据文件因为更易于理解而易于维护。或者使用不同格式说明测试输入,如测试者常使用的电子表格软件。电子表格完成后再转换为更自然的格式。电子表格文件作为主文件,任何修改直接对电子表格而不是数据文件。每当修改数据文件时,都从电子表格中产生。

这种方式的好处是可以方便地选择测试数据的格式和形式。可以将更多的精力放在自动测试和维护测试上。值得在不同的数据格式和形式上花费一些时间,以发现一种易于测试者编辑测试数据的格式。数据格式越简单,越不容易出错,这是为之奋斗的目标。

除测试输入外,期望结果也从脚本中移出而放到数据文件中。每个期望结果直接与特定的测试输入相关联,因此,如果输入在数据文件中,其比较的结果也必定在该数据文件中。许多测试执行工具为此提供一种机制,捕获屏幕信息并将其作为期望结果与测试最新产生的结果进行比较。

数据驱动脚本的优点总结如下:

(1) 可以快速增加类似的测试;

(2) 测试者增加新测试不必掌握工具脚本语言的技术;

(3) 对第二个及以后类似的测试无额外的维护开销。

数据驱动脚本也有一些局限性。编写控制脚本的人员需要具备一定的编程背景知识。测试的初始建立需要花费一定的时间,但如果测试不多,只有几十个测试而不是几百个测试时,所花费的开销将远远超过所获得的收益(快速增加新测试以及维护开销低),使用这种方法的开销可能要大一些,因此这个方法不适合于小系统。

数据驱动脚本的缺点如下:

(1) 初始建立的开销较大;

(2) 需要专业(编程)支持;

(3) 必须易于管理。

12.2.5　关键字驱动脚本

关键字驱动脚本技术实际上是较复杂的数据驱动技术的逻辑扩展。数据驱动技术的限制是每个测试用例执行的导航和操作必须一样,测试的逻辑"知识"建立在数据文件和控制脚本中,因此两者需要同步。然而脚本的一些智能活动不能移到数据文件中。实际一点的方法是允许控制脚本支持广泛的测试用例,而这大大增加了数据文件的复杂性,这种代价很大。而且调试用这种方法实现的自动测试用例是十分困难的。关键字驱动测试是数据驱动测试的一种改进型,用关键字的形式将测试逻辑封装在数据文件中,测试工具只要能够解释这些关键字即可对其应用自动化。主要关键字包括被操作对象(Item)、操作(Operation)和值(value)3 类。关键字驱动脚本的数量不随测试用例的数量变化,而仅随软件规模而增加。这种脚本还可以实现跨平台的用例共享,只需要更改支持脚本即可。

关键字驱动技术与数据驱动技术相结合说明自动测试用例可以不用说明所有令人烦恼的细节。例如,为完成在网页浏览时输入网址,一般的脚本需要说明在某某窗口的某某控件中输入什么字符;而在关键字驱动脚本中,可以直接在地址栏中输入网址;甚至更简单,仅说明输入网址。将数据文件变为测试用例的描述,用一系列关键字指定要执行的任务。控制脚本可以解释关键字,但这是在控制脚本之外完成的。要求一个附加的技术实现层,尽管听起来较复杂,但运行起来简单得多,关键要标识正确的关键字。

有了描述测试用例的测试文件,控制脚本依次读取测试文件中的更多信息,这些信息或者直接从测试文件中读取或者通过控制脚本传递。控制脚本不再受被测软件或特殊应用的约束。注意前面说过的测试文件描述测试用例;即它说明测试用例做什么,而不是如何做。脚本技术由两种基本的方法实现测试用例,说明性方法和描述性方法。前面所介绍的脚本技术都使用说明性方法。关键字驱动脚本允许使用描述性方法,实现自动测试用例,只需要提供测试用例的描述,就像为有经验的测试者提供描述。

描述性方法是将被测软件的知识建立在测试自动化环境中,这种知识包含在支持脚本中。它们"了解"被测软件,但并不了解测试用例。因此可以独立测试脚本开发测试用例,反之亦然。具有商业知识和测试技能的人可以将精力集中在测试文件上,而具有技术知识的人则将精力集中在支持脚本。当然,他们彼此完全独立工作是不行的,因为支持脚本必须对测试文件提供支持。

由于关键字驱动方法所需脚本数量是随软件的规模而不是测试的数量而变化的。因此,可以不用增加脚本的数量实现很多的测试,只需要替换基本的应用支持脚本,这样大大减少了脚本维护开销。不仅加速了自动测试的实现,而且可以由不会编程的测试人员来完成测试。使用几百个脚本就可以完成上千个测试用例。

这种自动测试方法可以用与工具及平台无关的方法实现。因此,如果改变了测试工具,也不会有失去测试用例的风险。只需要重新实现支持脚本。同样,如果被测试软件需要在不同的硬件平台上测试,而同一个测试工具不能支持所有的平台,也不必改变测试,只需改变支持脚本。

12.3 自动比较

12.3.1 自动比较的定义

测试验证检验软件是否产生了正确输出的过程,是通过在测试的实际输出和预期输出之间完成一次或多次比较来实现的。一些测试只要求一种比较来验证软件的输出,而另一些测试需要进行几种比较。例如,验证一个将字符串写到特定中文件的操作就至少需要两种比较,一是检验信息要正确地显示在屏幕上,二是检验字符串要被成功地写到文件中。

在人工测试过程中,对测试人员而言,可能很简单地查看一下软件正在产生的输出,并根据对软件应该产生的输出的理解来判定这些输出是否正确。在这种情况下,比较是在实际输出(如显示在屏幕上的输出)与测试人员头脑中的预期输出(或根据测试人员自己的理解而决定的预期输出)之间进行的。当然,测试人员的理解不可能总是正确的,但是当非正式地进行验证时,很难检验到这一点。

自动测试最好事先仔细考虑每个测试用例的验证细节,因此负责自动化测试的人员把精力集中于如何最佳地实现自动化,而不必担心测试的质量。在测试用例的设计者与自动测试人员是不同人员,并且后者不具备前者的业务知识的情况下,这一点尤为重要。自动进行一些特殊的比较是可能的,但是不可能自动检验输出的正确性。

比较技术在不同类型的输出上有不同的特点和要求。通常情况下有如下比较的实际应用:文本文件比较和非文本形式数据比较,数据库和二进制文件比较,字符应用的屏幕输出、GUI应用、图形图像及多媒体内容比较。从分类上,可以分为基于文件比较、基于内存对象比较和基于数据流比较3种。

12.3.2 自动比较的原因和内容

比较是软件测试中自动化程度最高的任务,通常也是从自动化受益最多的任务。对大量的数字、信息输出或各种类型的列表并不是人工可以轻易完成的一项工作,这项工作非常容易出错,而且这项工作往往是重复和复杂的。事实上,自动化的比较这些测试的输出是非常有效的方法,这也是自动化测试引入的最佳切入点。当自动测试时,预期输出应当是事先准备的或者测试运行过程中捕获的实际输出。在后一种情况下,被捕获的输出必须由人工验证,并且作为以后自动测试运行的预期输出来保存。这两种方法在实际应用中多混合使用。在某一特定情况下,哪种方法是最佳的取决于以下应考虑的事项。

(1)预期结果的数量。如果预期输出是一个单一的数字或简短的文本字符串(如错误信息),那么可以非常简单地事先准备预期输出。但是,如果预期输出是包含了大量详细信息的长达多页的报告,那么人工验证测试第一次运行的结果,就比较容易。

(2)是否可以预测结果。如果存在不可能预测结果的情况,例如当用实时数据(如股市的股票价格)进行系统测试时,其细节事先是不可知的。这样自动测试更加困难,但并不是不可能的。

(3)测试可用性情况下的软件。只有软件是可用的,才能产生第一组实际结果,因此,如果在执行自动测试之前一直等待,那么就可能没有剩下足够的时间去自动测试所希望的那么多的测试用例。当然,可能无论如何都能做一些工作,特别是人工写脚本的话(而不是记录的脚本)。

(4)验证质量。一般而言,事先预测测试输出要比验证第一组实际输出要好的多。这是由于人们倾向于陷入认知上的不一致而导致障碍的泥潭,也就是说,人们会看到所想看到的东西,而不是实际出现的东西。这样,当验证测试输出时比事先规划时更有可能忽略错误。

通常执行每个测试用例时,要考虑检验屏幕上的输出内容,有时要考虑检验的全部内容。当然,屏幕输出是应该检验的部分内容,并非全部内容。除了给用户的可视输出外,软件执行时会添加、更改或删除文件或数据库中的数据。为了验证测试工作是否正确进行,需要检验数据库发生的变化。程序可能更新屏幕显示,但是错误地忽略了在数据库中保存这些更新。如果出现这种情况,只检验屏幕显示,那么测试用例就不能发现出这一错误。

存在其他需要检验的输出类型,例如,发送到打印机的数据、电子邮件信息、通过网络发送到其他机器和进程的信息,发送到硬件设备的信号等。经常会发现人工测试不能验证所有的结果。但是,由于人工测试被认为是随意的和不完全的,所以这方面只是不完全性的许多方面其中的一个。如果自动化测试,那么通过检验更多的内容,特别是自动进行检验的话,可以提高测试质量。

当人工执行测试时,测试者可能做比规定更多的单独检验,来验证测试输出的合法性。很多这样的检验是测试者下意识做的,虽然如此,这些检验会出现一些问题,甚至极其周密规划的特殊比较组也会遗漏的这些问题,但是自动比较必然每次确切地执行相同的检验,这些检验可能只是人工测试者实际完成的比较中的一个小子集。当然,自动测试可能进行一一检验,但是很少是适用的。自动比较只能做到将实际输出与预期输出进行比较。如果预期输出中有错误,自动比较则会隐藏这个错误,而不是在实际输出中突出这一错误。

此外,由人工完成的人工回归测试更加灵活。测试者根据对变化的理解,每次测试可以进行不同的比较。自动测试就不是这样灵活。一旦自动化,每次都以相同的方式精确地完成相同的比较。如果需要任何变化,必须更新测试用例,那么维护费用高得可能令人无法接受。

比较是验证的方式,并且可以自动化大部分的比较工作。虽然只能自动比较实际输出与预期输出,预期输出并非一定是正确的,但是自动比较比人工完成相同的比较要迅速可靠得多。

12.3.3 动态比较

动态比较就是在执行测试用例时进行的比较。测试执行工具通常包括为动态比较专门设计的比较器功能,因为商业测试执行工具对动态比较的支持要出色得多,所以动态比较可能是最流行的,特别是那些具备普遍重放功能的商业测试执行工具。

最好使动态比较按与人工测试者基本相同的方式来检验出现在屏幕上的内容。这意味着可以检验在测试用例运行期间屏幕上的输出,尽管这些输出随后会被来自同一测试用例的后面的输出所重写。也可以动态比较屏幕上不可见的输出,例如 GUI 属性。

动态比较指令必须插入到测试脚本中。这些指令告诉工具进行比较的时间和比较的内容,不必人工插入比较指令到测试脚本中。用大多数工具可以暂停测试用例的记录以至于工具可保存当前的版本作为预期输出,显示在那一时刻检验的内容。无论何种情况,工具可以发出捕获屏幕或窗口的特定部分(或者甚至是整个屏幕,但是一般不建议这样做)的指令,保存捕获部分当前的事例,作为预期结果。无论何时重新执行脚本,工具会自动加入指令到脚本,以便将工具捕获相同的输出与作为预期输出保存的内容进行比较。

工具不允许在记录脚本时加入检验,但可以允许在重新执行脚本的时候插入检验。测试以“慢动作”的方式重新执行,也就是一次做一步。当到达验证点时,测试者首先验证屏幕输出是否正确,如果该输出是可接受的,工具发出指令捕获相应的输出作为金版数据。这意味着必经过两次测试,第一次记录输入,第二次记录动态比较指令。对于不支持这些方法的工具,自动测试器必须编辑脚本。当然,由于用一种编程语言来编写工具的脚本,这需要一些编程知识。

使用动态比较有助于为测试用例编入一些智能,使测试用例根据出现的输出采取不同的动作。例如,如果出现意外的输出,则说明测试脚本与测试的软件不一致,因此最好异常终止测试用例,而不是继续执行。当没有获得预期输出时继续执行测试用例是很浪费的。一旦测试脚本与软件不一致,任何进一步的动作都不可能重复正确的情况,甚至可破坏其他测试用例使用的数据。

以这种方式智能加入到测试脚本也有助于使脚本更加有弹性。例如,如果测试的软件执行一个不能保证第一次就能成功完成的动作(如通过繁忙的网络登录到远程机器),那么可以编写脚本重复几次这一动作。

最初,尽可能多的使用动态比较有强制性的原因,但是现在呈下降趋势。因为动态比较涉及嵌入更多的命令或指令到测试脚本中,所以这使得测试脚本更加复杂。因此使用许多动态比较的测试用例要花费更多的精力来创建,正确编写就更加困难了(可能出现的错误越多,需要的脚本调试越多),会招致更高的维护费用。

屏幕输出出现的许多表面上细小的变化可以造成动态比较突出许多并不重要的差异。虽然在这种情况下,大多数测试执行工具可容易地更新预期输出,但是如果影响了许多比较,那么要花费相当多的精力和时间来进行更新,这并不是一件有趣的工作。

12.3.4　执行后比较

执行后比较是在测试用例运行后执行的比较。执行后比较主要用于比较发送到屏幕上以外的输出,例如已创建的文件和数据库更新过的内容。

测试执行工具通常不包括对这种比较类型的直接支持,而是使用单独的一个或多个工具。但是,可能设计这样的测试用例,在屏幕上显示其他输出以使测试执行工具的动态比较功能可以使用。然而,如果测试用例执行后比较的信息总计为几个满屏,那么这种方法并不令人满意。建议用一个更加有判断力的方法,使用标准的文件比较器和过滤器来做执行后比较,这种方法对文件内容的比较根本不使用测试执行工具。这将会产生一个在运行比较时显著提高性能的比较顺序,也会实现更精确的比较。

因为测试执行工具一般不支持动态比较,也不支持执行后比较,所以执行后比较看起来比执行自动化要做更多的工作。

动态比较必须在出现输出时进行比较,使用执行后比较与之不同,可能完成的比较的顺序和内容更加具备可选择性。对任何一个测试用例,宁可把比较分成两个或更多的组,而不要比较所有选中的输出,这样只有成功完成了第一组比较,才比较第二组以及后面的组。例如,先验证大体的结果,这是由于如果这些结果是失败的,则把时间花费在详细验证这些结果上也是毫无意义的(首先应该改正错误,以至于在检验详细结果前,通过大体的测试)。

试图节省自动检验所花费的时间,似乎是一个奇怪的主意,这是由于如果有工具来完成自动检验,那么并不介意要用多长时间。但是,当有大量的自动测试用例或耗时的复杂比较时,会不合时宜地运行和验证所有的测试。即使最初总是运行所有的测试用例,进行所有的比较,但最好还是在开始时,规划一下挑选方式。

可以主动地或被动地进行执行后比较。如果简单地看测试用例执行后碰巧得到了什么,那么这就是被动的方法。如果在运行测试用例时,有意保存感兴趣的特定结果,为了以后特殊的目的比较它们,那么这就是主动的执行后比较方法。在所举的测试用例的例子中,工具发出指令,在特定的时间捕获屏幕输出的部分(如错误信息),并将之保存在一个或多个文件中。在该例中,执行后比较捕获的输出与用于动态比较所选的输出一样。

这种主动的执行后比较方法比起动态比较来只有一些小益处,这些益处在某些情况下很有价值,但在其他情况下却未必成立。这些益处如下。

(1)保存实际输出。会保留测试用例的较详尽的输出记录,如果发生了测试用例失败,这些记录提供了非常有用的信息,可能为以后的审计而存档。在执行复杂比较的地方,实际输出与预期输出可能在预期的方面有差异(因此认定两者是匹配的),所以保存实际输出是非常重要的。

(2)脱机进行比较。如果运行中进行比较,花费相当多的运行时间。能够在执行完所有的测试用例后,比较是非常有用的。执行比较的机器可以与执行测试用例的机器不同,特别是测试只在有限的时间内才能使用机器资源的情况下非常有用。

(3)可使用不同的比较器。动态比较的效果通常受测试工具性能的限制。执行后比较允许执行较复杂比较,所用的工具和技术范围更加广泛。

(4)可保存其他输出。并非必须比较所有的被捕获的信息。捕获如果发生测试用例失败才使用的额外信息是非常有用的,这些信息可用作帮助分析错误原因。

注意:"脚本较简单"不作为一个益处列出。这是由于动态比较所需的指令由捕获和保存特定输出的相同指令所取代。指令不可能有许多差异,仍需要在测试脚本中进行编程。

虽然可以用主动的执行后比较代替动态比较,但是很少这样做。因为测试执行工具可以根据结果发出指令,采取不同的动作,所以一般来说,在测试用例运行过程中一产生输出就进行验证,要优于在测试用例运行后验证输出。例如,一旦出现错误,脚本可以异常终止测试用例。

简单比较

简单比较(有时也称为无智能的比较)在实际输出与预期输出之间寻求完全相同的匹配。将会发现任何差异。既然只使用简单比较可以自动化很多测试,那么不应该忽略简单比较的好处。这种比较很简单,很容易正确地规定比较,因此可能出现的错误比较少,其他人可以比较容易地准确理解比较什么,不比较什么。通常,实现和维护简单比较所涉及的工作与复杂比较相比而言要少得多。

有这样的测试,每次运行测试用例时,输出将存在合理的差异。尽管确实可以忽略这些差异,但简单比较将导致这些测试用例失败。如果只有少数的测试用例受这个问题影响,那么也许可以忍受。但是,如果这个问题影响了许多测试用例,那么必须反复搜索每个突出的差异,并证实可忽略这些差异,这样做的代价将严重影响测试自动化的益处。为避免或至少减少这一代价,需要一种方法,允许指定可忽略的差异来比较输出。这种方法称为复杂比较。

复杂比较

复杂比较(也称为智能比较)允许用已知的差异来比较实际输出和预期输出。如果正确指定了比较需求,复杂比较就会忽略一定类型的差异(通常是预期会出现或并不重要的差异),并且突出其他的差异。

可能最通用的复杂比较是忽略通常预期不同的日期和时间。一些商业比较工具嵌入了有关不同的日期和时间的标准格式的知识,用户可以按照比较需求选择允许或不允许这些格式。以下是需要复杂比较的例子:

- 每次产生不同的唯一标识码或数字;
- 以不同的顺序输出(软件购新版本可按不同的关键字排序);
- 在可接受的范围内允许不同的值(如温度感应);
- 不同的文本格式(如字体、颜色、大小)。

复杂比较通过排除对输出中预期会出现差异的部分进行比较来忽略特定的差异。这是通过各种各样的方法来实现的,但是大多数方法归结为指定一个域的位置或特别的字符模式。例如,图 12-1 所示的销售发票包括一个发票号码以及预期每次运行测试用例时会出现差异的两个日期。

```
Sales Invoice No.03/11803
Date: 25-may-2007

Code         Description      Price

CL/3         Chain link       2.00
HK/1         Hook             3.50

             Total:           5.50

Payment due by 09-Jun-2007
```

图 12-1　销售发票语句的输出事件

简单的屏蔽方法包括忽略全部记录。在发票的例子中,可以让比较器忽略发票的前两行和第 11 行。这样做适用于这个特殊的输出,并不适用于包含了不同数量的商品条目的其他发票输出,不同数量的商品条目会导致 Payment due 日期出现在不同的行上。当然,可以为比较器提供针对其他发票输出的不同指令集,但是这牵涉到大量的工作。人们真正想要的是适用于所有发票输出的比较器指令集。

一种方法是忽略任何以 Payment due 开头的行。这种简单的屏蔽方法会产生一个问题,即忽略了整个记录这一事实。这很适用于所举的例子,但不可能在所有的情况下都是可接受的。例如,如果 Payment due 语句包括总价(Payment of ＄5.50 due by 09-Jun-98),那么可能希望验证总价是正确的。忽略整个行将会妨碍做这一工作。

另一个可选择的方法是指定被忽略的域。在本例中,命令比较器忽略第 1 行的第 19~26 个字符,第 2 行的第 7~15 个字符,第 11 行的第 16~24 个字符。指定这些内容的方法将取决于所用的比较工具,但是可以是像下列的语句:

IGNORE(1,19：26)

IGNORE(2,7：15)

IGNORE(11,16：24)

这样做意味着将比较每行剩下的部分,这种方法并没有解决必须为不同的发票指定不同的指令这一问题。不仅 Payment due 语句可以出现在不同的行,而且如果包括总价,那么日期域取决于总价的多少而出现在不同的位置上。例如:

Payment of ＄5.50 due by 09-Jun-98

Payment of ＄15.50 due by 09-Jun-98

Payment of ＄115.50 due by 09-Jun-98

可以通过使用搜索技术来解决这些问题。不用指定特殊的位置,而指定将出现在被忽略的域的相邻处的已知字符串。下面的语句适用于所举的发票例子:

IGNORB_AFTER("Invoice No.",8)

IGNORE_AFTER("Date：",9)

IGNORB_AFTER("due by",9)

IGNORE AFTER 函数告诉比较器忽略紧跟在指定字符串后面指定数值的字符。因为这种方法适用于不同的发票并且在某些情况下减少了必须提供的指令的数量,所以这种方法比前面已经介绍的方法要更加灵活。在要忽略许多相似的域时,可能只使用一条指令。例如,如果 Payment due 语句出现为 Payment due by date：09-Jun-98,那么如果搜索是大小写不敏感的或指定 IGNORE_AFTER("Date：",9),相同的指令就可以屏蔽所有的日期。

使用这种搜索技术有助于指定相当复杂的标准,但是不适用于所有的情况。对于一些输出,并不是总能指定一个相邻的字符串,要么是由于一个字符串都没有,要么是由于有许多。考虑一下图 12-2 所示的发票版本。

```
Sales Invoice No.03/11803
Date:25-may-2007

Code          Description    Stock ID    Price

CL/3          Chain link     1743AF      2.00
HK/1          Hook           8764HU      3.50
                                      _____
                                      Total:5.50

Payment due by 09-Jun-2007
```

图 12-2　带有 Stock ID 的简单发票

　这张发票有额外的 Stock ID,它由 4 个数字和 2 个大写字母组成,但是每次运行测试用例时实际值都不一样。由于刚才介绍的方法都需要针对不同的发票输出提供特定的比较指令集,所以任何一种方法都不能很出色地解决这一问题。

更加复杂的搜索技术可以最佳地处理这一问题,这一技术就是寻找域,而不是寻找与之相邻的内容。这一技术使用了对被忽略的域的描述,称为正则表达式或模式。正则表达式(有时简写为"regexp")通过以特别的方式处理特殊的字符来描述字符模式。这些特殊的字符称为元字符或通配字符。例如,用句点字符"."来表示任何字符,用问号"?"来表示可选择的字符。有时,正则表达式不同的实现使用不同的元字符或这些字符有不同的含义。但是,任何实现了任一种形式的正则表达式的商业比较器自然会提供文档,介绍实现方法。

现在倾向于一种假定,即测试输出的比较必须是简单比较。但是,并没有规定只需要执行一次比较。使用多次比较为用户提供了一次比较一个方面的机会。商业比较器在执行复杂比较时可能没有执行简单比较那么出色(不能保证测试工具不会出错,错误喜欢聚集在软件的复杂处)。

商业比较工具实现屏蔽的方法各不相同。一些比较工具在执行比较前,逐字地删除了被屏蔽的域(在输出的临时副本中,而不是在原始数据中做这一工作)。其他比较工具用一些标准字符代替域来表示在此处忽略一些内容。这种方法确实不错,但是当突出差异时,由于使用了编辑的版本而不是原始数据来显示差异,两个版本看起来也不相同,所以错误分析有些困难。无疑,当不能够很快地定位错误,发现错误很烦人并且很费时,可以把变化与原始内容联系起来,这种做法很重要。

12.3.5　比较准则

测试输出的比较常常是最简单的自动化测试任务,同时也是最有用的任务之一。下面是保证比较有用且有效率的基本准则。

(1) 保持简单

通常认为每个问题都需要用计算机处理的解决方案。最好让比较工具做 80%～90%的最简单的比较,尽管随后人工要做余下的 10%～20%的工作。这实际上是最有效的选择。尽可能简单的比较极少产生错误的失败或丢失正确的差异。虽然一些比较任务好像需要很特殊且复杂的比较标准,但是通常不需要一步步地执行所有比较。通过把比较标准分成小的且不复杂的比较,用过滤器机制的观点,通过大量的包含简单比较和数据处理的单独或连续的处理过程来完成整个比较任务。

(2) 编制比较的文档

保证每个使用比较处理过程的人确切地理解要忽略及不要忽略的内容是很重要的。比较处理过程实用程序的敏感的命名规范对避免冲突和误解大有帮助。但是,旨在告诉用户比较处理过程能做什么及不能做什么的简短描述帮助更大。此外,为了帮助维护者的单独的图形被证实是很有价值的。这不仅是实现过程的说明或警告有过滤器的存在,而且为未来节省了很多时间和精力。

(3) 尽可能标准化

标准化程度越高,自动化比较(和其他的测试行为)越容易。标准过滤器和正则表达式将成为可用来建立其他过滤器和比较处理过程的构件。这将减少自动化比较的工作量。

(4) 分割

有所限制的小比较更容易建立并很少有可能出错。如果每个比较集中于一个特定方面,那么经过多次比较这一策略可接连地应用于不同方面。

(5) 提高效率

可集中处理比较,占用相当多的共享机时,特别是当使用有复杂比较功能的比较器时。但是,一些使比较变复杂的原因只是处理了测试软件的显著不同的版本之间可能出现的差异,而不是中间版或纠错版之间的差异。在类似的情况下,如果不浪费的话,运行许多复杂比较也很令人讨厌。

有时,可能要验证使用简单比较的测试用例的输出(这样比复杂比较完成得快)。如果简单比较失败了,那么随后需要执行复杂比较,但是与执行测试用例次数比较起来,这不经常发生。可在单一的比较处理过程中容易地实现这样的双重比较,因此一旦完成,自动测试编写者不需要知道其具体内容,但希望看到改进的效率。

(6) 避免比较位图

最好的建议是尽可能避免比较位图。比较位图极其麻烦,可极大增加分析比较结果所需的时间。位图也取决于用于显示图像的硬件。如果要测试在不同 PC 机上运行的同一软件,那么当图像明显相同(肉眼观察)时,匹配位图可能彻底失败。如果需要比较位图,那么把比较的区域限制为尽可能小的屏幕或图像部分。

（7）敏感和健壮测试问题平衡的目标

每次有变化时总要运行宽度测试，它应该在数量上相对少，主要是对变化的敏感。例如，比较可包括全部屏幕，只屏蔽掉最少的信息，诸如当前的日期和时间。

对于深度测试而言，出于健壮测试的目的，每个测试采用特殊区域或详细特性，但是一般只在变化影响了一个区域时运行，避免比较整个屏幕。精挑细选比较的内容以满足某个测试的目标是非常重要的。把比较限制为个别域或小区域。

12.4　自动化前后处理

12.4.1　前处理和后处理

在大多数测试用例中，开始测试之前要具备一些适当的先决条件。这些先决条件应该被定义为每一个测试用例的一部分并在测试之前实现。例如，该测试可能需要一个数据库，其中包含某些特殊的客户记录；或是一个详细的目录，存放着含有特殊信息的相关文件。在某些测试用例中，先决条件一旦建立便可一劳永逸，因为它们在测试过程中不会改变。而在另一些事例中，每次测试执行过后需要进行恢复工作，因为先决条件在测试过程中发生了变化。所有与建立和恢复这些测试先决条件相关的工作就是所说的前处理，因为这是在测试工作开始之前所必须进行的处理。

有很多任务都可以描述为前处理。前处理可以将它们划分为以下 4 类最合适。一个特定的任务属于哪一类并不重要（实际上，有些任务可以同时适合不同种类）。

（1）创建（Create）

用于为测试建立适当的前提条件，例如，建立一个数据库并向其中填充测试所需的数据。有些前提条件需要某些必要数据，而另一些条件要求某些数据不存在。这种情况下，前处理任务可能包括从数据库中删除不必要的记录或从目录中清除文件。

（2）检验（Check）

自动化所有的设置任务是不太可能的（如释放足够的磁盘空间），但检验特定的前提条件是否满足是可行的。例如，检验必须的文件是否存在，而不应该存在的文件是否真的不存在。其他还包括环境检验，像操作系统版本号，检验局域网是否运转正常，还有检验软驱中是否有可写盘。

（3）改造（Reorganize）

这同前面提到的"创建"任务类似，但特指那些从一处向另一处复制或移动文件的任务。例如，当一个测试需要改变一个数据文件时，可能需要将该数据文件从它的存储目录中复制到工作区域。这将确保该数据文件的主复件不被测试所破坏。

（4）转换（Convert）

将测试数据保存为测试所需要的格式并不总是很方便和必要的。比如，较大的文件最好以压缩格式存储,而为了维护方便起见,非文本格式文件(如数据库和电子表格文件)最好以文本格式存储(这样做的原因之一是为了使测试数据与平台无关)。将数据转换为所需的格式是前处理任务。

如果任何前处理任务失败,测试用例应该立即退出,因为继续运行下去其最终结果必定也是失败。

测试用例一旦执行就会立即产生测试结果,其中包括测试的直接产物(当前结果)和副产物(如工具日志文件),它们所涵盖的范围可能很广。不得不对这些人为产物进行处理,或是评估测试的成败或是进行内务处理。

有些测试结果可以清除(如声明没有发现差别的差异报告)而有一些则必须保留(如同预期输出结果不符的输出文件)。要保存的结果应该存放到一个公共的位置以便对其进行分析或只是为了防止它们被以后的测试改变或损坏。这些手段就是所说的后处理的一些例子,因为它们是在自动测试完成后进行的工作。

像前处理任务一样,也有许多任务可被称作后处理。也可将其划分为以下 4 类,同前面一样,这里的类型划分也不是绝对的。按类划分只是有助于理解可被认为是后处理任务的不同。

(1)删除(Delete)

测试执行后的清理任务是典型的后处理任务,例如删除文件和数据库中的记录。一些测试用例将产生大量的输出,虽然只有其中的一小部分是用来进行比较的。例如,一个测试用例可能会抓取许多屏幕图片作为测试执行过程的记录。如果该测试用例失败,这些图片将有助于发现失败的原因而不至于重新进行测试。如果测试用例通过,就应该安全地删除这些图片。

(2)检验(Check)

一个测试用例所期待的结果可能是要求某个特定的文件不存在(不管是因为它被测试用例所删除还是因为它不允许被生成)。同样,一个测试用例的后置条件可能是要求某些特定的文件不存在。这些检验任务可以被自动化并归入后处理。

(3)重组(Reorganize)

这同前面提到的"删除"任务类似,但特指那些复制或移动文件的任务。虽然使测试所产生的全部结果都存放在一个特定的位置有利于分析测试失败的原因,但这常常是不可能做到的。复制和移动送些结果到一个位置是一项简单的工作。

(4)转换(Convert)

有时候,输出结果的格式不利于对其进行比较和分析。例如,如果将数据库中的数据复制成报表文件的格式会更容易进行分析。不仅要关注相关的数据集,还要选择数据的表现格式。证明转换任务十分有用的另一个例子是,将数据从与平台相关的格式转换成为与平台无关的格式或至少转换成与期待的输出兼容的格式。

不要特意在后处理任务之间进行对比,因为对后处理任务本身来说这是一种相当重要的行为。然而,当其可以按后处理任务的方式执行时,将其看作后处理任务是很方便的。如果任何后处理任务失败不论输出结果怎样都将导致测试用例本身的失败。一个必须由后处理任务移动或删除的文件没有被生成(说明测试用例的输出与预期的结果不符)可能会导致该任务的失败。这样一来,后处理任务就会因为测试用例自身产生与预期结果不符的输出而失败。

后处理任务还可能因为没有足够的磁盘空间容纳要移动的文件而失败。这种情况在测试用例的其他各方面都成功的时候也有可能发生,而且具有相对的独立性。如果不可移动的文件需要在被移动后进行比较,则比较就无法进行了,这也会导致测试用例的失败。当测试用例通过时,可以确信它在其设计和执行条件局限内是成功的。后处理任务是很明确的,所以产生一个明确的消息并不难。

前处理和后处理两个术语是描述反复出现的一系列测试工作的简便方法。虽然构成整个过程的那些工作通常看起来互不相干而且自成一体,但还是有很多事实证明它们应当作为一个整体来考虑。下面来考虑前处理和后处理任务的几个特征。

(1) 数量多

有大量潜在的前处理和后处理任务要执行,其中与测试用例相关的那部分需要在每次运行测试用例时都执行。这通常被列在重要工作之中。

(2) 成批量出现

通常会有许多待处理的前处理和后处理任务在同一时刻出现。例如,可能需要复制好几个而不是一个文件或是要编译数个脚本。

(3) 类型重复多

在某个特定系统上进行的诸多测试只需要简单的物理设置,因此可能只存在少数几种不同类型的前处理和后处理行为。不同测试用例之间的许多变化源自所使用的数据的不同。例如,许多对一个依赖数据库信息的系统的测试用例需要一个已有的数据库,并从数据库中提取数据,但是每个测试用例又需要不同的数据。

(4) 容易自动化

这些任务通常是简单的函数(像是“复制一个文件”),所以可以用一个简单的指令或命令来实现。许多复杂的函数可以缩减成用一个命令文件就可以执行的简单命令。

第一个特征暗示出自动化前处理和后处理任务可节省大量工作;第二个特征意味着这些任务可以按种类自动化而不是各自为营;第三个特征可以看出一旦一个任务被自动化,那么很多其他任务也同样可以被自动化;第四个特征指出,可以用一个简单的机制来自动化所有的前处理和后处理任务。也就是说,一旦对前处理和后处理任务采取了自动化手段,新的测试用例只需要描述前处理和后处理任务,而不是指定每一个处理步骤的细节。这是前处理和后处理任务自身的需要。因为手工地处理这些烦琐的任务既容易出错又浪费时间。

如果需要的是一个完全自动化的测试过程,而不仅仅是一些自动化测试,那么围绕测试执行过程的前处理和后处理任务就必须自动化。如果一个测试者在一系列测试当中被迫陷入周期性的恢复数据等工作之中,那么就不具备完全自动化的测试过程。如果手工干预在测试过程中是必要的,那么也不可能具有整夜或整个周末无人值守的测试过程。图 12-3 显示了需要执行大量测试用例的一系列任务,并展现自动化测试与自动化测试过程之间的不同。两者之间一个关键的差异就在于前处理和后处理任务是否是自动化的。图 12-3 中所示的任务序列有所不同。如果测试步骤是手工执行的,那么对测试结果的分析通常是在将实际输出结果与预期输出结果相对比后立即进行的。测试者将会花时间分析为什么结果会有所不同,是软件出了什么问题还是测试本身出了差错。而在自动化测试中,所有对差异的分析要推迟到测试完全结束后进行。比如,假设这组测试要运行一个通宵,那么测试者只需要在第二天早上花点时间来看看失败的测试结果,并分析到底是软件出了问题还是测试出了毛病,或是其他什么因素影响了自动测试,从而导致它的失败。这样做可以节省时间,更重要的是要做什么工作都在计划安排之内。

自动化测试:	自动化测试过程:
选择/确定要执行的测试用例	选择/确定要执行的测试用例
• 设置测试环境 • 创建测试环境	• 设置测试环境 • 创建测试环境
装载测试数据	装载测试数据
每个测试用例重复以下步骤:	每个测试用例重复以下步骤:
• 建立测试先决条件 • 执行 • 比较结果 • 记录结果 • 分析失败原因 • 故障报告 • 在测试用例结束后进行清除	• 建立测试先决条件 • 执行 • 比较结果 • 记录结果 • 在测试用例结束后进行清除
清除测试环境	清除测试环境
• 删除无用的数据 • 保存重要的数据	• 删除无用的数据 • 保存重要的数据
总结测试结果	总结测试结果
	• 分析失败原因 • 故障报告

图 12-3　自动化测试与自动化测试过程的区别

12.4.2　不同阶段的前后处理

执行过程当中的某些时段可以被看作是前处理和后处理任务,而不是当作一个独立的测试事例。在自动化测试体制中,还有另外两个阶段中前处理和后处理任务也是非常有效的,那就是与测试和测试件组(Testware Sets)相联系的前处理和后处理任务。通常,一个测试集的前处理和后处理会在测试集第一次被创建和测试结束时被执行,而其他的前处理和后处理可能要为 Testware Sets 进行。举例来说,当一个数据库在一系列测试中使用的时候(图 12-4),在测试集和测试用例层都有前处理和后处理。也许需要创建一个存储用户记录的数据库供测试集中的所有测试用例使用。接下来需要在每一个测试用例运行之前向数据库中添加用户记录。如果测试用例改变了这些记录,则可能需要在每次测试用例开始之前恢复这些记录。因此,在这种情况下每次运行测试用例都要恢复数据库,但只需创建一次数据库。创建数据库就是与测试集相关的前处理任务,因为它仅在测试集被创建时被执行过一次。恢复数据库就是与每个测试用例相关的后处理任务,而且它在每次测试用例运行的时候都需要重复一次。

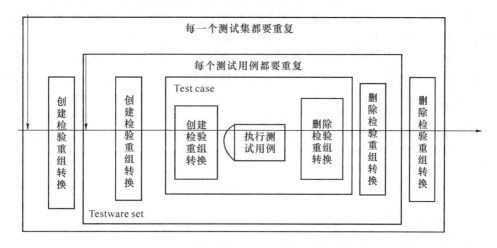

图 12-4　不同层次相联系的前处理和后处理任务

同样,在每个测试用例运行之后可能需要执行一些像报表产生器(report generator)之类的后处理任务从数据库中提取数据。这些后处理任务同测试用例相联系。在全部一系列的测试用例成功运行之后,也许最终需要删除数据库,这就是与测试集相联系的后处理任务。

与每一个测试用例相联系的前处理和后处理任务可能大相径庭。这是因为为某一个测试用例执行的前处理和后处理任务可能只适合于该测试用例。同样,其他的测试用例也拥有适合它们自己的前处理和后处理任务。同样的情况也适用于其他层次,不同Testware Set 之间和不同测试集之间的前处理和后处理任务的细节也会有所不同。

前面提到过,也有许多前处理和后处理任务在一个测试组(Testware Set)中的所有测试用例里都一样。在这种情况下,就有可能共享同样的工具组件来执行该任务。但因为处理是每一个测试用例的必须部分,所以共享同一个处理(也就是为所有的测试用例只执行一遍前处理任务)是不太可能的。

还有一个例子,测试用例和 Testware Set 的前处理和后处理任务包括编译脚本和将编译过的版本复制到一个公共的地方,测试执行工具可以访问到该处,并在那里对其进行静态分析,编译应用程序的源代码以产生可执行的映像,并产生所有测试用例状态的概要报告。

无论何时,一旦对一个已经存在的测试集进行升级,重复一部分或全部与该测试集和被升级所影响的 Testware Sets 相关的前处理任务都是必要的。

12.4.3 执行中的问题

(1)脚本

前处理和后处理任务可以在脚本程序里执行,所以它们可以直接由测试执行工具来实现。鉴于许多任务都很简单,因此可更有效地用共享脚本程序来执行它们。例如,一个共享脚本程序能提供标准的文件复制功能。测试脚本会将要复制的文件名作为参数传给共享脚本,而共享脚本能够决定源文件和目标文件的全路径(因为它了解测试件 testware 的体系结构)。

当每一个测试用例都有一个脚本时,这种方法非常适用。图 12-5 显示了两个脚本,其中一个(SaveTest1.scp)执行"保存"测试用例本身,而另一个在调用其他脚本来运行测试用例之前执行前处理任务,然后再执行后处理任务。

Save1.scp

```
; Pre-processing

Call CopyFile ("Editme.dcm")
Call CopyFile("NoRead.dcm")
Call CopyFile("NoWrite.dcm")
Call CopyFile("@TESTSUIT\d_ScribbleTypical\Date\Countries.dcm")

Call setAccess(NOREAD, "NoRead.dcm")
Call setAccess(NOWRITE, "NoWrite.dcm")

Call Rename("@SCRIBBLE\Scribble""@SCRIBBLE\Saved.ini")
Call CopyTo("Test1.ini","@SCRIBBLE\Scribble.ini")
; Execute test case.
Call SaveTest1()

; Post - processing.

Call MoveFile("@SCRIBBLE\Scribble.ini")
Call RenameFile("@SCRIBBLE\Saved.ini""@SCRIBBLE\Scribble.ini")

Call DeleteFile("NoRead.dcm")
Call DeleteFile("NoWrite.dcm")
```

图 12-5　共享脚本控制执行各自的前或后处理任务事例

图 12-5 共享脚本控制执行各自的前或后处理任务事例。脚本调用 SaveTest1 脚本执行测试用例前处理和后处理任务被各自的共享脚本所执行,每一个脚本都执行一个普

通的处理任务。CopyFile 脚本中内建了测试件(testware)体系结构的知识。当传给它一个简单的文件名时,它知道在测试用例所属的 Test Set 的 Data 子目录中寻找该文件。如果传给它一个全路径名(也就是带路径的文件名,如在图 12-5 的例子脚本中给出的 countries. dcm 文件的文件名那样)那么它会直接使用该全路径名。当全路径名包含可变名称时(如例子中所示的@TESTSUITE 和@SCRIBBLE),它将用适当的路径名来替换之。CopyFile 脚本程序还知道复制文件的目标目录就是当前测试用例的结果目录。因此,可以用一个非常简单的接口来实现一个普通的前处理任务。

CopyTo 脚本与 CopyFile 脚本的不同之处在于,必须给它一个目标路径名。这个脚本用来将文件复制到其他目录中而非结果目录。MoveFile 脚本总是将文件移动到结果目录,而 SetAccess 和 DeleteFile 脚本在仅得到文件名时假定路径为结果目录。

使用这些简单的接口是因为它们可以更简洁地明确前处理和后处理任务,从而减少出错的机会。此外,可以在这些共享脚本程序中内建额外的检验,用以确定不会出现特定的错误。例如,如果不想让前处理任务把文件移出测试集(否则下次测试用例执行时文件就会不在了),那么 MoveFile 脚本可以不接受与测试集路径名相吻合的路径名。

在使用数据驱动脚本方法的地方,前处理和后处理指令也要被当作一个数据文件的条目保留。每一个执行前处理和后处理任务的共享脚本将从该数据文件中读入它的输入数据。这时,关键字驱动的方法看起来更适合前处理和后处理任务。在关键字驱动脚本使用的地方,前处理和后处理任务能轻松地作为关键字执行。

(2) 命令行文件

如前面所示,前处理和后处理任务可以用脚本程序执行,因此它们可以直接由测试执行工具实现。然而,这里推荐另外一种可选的方法。大多数前处理和后处理任务能用一些形式的命令文件来执行(像是命令程序、外壳脚本或批处理文件等)。这样做有以下几个必要的原因:

命令语言通常比执行工具的脚本语言更适合于前处理和后处理任务。

通常,更多的人都熟悉命令语言,因为这些命令是用来完成像复制和移动文件这类基本功能的(手工测试者为了测试更容易,可能已经写好它们自己的命令文件)。

命令文件可以由任何人在任何时间独立地运行不受其他测试任务的影响,并且这些人可以不具备任何有关测试执行工具的特殊技能或知识。

命令文件能被用来自动化手工测试的前处理和后处理任务。测试自动化常常用来表示测试执行过程的自动化,但除了测度执行以外自动化测试任务不会有其他错误。即使测试过程是被手工执行的,前处理和后处理任务也是自动化的理想对象。这是对手工测试过程产生积极和直接影响的好方法。鼓励测试者使用这类的命令文件并共享它们。使用命令文件能提高手工测试的速度并有助于避免一些烦人的输入错误。

　　构思巧妙的话,可以发展出一些通用的数据驱动的命令文件,使测试者不用实现自动化操作就可指定自动化的前处理和后处理任务。用这种方法可以执行平均80%的前处理和后处理任务。

　　命令文件能提供同前面部分介绍的共享脚本一样的功能。即使这样,还是需要调用命令文件。这可以利用脚本实现,同调用共享脚本不同,测试脚本将调用共享命令文件。可以选择用一个命令文件来执行每一个测试用例。这里将调用一个共享的命令文件来执行前处理和后处理任务并调用测试执行工具来执行测试用例本身。当然自动处理前后处理事件还有数据驱动的方法和关键字驱动的方法,这里就不做详细介绍了。

小　结

　　录制回放技术是以前比较流行的脚本生成技术。采用这种技术的工具,可以自动录制测试执行者所做的所有操作,并将这些操作写成工具可以识别的脚本。脚本技术是实现自动化测试最基本的一条要求,脚本语言具有与常用编程语言类似的语法结构,并且绝大多数为解释型语言,脚本技术分为以下几种:线性脚本、结构化脚本、共享脚本、数据驱动脚本和关键字驱动脚本。比较是软件测试中自动化程度最高的任务,通常也是从自动化中受益最多的任务。动态比较就是在执行测试用例时进行的比较。执行后比较是在测试用例运行后执行的比较。在大多数测试用例中,开始测试之前要具备一些适当的先决条件。这些先决条件应该被定义为每一个测试用例的一部分并在测试之前实现,称为自动化的前处理。每次测试执行过后需要进行恢复工作,称为自动化的后处理。如果前处理和后处理任务没有被自动化,那么这样只能称为自动化测试而不是自动化测试过程。

思 考 题

12.1　描述各种脚本技术的特点以及其适用范围。

12.2　动态比较与执行后比较的差别。

12.3　如何使用数据驱动的方法和关键字驱动的方法完成自动化前后处理?

第 13 章　测试自动化工具

13.1　测试工具类型

软件开发生命周期的每个阶段的测试都有工具支持,图 13-1 所示为不同的工具类型及其在生命周期中的位置。

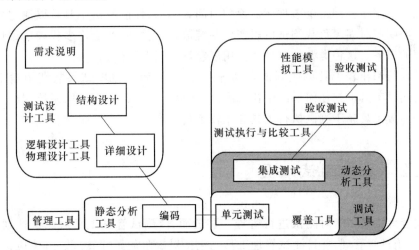

图 13-1　不同的工具类型及其在生命周期中的位置

软件设计工具有助于准备测试输入或测试数据。逻辑设计工具设计说明、接口或代码逻辑,有时也叫做测试事件生成器。物理设计工具操作已有的数据或产生测试数据。

如果可以随机从数据库中抽取记录的工具就是物理设计工具。从规格说明中获取测试数据的工具就是逻辑设计工具。

测试管理工具是指帮助完成测试计划,跟踪测试运行结果等的工具。这类工具还包括有助于需求、设计、编码测试及缺陷管理跟踪的工具。

静态分析工具分析代码而不执行代码。这种工具检测某些缺陷比用其他方法更有效,开销也更小。这种工具可以计算出代码的各种度量指标,如 McCabe 的测试复杂度。

覆盖工具评估通过一系列的测试,测试软件被测试执行的程度。覆盖工具大量地用于单元测试中。例如,测试安全性要求高或与安全有关的系统,则要求判定覆盖。覆盖工具还可以度量设计层次结构如调用树结构的覆盖率。

调试工具不是真正的测试工具,因为调试不是测试的一部分。测试发现缺陷,而调试是消除缺陷,因此它是开发活动而不是测试活动。但在测试中经常使用调试工具,特别是需要隔离低层的缺陷时更是如此。

动态分析工具评估正在运行的系统。例如,检测内存泄漏的工具就是动态分析工具。内存泄漏是指程序没有释放应该释放的内存块,因此这些内存块就从可供分配给所有程序的内存区中"漏"掉了。最后,这种缺陷程序将"吃"完所有的内存,使所有程序都不能运行,此时系统挂起,必须重新启动机器。

模拟工具可以用现实世界无法做到的方式对系统的一部分进行测试。例如,核武力计划的熔化过程可以在模拟程序中进行测试。

性能工具用于检测每个事件所需要的时间。例如,性能测试工具可以测定典型或负载条件下的响应时间。负载测试可以产生系统流量。例如,产生许多代表典型情况或最大情况下的事务。这种类型的测试工具用于容量和压力测试。

测试执行和比较工具可使测试自动进行,然后将测试输出结果与期望输出进行比较。此类测试工具可在任何层次中执行测试,如单元测试、集成测试、系统测试或验收测试。捕获回放工具属于测试执行工具和比较工具。

13.2 基本测试工具

测试管理工具用于对测试进行管理。一般而言,测试管理工具对测试计划、测试用例、测试实施进行管理,并且测试管理工具还包括对缺陷的跟踪管理。具体应包括:测试计划、测试设计、测试实现、测试执行、结果分析、配置管理、缺陷跟踪及缺陷管理。

测试管理工具的代表有:Rational 公司的 Test Manager;Compureware 公司的 TrackRecord;Mercury Interactive 公司的 TestDirector 等软件。

测试管理工具可以处理针对测试计划、测试执行和测试结果的数据收集。测试者可以通过创建、维护或引用测试用例来组织自己的测试计划,包括来自外部的文档、需求变更请求和 Excel 电子表格的数据。

测试管理工具的一个主要功能就是通过自动跟踪整个项目的质量和需求状态来分析需求变更对测试用例的影响,由此成为整个软件团队的项目状态的数据集散中心。

QA 或者 QE 经理、商业分析师、开发者和测试者使用测试管理工具都可以获得基于他们自己特定角度的测试结构数据,并且利用这些数据对他们的工作进行决策。测试管理工具在整个项目生命周期内为项目团队提供了持续的、面向测试计划的项目状态和进度跟踪。

13.2.1　配置管理工具

配置管理工具提供了全面的配置管理功能——包括版本控制、工作空间管理、Build 管理和过程控制,而且无须软件开发者改变他们现有的环境、工具和工作方式。配置管理工具具有以下主要功能。

1. 版本控制

配置管理工具的核心功能是版本控制,它是对软件开发进程中一个文件或一个目录发展过程进行追踪的手段。配置管理工具可对所有文件系统对象(包括文件、目录和链接)进行版本控制,同时还提供了先进的版本分支和归并功能用于支持并行开发。因而,配置管理工具提供的能力已远远超出资源控制的范围,它还可以帮助开发团队在开发软件时为其所处理的每一种信息类型建立一个安全可靠的版本历史记录。

(1) 支持广泛的文件类型

配置管理工具不仅可以对软件组件的版本进行维护和控制,也可以对一个非文本文件、目录的版本进行维护。用户可以定义自己的元件类型,也可以使用配置管理工具中的预定义类型。在存储时,配置管理工具可以利用增量算法将文本文件存储在一个特殊结构的文件容器中,或采用标准的压缩技术控制任何操作系统文件。

(2) 在版本树结构中观察元件发展的过程

在配置管理工具中,文件版本的组织体现在版本树结构中。每一个文件都可以通过 checkout-edit-checkin 的命令形成多个版本,还可以包含多层分支和子分支。

(3) 对目录和子目录进行版本控制

配置管理工具可以对目录和子目录进行版本控制,允许开发者对其数据的组织发展过程进行追踪。目录版本对一些改变进行控制,如建立一个新文件、修改文件名、建立新的子目录或在目录间移动文件等。

配置管理工具也支持对目录自动进行比较和归并的操作。

数据存储在一个可访问的版本对象库中(VOB),配置管理工具把所有版本控制的数据存放在一个永久、安全的存储区中,这个存储区被称为版本对象库(Version Object

Bases),项目团队(或管理者)可以决定它们所需要的 VOB 数量,可以决定什么样的目录或文件需要被维护。

配置管理工具的操作(如检出、检入和版本归并)可以建立时间记录,这些记录被存储在 VOB 数据库中,主要描述该操作的属性,包括"谁做的、做什么、什么时候、在哪个地方及为什么"等。

2. 工作空间管理

所谓空间管理,即保证开发人员拥有自己独立的工作环境,拥有自己的私人存储区,同时可以访问成员间的共享信息。配置管理工具给每一位开发者提供了一致、灵活的可重用工作空间域。它采用名为 View 的新技术,通过设定不同的视图配置规格,帮助程序员选择特定任务的每一个文件或目录的适当版本,并显示它们。View 使开发者能在资源代码共享和私有代码独立的不断变更中达到平衡。

(1)版本间的透明访问

配置管理工具提供了对版本进行透明访问的功能。通过 VOB 机制(包含文件或目录的多个版本),配置管理工具可以让开发者和应用者以一种标准文件目录树的形式访问 VOB。配置管理工具能与 Windows 资源管理器完美集成,使开发人员不必进入配置管理工具界面就可直接完成相关操作。

(2)从其他主机平台访问视图

在局域网中,未安装配置管理工具的机器也可使用配置管理工具所控制的数据。例如,一台配置管理工具 UNIX 主机通过一种特殊的视图输出 VOB,网上其他主机则可通过 NFS 机制连接它,从而使开发人员能在未安装配置管理工具的主机平台上读写视图。但是有一点必须注意,未安装配置管理工具的主机必须重新注册或使用安装了配置管理工具的 UNIX 主机上的 X-Windows 系统进行检入、检出操作。

3. Build 管理

使用配置管理工具,构造软件的处理过程可以和传统的方法兼容。对配置管理工具控制的数据,既可以使用自制脚本也可使用本机提供的 make 程序,但配置管理工具的建立工具为构造提供了重要的特性:自动完成任务、保证重建的可靠性、存储时间和支持并行的分布式结构的建立。此外,配置管理工具还可以自动追踪、建立、产生永久性的资料清单。

4. 过程控制

软件开发的策略和过程由于行业和开发队伍的不同而有很大差异,但有一个基本点是一致的,即提高软件质量、缩短产品投放市场时间。配置管理工具为团队通信、质量保证、变更管理提供了非常有效的过程控制和策略控制机制。这些过程和策略控制机制充分支持质量标准的实施与保证,如 SEI Capability Maturity Model 和 ISO 9000。配置管理工具可以通过有效的设置来监控开发过程,这体现在以下几方面。

为对象分配属性：例如，Codequality 属性可有 A、B、C、D 或 F 5 个值。其强有力的查询工具允许用户查找各种版本的文件。

超级链接：超级链接可追溯到所有的元素变量、特定的版本（需求追踪也同样需要）、或者对象中的某一部分。

历史记录：配置管理工具自动记录下重要的状态信息，当对象发生变更时，它会收集"谁、何时、为什么"、用户注释以及其他的重要数据。系统也会保留创建、释放项目时的类似信息。

定义事件触发机制：事件预触发机制监视每一种特定配置管理工具操作或操作类的使用。触发可要求在执行某个操作命令之前对它进行检查，并据此判断是继续执行、还是取消操作。事件后触发机制好像一个监视器，它会在某个命令执行后或给某个对象赋予属性后，把这些动作通知给用户。

访问控制：控制数据读、写、执行权限；同时，它还对文件系统之下的物理存储施加保护，有效地制止那些试图逃避配置管理工具，从而破坏原始系统存储的小动作。

查询功能：配置管理工具中有一个 find（查询）命令，使得开发能迅速获知当前项目的状态。

综上所述，配置管理工具支持全面的软件配置管理功能，给那些经常跨越复杂环境进行复杂项目开发的团队带来巨大效益。配置管理工具的先进功能直接解决了原来开发团队所面临的一些难以处理的问题，并且通过资源重用帮助开发团队，使其开发的软件更加可靠。

13.2.2　缺陷跟踪工具

缺陷跟踪工具用于帮助组织跟踪工作中的问题，管理和记录这些问题的处理过程，并为用户提供事务分配和自动通知的平台。缺陷跟踪管理系统对于一个组织的缺陷管理非常有效，可以确保每个出现的问题都可以得到记录和跟踪，为团队提供有效的交互平台，提高团队效率和增强团队工作氛围。同时，作为问题记录的数据库，可以积累处理问题的经验，也可以轻松吸取他人经验，对以后维护也很有帮助。

缺陷跟踪工具是具扩展性的系统。无论开发团队的大小和地理分布如何，不管他们使用何种平台，缺陷跟踪工具都能实现高效率地捕获、跟踪和管理任意类型的变更。可以选择配置，或者选择一个合适的模板配合该过程。配合企业数据库，缺陷跟踪工具可以用于各种类型的项目。缺陷跟踪工具同其他工具集成可以确保所有组织成员同缺陷/变更跟踪过程绑定。缺陷跟踪工具的功能优点如下。

（1）配合使用者的工作方式

不同的组织使用不同的过程处理软件缺陷、需求变更和其他修改结果。缺陷跟踪工具提供适用于大多数组织的过程，并允许用户定制自己的过程。

（2）针对整个生命周期的缺陷跟踪

开发当中的每一个人都不仅需要了解变更在特定层面上造成的影响，也需要理解变更对于整个项目的影响。使用缺陷跟踪工具可以在项目的整个生命周期中跟踪缺陷和需求变更。

（3）设计一次就可以到处使用

无论开发团队大小和他们的地理分布，不管他们使用的平台，缺陷跟踪工具都可以实现变更的捕获，跟踪和管理。用户化仅仅需要一次，然后即可以发布到 Windows、UNIX、Web 的客户层面。缺陷跟踪工具支持好几种企业数据库。

（4）将分散的团队整合起来

基于被验证的变更影响跟踪技术，缺陷跟踪工具中的跨越多地点对本地数据存储同步化的工具是一个针对变更影响跟踪工具的选项，支持针对地理上分布的站点的同步发展。

13.2.3　监控工具

监控工具用来标明未测试代码并提供代码覆盖分析工具，是一个面向 VC、VB 或者 Java 开发的测试覆盖程度检测工具，可以自动检测测试完整性和那些无法达到的部分。作为一个质量控制工程，可以使用该工具在每一个测试阶段生成详尽的测试覆盖程度报告。对于最关心或最重要的功能部分，可以更加详细地收集覆盖数据；而对于不太重要的部分，可以只收集较常规的覆盖数据。测试覆盖程度检测工具将在一个对话框中列出所有应用程序工具，开发人员只需针对每个应用程序构件，就可以简单地设置基于代码行或函数的代码覆盖级别。程序运行时，显示程序的状态信息，帮助开发人员管理覆盖数据的收集工作。

监控工具包含一组 API 函数，可以更好地控制覆盖数据收集过程，其中包括开始、停止、清除或保存数据收集过程，以及生成收集数据的快照，或在运行过程中随时保存数据。还可以只收集所需要的覆盖数据，以便集中精力处理程序的特定功能工具。可以收集所有应用程序构件的代码覆盖数据，非常便于使用且不会分散开发人员对手头工作的注意力。它按照开发人员习惯的方式工作，并对开发人员所使用的工具进行补充。易于理解的覆盖数据使开发人员的工作效率更高，并且在开发过程中，不会因过多干扰而丧失编程灵感。

将监控工具与测试环境相集成，可以提供持续监控覆盖情况所需的强大功能。直观易用的窗口可使用户对覆盖统计信息一目了然。收集应用程序所有构件的覆盖数据，并以工具和文件为基础进行显示。可以更进一步获得基于每行代码的详细覆盖数据。因此，应用程序的测试程度如何，不用任何猜测，就可以精确地了解一行代码被执行的次数,或该代码是否被执行过。

监控工具允许测试人员去除冗余代码、创建测试方案,以便更好地对应用程序进行测试,从而更深入地了解测试套件的执行情况。

具体功能如下:

- 即时代码测试百分比显示;
- 未测试或测试不完整的函数,过程或者方法的状态表示;
- 在源代码中定位未测试的特定代码行;
- 为执行效率最大化定制数据采集;
- 为所需要的焦点细节定制显示方式;
- 从一个程序的多个执行合成数据覆盖度;
- 和其他团队成员共享覆盖数据或者产生报表。

监控工具提高了 Windows/UNIX 开发者的生产力,因为它完全集成在开发进程当中。它不要求重新编译目标应用程序,不会降低项目进度。

监控工具支持 UNIX 平台的 C/C++ 和 Java,以及 Windows 平台上的 VC/C++、C♯、VB、.NET、VB。对于 Java 的服务器端和客户端提供一样的支持。安装在 Web 服务器上面以后,可以针对在服务器诸如 IBM WebSphere、BEA WebLogic 和 Apache Jakarta Tomcat 上的 Java Server Pages (JSP) 和 Java Servlets 进行运行时监控分析。

13.2.4　功能测试工具

功能测试工具实现了功能测试和回归测试的自动化,它具有一个包含多种自定义选项的、健壮的用户动作记录器,并具备智能脚本维护能力,使得测试创建和执行过程在应用程序变更时是可恢复的,可以降低功能测试上的人力和物力的投入和风险。

功能测试工具是一个面向对象的工具,可以创建、修改和实现自动化的功能测试。实现测试的各方面数据的团队共享,提供一个面向站点的强壮性工具,实现网站链接管理,站点监视等功能。

功能测试使用面向对象记录技术:记录对象内部名称,而非屏幕坐标。若对象改变位置或者窗口文本发生变化,工具仍然可以找到对象并回放。

功能测试工具支持各种环境和语言,包括 HTML、DHTML、Java、Microsoft Visual Basic and Visual C++、Oracle Developer/2000、Delphi、SAP、PeopleSoft 和 Sybase PowerBuilder。

具体功能如下。

- 为 Java、Web、Microsoft Visual Studio、.Net、WinForm 程序提供健壮的测试支持。

- 可以定制生成 Java、Visual Basic、.Net 语言的测试脚本。

- 使用 Script Assure 技术支持频繁的用户界面变更。
- 自动化的数据关联和数据驱动测试,可以消除手工编码。
- 多点验证,支持正则表达式的模式匹配。
- 先进的对象映射维护能力。
- 支持 Linux 测试的编辑和执行。

13.2.5 性能测试工具

性能测试工具用来提高应用程序的性能质量,它为那些需要进行创建和配置可靠的应用程序的开发者设计。可以创建、修改和实现自动化的衰减、冒烟测试。可以集成在大多数开发环境当中,和功能测试工具一样,它使用了 Object-Testing 技术,提供一个面向站点的强壮性工具,实现网站链接管理,站点监视等功能。性能测试同功能测试和测试管理协作可以记录和回放脚本,这些脚本有助于确定多客户系统在不同负载情况下是否能够按照用户定义的标准运行。

性能测试工具提供了功能和性能的自动化、高效率以及可重复的测试、测试管理和跟踪能力。测试者不仅可以降低配置应用的风险,还减少了测试工时,使得整个团队的生产力得到提高。

测试者可以设计并执行高度量化的性能测试来模拟现实世界当中的真实情景。性能测试工具使得不用编程就可以建立复杂的用例场景;并且产生很有条理的报告,显示性能问题的根源所在。

性能测试工具由定位内存泄漏和运行时错误工具、寻找性能瓶颈工具、针对 X-Windows 和终端应用的衰减和调用测试工具组成。各部件功能如下。

(1)探测内存泄漏和代码错误工具

探测内存泄漏和代码错误工具是面向 VC、VB 或者 Java 开发的,用来测试 Visual C/C++ 和 Java 代码中与内存有关的错误,确保整个应用程序的质量和可靠性。在查找典型的 Visual C/C++ 程序中的传统内存访问错误,以及 Java 代码中与垃圾内存收集相关的错误方面,可以大显身手。与功能测试工具的回归测试结合使用可以完成可靠性测试。

探测内存泄漏和代码错误工具无须源代码或特殊的工作版本,就能检查应用程序代码以及所有链接到该应用程序的构件代码。它可以彻底测试应用程序、检查错误并查明造成错误的特殊构件,从而有助于得到真实的质量情况,以便及早纠正。Java 程序员和测试人员可以将该工具和所支持的 JVM 相结合,以改善和优化 Java Applet 和应用程序的内存功效。该工具提供内存使用状况分析工具,可以找出消耗了过量内存或者保留了不必要对象指针的函数调用。该工具可以运行 Java Applet、类文件或 JAR 文件,支持

JVM 阅读器或 Microsoft Internet Explorer 等容器程序。

使用该工具特有的 PowerCheck 功能,可以按工具逐个调整所需的检查级别。对于 Windows API 的检查,该工具的 WinCheck 功能会验证直到最后一次 Windows API 和 COM 方法的调用情况,包含 GDI 句柄检查和对 Windows 资源泄漏及错误指针等检查。通过对 API 调用的验证,确保应用程序的可靠性。

该工具的学习和使用过程简单,可以按照使用者的方式工作。它可以与 Microsoft Visual Studio 集成在一起,所以在 Microsoft IDE 中就可以快速获得该工具的自动调试以及源代码编辑功能。该工具带有及时调试功能,当检测到错误时,它将自动停止编程并启动调试器,也可以将该调试器附加到正在运行的流程中。这将大大增强诊断应用程序中问题的能力,从而缩短查找、复审和修正错误所需的时间。该工具可以从多个侧面反映应用程序的质量,如功能、可靠性和性能。该工具通过检测影响可靠性的内存相关编程错误,提高 Java 和 C++ 软件的质量,可在进行功能测试的同时,对可靠性问题进行检测,从而弥补了质量测试的不足。这样就可以为开发人员提供修正问题所需的所有诊断信息。该工具还能减少错误相互"遮挡"而导致的"测试—修正"循环的大量时间花费,它主动搜索并记录与内存相关的编程错误,而不是消极地等待应用程序崩溃。可以同时查找多个错误,并减少软件发布之前所需的"测试—修正"循环次数。

可检查的错误类型如下:

- 堆栈相关错误;
- 垃圾内存收集;
- COM 相关错误;
- 指针错误;
- 内存使用错误;
- Windows API 相关错误;
- Windows API 函数参数错误和返回值错误;
- 句柄错误。

可检测错误的代码如下:

- 控件;
- 对象;
- 构件;
- 构件、Applet、类文件、JAR 文件;
- C/C++ 源代码;
- Basic 应用程序内嵌的 Visual C/C++ 构件;
- 第三方和系统 DLL;
- 支持 COM 调用的应用程序中的所有 Visual C/C++ 构件。

（2）寻找性能"瓶颈"工具用来发现性能瓶颈

性能测试工具是一个面向 VC、VB 或者 Java 开发的测试性能"瓶颈"检测工具，它可以自动检测出影响程序段执行速度的程序性能"瓶颈"，提供参数分析表等直观表格。帮助分析影响程序段执行速度的关键部分。为了准确地测定更改对应用程序性能的影响，必须能够精确地重复数据收集过程。只有核实了更改，才能成功地提高代码的性能。

性能工具可以按多种级别（包括代码行级和函数级）测定性能，并提供分析性能改进所需的准确和详细的信息，可以核实代码性能确实有所提高。

使用性能工具的 PowerTune 功能，可以更好地控制数据记录的速度和准确性。可以按要求调整工具收集信息的级别：对于应用程序中感兴趣的那部分，可以收集详细信息；而对于不太重要的工具，可以加快数据记录的速度并简化数据收集。使用"运行控制"，可以直接、实时地控制性能数据的记录。既可以收集应用程序在整个运行过程中的性能数据，也可以只收集程序执行过程中最感兴趣的某些阶段的性能数据。

利用性能工具的各种数据图表窗口，可以直接识别应用程序的性能瓶颈。可以描绘出整个应用程序或仅仅某个特定部分的性能曲线，得到供改进性能的数据分析的详细信息。而且还可以从其他任何窗口访问数据图表窗口，并与其保持同步。

性能工具的聚焦和过滤器功能，能够完全控制性能数据的显示和组织方式，有选择性地显示最能从性能调整中获益的那部分应用程序。可以通过函数级别，甚至是逐行的性能数据，进一步挖掘产生性能"瓶颈"的深层原因。过滤器可以避免无关的信息，更易于识别性能"瓶颈"。性能工具的"线程分析器"能对每个线程进行采样并显示其状态。以一种易于理解的图形方式显示出在任何特定时刻每个线程正在执行的任务。

性能工具测试某个应用程序有多种方法：功能、可靠性和性能，通过找出影响应用程序性能的瓶颈，改进 Visual C++、Visual Basic 和 Java 应用程序的质量。可在进行功能测试和批处理的同时，用曲线描绘性能问题，从而弥补了质量测试的不足。这样就可以为开发人员提供改进应用程序性能所需的所有诊断信息。还能主动为最终用户提供所需的最佳性能。

具体功能如下：

• 对当前的开发环境的影响达到了最小化；

• 提供了树型关系调用图，及时反映了影响性能的关键数据；

• 功能列表详细窗口，显示了大量与性能有关的数据；

• 精确记录了源程序执行的指令数，正确反映了时间数据，在调用函数中正确传递这些记录，使关键路径一目了然；

• 可以控制所收集到的数据，通过过滤器显示重要的程序执行过程。

（3）针对 X-Windows 和终端应用的衰减和调用测试工具

针对 X-Windows 和终端应用的衰减和调用测试工具让使用者降低测试投入和提高客户满意程度。针对 X-Windows 和终端应用的衰减和调用测试工具利用软件脚本模拟用户或者相关硬件行为，实现自动化功能和衰减测试，并以量化和图形化形式提交测试数据报告。

- 自动化脚本生成

利用测试脚本记录或者"偷拍"用户和应用程序之间的交互和执行，可以验证应用程序在各种调用方式下的性能及可靠性。

- 非插入性测试

使用针对 X-Windows 和终端应用的衰减和调用测试工具不需要额外负担。针对目标应用程序不需要定制或者修改函数库。

- 全面的测试结果

使用专业的报告、图片和日志保存测试结果。图片帮助开发者及早发现微小的质量和性能问题，使得它们没有机会暴露给最终用户。

针对 X-Windows 和终端应用的衰减和调用测试工具的 X-Windows 测试工具，可以在任何 X-Windows 环境中使用。

针对 X-Windows 和终端应用的衰减和调用测试工具的远程终端模拟器，模拟用户操作应用程序进行多用户自动化测试。支持 UNIX、MS Windows NT、MVS 或者 VMS 等系统的终端应用程序测试。

13.3　测试自动化工具产品简介

13.3.1　IBM Rational

图 13-2 给出了 IBM Rational 自动化测试工具平台，其中 Rational Robot 可以对使用各种集成开发环境（IDE）和语言建立的软件应用程序，创建、修改并执行自动化的功能测试、分布式功能测试、回归测试和集成测试。

Rational TestManager 是针对测试活动管理、执行和报告的中央控制台。它是为可扩展性而构建的，支持的范围从纯人工测试方法到各种自动化等级（包括单元测试、功能回归测试和性能测试）。Rational TestManager 可以由项目团队的所有成员访问，确保了测试覆盖信息、缺陷趋势和应用程序准备状态的高度可见性。

Rational ClearQuest 提供基于活动的变更和缺陷跟踪。以灵活的工作流管理所有类型的变更要求，包括缺陷、改进、问题和文档变更。能够方便地定制缺陷和变更请求的字段、流程、用户界面、查询、图表和报告。开箱即用特性提供了预定义的配置和自动电子邮件通知和提交。与 Rational ClearCase 一起提供完整的 SCM 解决方案。拥有"设计一次,到处部署"的能力,从而可以自动改变任何客户端界面(Windows、Linux、UNIX 和 Web)。

IBM Rational测试自动化工具

Rational Unified Process

SoDA			PQC	
RequisitePro		XDE Tester	XDE Tester	
TestManager		Robot	Robot	ClearQuest
TestManager	TestManager	TestManager	TestManager	TestManager

Plan Test	Design Test	Implement Test	Execute Test	Evaluate Test

Change Request and Configuration Management-ClearQuest and ClearCase LT

功能 TeamTest XDE Tester	性能 Quantify TestStudio	可靠性 Purify/PureCoverage TestFactory

实时系统测试解决方案:Rational Test RealTime

图 13-2 IBM Rational 自动化测试工具

IBM Rational Functional Tester(RFT)是一款先进的、自动化的功能和回归测试工具,它适用于测试人员和 GUI 开发人员。使用它,测试新手可以简化复杂的测试任务,很快上手;测试专家能够通过选择工业标准化的脚本语言,实现各种高级定制功能。通过 IBM 的最新专利技术,例如,基于 Wizard 的智能数据驱动的软件测试技术、提高测试脚本重用的 ScriptAssurance 技术等,大大提高了脚本的易用性和可维护能力。同时,它第一次为 Java 和 Web 测试人员,提供了和开发人员同样的操作平台(Eclipse),并通过提供与 IBM Rational 整个测试生命周期软件的完美集成,真正实现了一个平台统一整个软件开发团队的能力。

IBM Rational PurifyPlus 是一套完整的运行时分析的解决方案,它赋予了开发人员强大的动力。PurifyPlus 将 Rational Purify 的缺陷查找功能,Rational Quantify 的性能调整作用和 Rational PureCoverage 的测试准确性这三者组合起来,从而提供了三重功效合一的功能,使他们所交付的软件在可靠性、性能和质量方面能够满足用户的期望。使开发人员确保其软件在最初发布时就能具有最高的可靠性和性能。它具有的功能有:

- 内存错误检查;
- 内存泄漏检查;
- 应用程序性能检测;

- 代码覆盖率分析。

Rational Performance Tester 是自动负载和性能测试工具,用于开发团队在部署基于 Web 的应用程序前验证其可扩展性和可靠性。提供了可视化编辑器,使新的测试人员可以简单地使用。为需要高级分析和自定义选项的专家级测试人员提供了对丰富的测试详细信息的访问能力,并支持自定义 Java 代码插入。自动检测和处理可变数据,以简化数据驱动的测试。提供有关性能、吞吐量和服务器资源的实时报告,以便及时发现系统的瓶颈。可以在 Linux 和 Windows 上进行测试录制和修改。

Rational Manual Tester 是一个手工的测试编写和执行工具,用于那些希望提高手工测试的速度、广度和可靠性的测试人员和业务分析人员。促进了测试步骤的重用,从而降低了软件变更对手工测试维护活动的影响。提供了丰富文本编辑器,支持图像和文件附件,以改善测试的可读性。测试执行期间的辅助数据输入和验证,从而减少了人为错误。可导入先前存在的基于 Microsoft Word 和 Excel 的手工测试,并可将测试结果导出到 CSV 格式的文件中,以便在选定的第三方工具中进行分析。通过大量自定义选项满足开发团队各种特定的要求,使分散的测试站点之间可以进行内容共享。还包括有 IBM Rational Functional Tester box,以帮助开发团队执行自动测试和手工测试。

IBM Rational Test RealTime 是构件测试和运行时分析的跨平台解决方案。Test RealTime 是专门为编写嵌入式、实时或其他商业软件产品代码的人员设计的。Rational Test RealTime 可以自动创建和部署测试桩模块和测试驱动程序,还可以同时对主机和目标机进行测试及调试,并对两者进行有效协调。

13.3.2　HP Mercury Interactive

图 13-3 所示为 HP Mercury 测试工具平台,它主要包括:测试管理工具 TestDirector、功能测试工具 WinRunner 和性能测试工具 LoadRunner。

TestDirector 是业界第一个基于 Web 的测试管理系统,它可以在公司组织内进行全球范围内测试的协调。通过在一个整体的应用系统中提供并且集成了测试需求管理,测试计划,测试日程控制以及测试执行和错误跟踪等功能,TestDirector 极大地加速测试过程。在测试过程中,要涵盖单元测试、集成测试、系统测试、回归测试及交付测试的各个阶段。如何有效的组织管理起这些不同阶段的测试尤为重要。TestDirector 与 LoadRunner 和 WinRunner 有各自的接口,通过这些接口,来统一地管理各种测试用例,自动测试脚本,运行场景与测试结果,并且可以面向发生问题的部分进行错误跟踪,达到与开发部门实时交互。

WinRunner 是比较常用的自动功能测试软件。其功能是为了确保应用能够按照预期设计执行而将业务处理过程记录到测试脚本中。当应用被开发完成或应用升级时,WinRunner 支持测试脚本的编辑、扩展、执行和报告测试结果,并且保证测试脚本的可重复使用,贯穿于应用的整个生命周期。功能测试的结果也是衡量软件产品是否符合设计需求的标准之一。

Mercury Quality Center™
仪表板

TestDirector			
要求管理	测试计划	测试实验室	缺陷管理
功能测试		业务流程测试	
QuickTest Professional	WinRunner	用于SAP、Oracle、Security的加速器	

基础架构			
共享数据存储库	中央管理	工作流	开放式API

交付选项		
Mercury Managed Services	组合	内部部署

Mercury Performance Center™
仪表板

Center Management 需求 · 项目 · 资源	
Diagnostics	Capacity Planning
LoadRunner	

基础架构			
用户/特权管理	基础架构管理	中央存储库	全球访问和协作

交付选项		
Mercury Managed Services	组合	内部部署

图 13-3　HP Mercury 测试工具平台

　　当一个应用开发完毕后,程序界面基本定型,这个时候,针对该应用的自动测试应该展开。尤其在软件交付后,随着企业的发展,应用就会陆续在数量和范围上增长,为了满足业务的需求,应用的改变会很频繁。对于这些需求,将可以通过小范围修改 WinRunner 脚本来完成。

　　对于 WinRunner 的使用,比较重要的是测试录制规划问题,如何规划一次录制使它具有良好的可扩展性、重用性,整个 TSL 脚本能够有清晰的层次和最大适应以后的程序的修改? 这些也是在实际工程中用户最普遍遇到的问题,它的实施就需要有经验的软件测试人员介入并结合应用来进行具体分析。

QuickTest Professional 是一个功能测试自动化工具,主要应用在回归测试中。QuickTest 针对的是 GUI 应用程序,包括传统的 Windows 应用程序,以及现在越来越流行的 Web 应用。它可以覆盖绝大多数的软件开发技术,简单高效,并具备测试用例可重用的特点。其中包括:创建测试、插入检查点、检验数据、增强测试、运行测试、分析结果和维护测试等方面。

LoadRunner 是一种较高规模适应性的自动负载测试工具,它能预测系统行为、优化性能。LoadRunner 强调的是整个企业的系统,它通过模拟实际用户的操作行为和实行实时性能监测,来帮助更快地确认和查找问题。此外,LoadRunner 能支持最宽泛的协议和技术,为特殊环境量身定做地提供解决方案。

13.3.3　Compuware

Compuware 公司开发的测试工具平台 QADirector 也比较流行,主要包括功能录制回放工具 QARun、测试工具 Test Partner、性能测试工具 QA Load 和测试管理工具 TrackRecord。

QADirector 分布式的测试能力和多平台支持,能够使开发和测试团队跨越多个环境控制测试活动,QADirector 允许开发人员、测试人员和 QA 管理人员共享测试资产,测试过程和测试结果、当前的和历史的信息。从而为客户提供了最完全彻底的、一致的测试。

TrackRecord 是一个项目和错误跟踪的系统中捕捉和传递由开发人员的工具检测到的详细的错误信息。TrackRecord 也能捕捉到检测到的错误,覆盖率分析和源代码变化率。除此之外,TrackRecord 在一个可配置的工作流和跟踪系统中管理与工程相关的所有信息,从错误到分配、特征需求等。TrackRecord 通过报告、图表和 E-mail 的形式在项目小组中共享这些信息。TrackRecord 为小组中的每个成员完成各自的任务提供精确的信息。

QARun 的测试实现方式是通过鼠标移动、键盘点击操作被测应用,进而得到相应的测试脚本,对该脚本可以进行编辑和调试。在记录的过程中可针对被测应用中所包含的功能点进行基线值的建立,换句话说,就是在插入检查点的同时建立期望值。在这里检查点是目标系统的一个特殊方面在一特定点的期望状态。通常,检查点在 QARun 提示目标系统执行一系列事件之后被执行。检查点用于确定实际结果与期望结果是否相同。

Test Partner 是一个自动化的功能测试工具,它专为测试基于微软、Java 和 Web 技术的复杂应用而设计。它使测试人员和开发人员都可以使用可视的脚本编制和自动向导来生成可重复的测试,用户可以调用 VBA 的所有功能,并进行任何水平层次和细节的测试。Test Partner 的脚本开发采用通用的、分层的方式来进行。没有编程知识的测试人员也可以通过 Test Partner 的可视化导航器来快速创建测试并执行。通过可视的导航器录制并回放测试,每一个测试都将被展示为树状结构,以清楚地显现测试通过应用的路径。

QA Load 是企业范围的负载测试工具,该工具支持的范围广,测试的内容多,可以帮助软件测试人员、开发人员和系统管理人员对于分布式的应用执行有效的负载测试。负载测试能够模拟大批量用户的活动,从而发现大量用户负载下对 C/S 系统的影响。

13.3.4　Borland Segue

Borland Segue 测试平台主要包括:功能测试工具 SilkTest、企业级负载测试工具 SilkPerformer、测试管理软件 SilkCentral Test Manager 和缺陷管理工具 SilkCentral Issue Manager。

SilkTest 用于对企业级应用进行功能测试的产品,可用于测试 Web、Java 或是传统的 C/S 结构。SilkTest 提供了许多功能,使用户能够高效率地进行软件自动化测试。这些功能包括:测试的计划和管理;直接的数据库访问及校验;灵活、强大的 4Test 脚本语言和内置的恢复系统(Recovery System);以及具有使用同一套脚本进行跨平台、跨浏览器和技术进行测试的能力。

SilkPerformer 是一种企业级负载测试工具。它可以模仿成千上万的用户在多协议和多计算的环境下工作。不管企业电子商务应用的规模大小及其复杂性,通过 SilkPerformer V,均可以在部署前预测它的性能。可视的用户化界面、实时的性能监控和强大的管理报告可以帮助用户迅速的解决问题,例如加快产品投入市场的时间,通过最少的测试周期保证系统的可靠性,优化性能和确保应用的可扩充性。

SilkCentral Test Manager(SilkPlan Pro)是一个完整的测试管理软件,用于测试的计划、文档和各种测试行为的管理。它提供对人工测试和自动测试的基于过程的分析、设计和管理功能,此外,还提供了基于 Web 的自动测试功能。这使得 SilkPlan Pro 成为 Segue Silk 测试家族中的重要成员和用于监测的解决方案。在软件开发的过程中,SilkPlan Pro 可以使测试过程自动化,节省时间,同时帮助用户回答重要的业务应用面临的关键问题。

SilkCentral Issue Manager(SilkRadar)是一个强大的缺陷管理工具,用于软件开发过程中,对软件缺陷进行记录及缺陷处理结果状态进行自动跟踪、记录、归类处理。SilkRadar 能够灵活满足各种业务环境和各种产品的需求。这种灵活、易用的缺陷跟踪流程不仅增强了项目开发的质量,同时带来整个机构的生产效率的提高。

13.3.5　其他

WebLoad 是 RadView 公司推出的一个性能测试和分析工具,它让 Web 应用程序开发者自动执行压力测试;WebLoad 通过模拟真实用户的操作,生成压力负载来测试 Web 的性能,用户创建的是基于 JavaScript 的测试脚本,称为议程 agenda,用它来模拟客户的行为,通过执行该脚本来衡量 Web 应用程序在真实环境下的性能。

JMeter 是一个专门为运行和服务器负载测试而设计、100%的纯 Java 桌面运行程序。原先它是为 Web/HTTP 测试而设计的,但是它已经扩展以支持各种各样的测试模块。它和 HTTP 和 SQL(使用 JDBC)的模块一起运行。它可以用来测试静止或活动资料库中的服务器运行情况,可以用来模拟服务器或网络系统在重负载下的运行情况。它也提供了一个可替换的界面用来定制数据显示、测试同步及测试的创建和执行。

小　结

　　支持软件开发生命周期的每个阶段的测试工具有:测试设计工具、测试管理工具、静态分析工具、覆盖工具、调试工具、动态分析工具、模拟工具、容量工具、测试执行、比较工具及捕获回放工具。通常,各工具厂商提供自动化测试工具包括:测试管理工具、自动化功能测试工具和性能测试工具。

思 考 题

13.1　选择测试工具的依据是什么?

13.2　分析成功使用测试工具的关键实践。

13.3　依据对软件开发周期支持,分析各厂家自动化工具的类型。

第五篇

质量保证篇

随着信息技术的迅速发展,计算机软件的需求变得多样化,软件的质量也变得越来越重要。作为软件工程的一个重要领域,软件质量保证(SQA,Software Quality Assurance)正日益受到人们的重视。

本篇将分3章介绍软件质量保证部分:第14章首先对软件质量保证进行概要性的介绍;第15章从软件开发过程的各个阶段来介绍软件质量保证过程;第16章则介绍为软件质量保证服务的主要工具。

第14章 软件质量保证概要

本章将对软件质量保证进行概要性的介绍,首先介绍和软件质量保证有紧密联系的相关概念,包括质量保证、软件质量保证、软件质量控制及全面质量管理;接下来介绍软件质量保证的目标和任务、软件质量保证的有关活动及实施;最后将对软件质量保证体系架构进行介绍。

14.1 软件质量保证相关概念

本节首先介绍和软件质量保证相关的几个概念,并简单介绍它们之间的关系。

14.1.1 质量保证和软件质量保证

质量保证和软件质量保证是一类抽象而且极容易混淆的概念,关于质量保证和软件质量保证的定义也有很多。让我们从下面的各种定义及观点中多方位的理解软件质量保证的内涵。

* IEEE 中对软件质量保证的定义:软件质量保证是一种有计划的、系统化的行动模式,它是为项目或者产品符合已有技术需求提供充分信任所必需的。也可以说软件质量保证是设计用来评价开发或者制造产品过程的一组活动。

* J. M. Juran 在《Quality Control Handbook》中对质量保证的定义为:质量保证是一个活动,它向所有有关的人提供证据,以确立质量功能正在按需求运行的信心。

* 《Handbook of Software Quality Assurance》的作者之一 James Dobbins 在他对软件质量保证定义中指出了软件和硬件的差别:与硬件系统不同,软件不会磨损;因此在软

件交付之后,其可用性不会随时间的推移而改变。软件质量保证就是一个系统性的工作,以提高软件交付时的水平。

• Richard E. Faidey 在《Software Quality Engineering》中提出了一个很现代的观点:软件质量保证包括过程和产品的保证。SQA 的基本任务是确保项目履行其对产品和过程的承诺。

• Robert H. Dunn 在《Software Quality Concepts and Plans》中考虑到软件质量保证与软件质量计划的混淆,提出了其独特的观点:对软件质量计划的管理通常称为“软件质量保证”,但这个称呼仅仅用于表示管理软件质量计划那些共同的东西。这是可以理解的,因为没有两个目标完全相同的软件质量计划。所以说,软件质量保证是一个不当的用词,因为软件质量保证并不保证软件的质量,而是确保软件质量计划的有效性。

这种区别看上去是细微的,但这种区别已经把软件质量保证活动与测试、确认和验证等区分开来。如果我们相信软件的质量是通过采用过程而引入产品的,那么我们就要接受一个概念,即软件质量保证是软件开发活动的一个方面。

• 在《Encyclopedia of Computer Science》中有这么一句话:软件质量保证应贯穿于整个开发过程。

• 《A Guide to Total Software Quality Control》中则强调了软件质量保证活动:
  ■ 为软件开发过程及其产品和所使用的资源提供一个独立的视角;
  ■ 依据标准检查产品及其文档的符合性,软件开发所使用的流程的符合性;
  ■ 通过对需求、设计和编码进行评审,减少在测试和集成阶段修改缺陷的成本。

• 微软公司的 Jim McCarthy 认为软件质量保证是软件开发的 QA 功能:
  ■ QA 的基本功能——不断地评估产品的状态,从而使开发组的活动关注于开发;
  ■ QA 的评估是软件开发的一个有机组成部分,而不是一个事后发生的事件;
  ■ QA 的目标是通过不断对事实进行归纳,对软件开发进行支持。

• 微软的 Steve McConnell 认为软件质量保证是一系列填写检查表的活动:
  ■ 你识别出对你的项目很重要的质量特性了吗?
  ■ 你让其他人都知道项目的质量目标了吗?
  ■ 你对外部质量特性(正确性、可用性、有效性、可靠性、完整性、适用性、精确性)和内部质量特性(可维护性、灵活性、可移植性、重用性、可读性、可测试性和可理解性)进行区分了吗?
  ■ 有没有想过有些特性是冲突的,而有些是互补的?
  ■ 你的项目有没有采用几种不同的缺陷发现技术以用于分析不同类型的错误?
  ■ 你的项目计划中有没有包括在软件开发不同阶段进行质量保证的步骤?
  ■ 质量有没有量度,从而你可以知道什么地方质量提高了,什么地方质量下降了?

■ 管理层是否知道质量保证在软件开发前期增加成本,而在后期节约成本?

• 在《Handbook of Software Quality Assurance》中,软件质量保证的定义是:软件质量保证是一系列系统性的活动,它提供"可以开发出满足使用要求产品的软件过程"的能力证据。

根据以上各种观点及定义,我们知道:软件质量保证是为了确保软件开发过程和结果符合预期要求的活动、方法和实践,具体来说,是为了保证以下两点:

• 软件开发过程是按照计划和规范实施的;

• 软件开发结果包括完整的软件和文档,并且符合可预期的目标和检验标准。

14.1.2 质量控制和软件质量控制

大家都知道,按照一定的过程构造产品也不一定能够保证产品的质量,出现缺陷是不可避免的。质量控制就是属于构造过程中的消除"缺陷"的工程化活动,也就是制造过程中的检查、检验手段。下面我们还是从各种质量控制的定义来理解软件质量控制的含义。

• J. M. Juran 对质量控制的定义:质量控制是一个常规的过程,我们通过它度量实际的质量性能,并与标准进行比较,当出现差异时采取行动。

• 在 IEEE《Standard Glossary of Software Engineering Terminology》中对质量控制的定义是:用以评价开发或生产的产品质量的一系列活动(注意:这个词在软件工程中没有标准的含义)。

• Fisher 和 Light 在《Definitions in Software Quality Management》中这样定义质量控制:质量控制是对规程和产品的符合性的评估。独立找出缺陷并予以更正,以使产品与需求相符。

根据 Fisher 和 Light 的理论,质量控制和质量设计构成了软件质量管理。质量设计将质量属性纳入软件开发中的活动。

• Donald Reifer 则把软件质量控制与验证等同起来:软件质量控制是一系列验证活动,在软件开发过程的任何一点进行评估,开发的产品是否在技术上符合上一个阶段制定的规约。

• Fairley 博士在《Software Quality Engineering》中列出了软件质量控制的清单,以下技术为度量和控制软件质量提供了有效的方法:工作包、同行评审、根源分析、二进制跟踪、递增开发、技术性能度量、系统性验证和确认。

• 《Handbook of Software Quality Assurance》对软件质量控制采用下面的定义:软件质量控制是对开发可用软件产品的过程能力的独立评价。

从以上的定义可以看出:质量控制和质量保证的某些活动是互相关联的,可以总结如下:

- 质量保证是一种预防性、提高性和保证性的质量管理活动；
- 质量控制是一种过程性、纠偏性和把关性的质量管理活动。

14.1.3　全面质量管理

全面质量管理：Total Quality Management(TQM)，同样有多个不同的定义。

- Peter Angiola 站在美国国防部的立场上，在一次题为"The View of Total Quality Management"全面质量管理介绍的讲座中，对 TQM 下了如下定义：TQM 既是哲学，也是一种表示持续改进组织基础的指导准则。TQM 是人力资源和量化方法的一种应用，用以在现在和将来改进提供给某个组织的产品和服务，改进组织内部的所有过程，改进满足客户需求的能力。TQM 在强调持续过程改进的严格要求下，将基本管理技术、现有的改进结果和技术工具整合在一起。

- Philip Crosby 在他的论文"What Does TQM Mean?"中给出了一个不同寻常的定义：实际上，管理质量就是要建立一个清晰的质量方针，确保对每个人所使用的工具和术语进行培训，管理层不断收集坚持按计划行事的证据。TQM 是这样，原来的"质量管理"观念也同样如此。

- 《Software Quality Assurance and Measurement：a Worldwide Perspective》也在哲学的高度对此进行了强调：TQM 的哲学思想是质量责任的共同承担。在 TQM 中，提高质量是通过关注客户、提高生产效率、去除缺陷和浪费实现的。TQM 的特点是：通过度量来分析过程、设定目标、缺陷根源分析、解决问题和团队工作。

- Richard Brydges 在他的《Total Quality Management for Software》一书中，试图说明这个多面的"方法论"：TQM 必须关注于达到一个"执着的目标"。它通过质量的各个侧面从根本上推动过程改进。质量概念从缺陷改正转变成缺陷预防；从软件质量是被检查出来的转变到质量是设计和制造出来的；从可接受的缺陷程度转变到持续过程改进；从关注进度和成本转到关注质量、进度和成本。

总结以上定义，我们得出：全面质量管理是一个组织以质量为中心，以全员参与为基础，目的在于通过让顾客满意和本组织所有成员及社会受益而达到长期成功的一种质量管理模式。

TQM 的核心思想是：

- 全员性：全员参与质量管理；
- 全过程性：管理好质量形成的全过程；
- 全面性：管理好质量涉及的各个要素。

可以看出，软件质量保证和全面质量管理的思想是一致的，都指出了不应该只在一个环节上，比如测试环节来保证软件质量，而应该全面地去改进、控制软件流程来保证软件质量。

14.2　软件质量保证的目标和任务

14.2.1　软件质量保证的目标

软件质量保证的目标是以独立审查的方式,从第三方的角度监控软件开发任务的执行,就软件项目是否正确遵循已制定的计划、标准和规程给开发人员和管理层提供反映产品和过程质量的信息和数据,提高项目透明度,同时辅助软件工程组取得高质量的软件产品。

也就是说,软件质量保证向管理者提供对软件过程进行全面监控的手段,使软件过程对于管理人员来说是可见的;它通过对软件产品和活动进行评审和审计来验证它们是否符合相应的规程和标准,同时给项目管理者提供这些评审和审计的结果。

14.2.2　软件质量保证的任务

软件质量保证的主要作用是给管理者提供实现预定义的软件过程的保证,因此 SQA 组织要保证如下内容的实现:
- 选定的开发方法被采用;
- 选定的标准和规程得到采用和遵循;
- 进行独立的审查;
- 偏离标准和规程的问题得到及时的反映和处理;
- 项目定义的每个软件任务得到实际的执行。

相应地,软件质量保证的主要任务有以下 3 个方面。

(1) SQA 审计与评审

其中,SQA 审计包括对软件工作产品、软件工具和设备的审计,评价这几项内容是否符合组织规定的标准。SQA 评审的主要任务是保证软件工程组的活动与预定义的软件过程一致,确保软件过程在软件产品的生产中得到遵循。

(2) SQA 报告

SQA 人员应记录工作的结果,并写入到报告之中,发布给相关的人员。SQA 报告的发布应遵循 3 条基本原则:SQA 和高级管理者之间应有直接沟通的渠道;SQA 报告必须发布给软件工程组,但不必发布给项目管理人员;在可能的情况下向关心软件质量的人发布 SQA 报告。

(3) 处理不符合问题

这是 SQA 的一个重要的任务,SQA 人员要对工作过程中发现的不符合问题进行处

理,及时向有关人员及高级管理者反映。在处理问题的过程中要遵循两个原则:

① 对符合标准过程的活动,SQA 人员应该积极地报告活动的进展情况以及这些活动在符合标准方面的效果;

② 对不符合标准过程的活动,SQA 人员要报告其不符合性以及它对产品的影响,同时提出改进建议。

14.3 软件质量保证活动及实施

14.3.1 软件质量保证活动

(1) 软件质量保证活动分类

软件质量保证(SQA)是一种应用于整个软件过程的活动。质量保证活动应与整个项目的开发计划和配置管理计划相一致,它包含:

* 一种质量管理方法;
* 有效的软件工程技术(方法和工具);
* 在整个软件过程中采用的正式技术评审;
* 一种多层次的测试策略;
* 对软件文档及其修改的控制;
* 保证软件遵从软件开发标准;
* 度量和报告机制。

可以把质量保证活动分为以下 4 类。

① 评审软件产品、工具与设施

软件产品常被称为"无形"的产品。评审时难度更大。在此要注意的一点是,在评审时不能只对最终的软件代码进行评审,还要对软件开发计划、标准、过程、软件需求、软件设计、数据库、手册以及测试信息等进行评审。评估软件工具主要是为了保证项目组采用合适的技术和工具。评估项目设施的目的是保证项目组有充足设备和资源进行软件开发工作。这也为规划今后软件项目的设备购置、资源扩充、资源共享等提供依据。

② 审查软件开发过程

SQA 活动审查的软件开发过程主要有:软件产品的评审过程、项目的计划和跟踪过程、软件需求分析过程、软件设计过程、软件实现过程、单元测试过程、集成和系统测试过程、项目交付过程、子承包商控制过程、配置管理过程等。

特别要强调的是,为保证软件质量,应赋予 SQA 阻止交付某些不符合项目需求和标准产品的权利。

③ 参与技术和管理评审

参与技术和管理评审的目的是为了保证此类评审满足项目要求,便于监督问题的解决。

④ 做 SQA 报告

SQA 活动的一个重要内容就是报告对软件产品或软件过程评估的结果,并提出改进建议。SQA 应将其评估的结果文档化。

(2) 软件质量保证过程一般包含的活动

软件质量保证过程一般包含以下几项活动:

- 首先是建立 SQA 组;
- 其次是选择和确定 SQA 活动,即选择 SQA 组所要进行的质量保证活动,这些 SQA 活动将作为 SQA 计划的输入;
- 然后是制定和维护 SQA 计划,这个计划明确了 SQA 活动与整个软件开发生命周期中各个阶段的关系;
- 还有执行 SQA 计划、对相关人员进行培训、选择与整个软件工程环境相适应的质量保证工具;
- 最后是不断完善质量保证过程活动中存在的不足,持续改进项目的质量保证过程。

(3) 质量保证活动的独立性

独立的 SQA 组是衡量软件开发活动优劣与否的尺度之一。SQA 组的这一独立性,使其享有一项关键权利——"越级上报"。当 SQA 组发现产品质量出现危机时,它有权向项目组的上级组织直接报告这一危机。这无疑对项目组起到相当的"威慑"作用,也可以看成是促使项目组重视软件开发质量的一种激励。这一形式使许多问题在组内得以解决,提高了软件开发的质量和效率。

14.3.2　软件质量保证的实施

从软件质量保证的目标和任务可以看出,SQA 人员的工作与软件开发工作是紧密结合的,SQA 人员需要与项目人员进行沟通。因此 SQA 人员与项目人员的合作态度是完成软件质量保证目标的关键,如果合作态度是敌意的或者是挑剔的,则软件质量保证的目标就难以顺利实现。

(1) 软件质量保证任务的实现需要考虑的问题

软件质量保证任务的实现需要考虑以下几方面的问题。

第一,要考虑 SQA 人员的素质。SQA 人员的责任是审查软件设计、开发人员的活动,验证他们是否将选定的标准、方法和规程应用到项目活动中去,因此,SQA 工作的有效执行需要 SQA 人员掌握专业的技术,例如质量控制知识、统计学知识等。

第二,SQA 人员的经验对任务的实现同样重要。应该选择那些经验丰富的人来做 SQA,同时对 SQA 人员进行专门的培训,以使他们能够胜任这项工作。

第三,组织应当建立文档化的开发标准和规程,使 SQA 人员在工作时有一个依据、判断的标准,如果没有这些标准,SQA 人员就无法准确地判断开发活动中的问题,容易引发不必要的争论。

第四,高级管理者必须重视软件质量保证活动。在一些组织的软件生产过程中,高级管理者不重视软件质量保证活动,对 SQA 人员发现的问题不及时处理。如此一来,软件质量保证就流于形式,很难发挥它应有的作用。

第五,SQA 人员在工作过程中一定要抓住问题的重点与本质,不要陷入对细节的争论之中。SQA 人员应集中审查定义的软件过程是否得到了实现,及时纠正那些疏漏或执行的不完全的步骤,以此来保证软件产品的质量。

(2) SQA 实施的 5 个步骤

第一步:目标(Target)。以用户需求和开发任务为依据,对质量需求准则、质量设计准则的质量特性设定质量目标进行评价。

第二步:计划(Plan)。设定适合于待开发软件的评测检查项目,一般设定 20~30 个。

第三步:执行(Do)。在开发标准和质量评价准则的指导下,制作高质量的规格说明书和程序。

第四步:检查(Check)。以 Plan 阶段设定的质量评价准则进行评价,算出得分,以质量图的形式表示出来,比较评价结果的质量得分和质量目标,确定是否合格。

第五步:改进(Action)。对评价发现的问题进行改进活动,重复 Plan 到 Action 的过程直到开发项目完成。

14.4 软件质量保证体系架构

软件企业在规划质量保证体系的时候都会选择一个模型,目前比较流行的模型有 ISO9000:2000、CMMI、RUP、XP 等,具体选用哪种模型,还需要看企业的实际情况,选择的模型要能充分的协调人、技术、过程三者之间的关系,使之能充分的发挥作用,以促进生产力的发展。

图 14-1 是典型的质量体系架构,明显的金字塔形。

各部分的作用如下。

- 质量方针:是质量活动的总纲,类似于 ISO9000 中明确要求的质量方针。
- 质量手册:明确研发关键的开发步骤和质量保证活动,是对质量方针的细化。
- 组织手册:明确研发的组织结构,特别是质量保证方面的组织结构。

- 规程:对研发各开发活动的具体规章制度。
- 表格、模板、检查单、指导书、标准:每个规程都有对应的一系列此类文档,是对规程的补充。比如说有项目管理规程,对应就有项目计划的模板、项目管理的指导书等一系列文档。

图 14-1 典型的质量体系架构

这种质量体系的特点是全面、系统,几乎全面覆盖了 CMM 的 2～5 级的所有内容,具备较强的实际操作性,已经被证明的高效成熟的模式。

在软件企业的质量保证体系建设过程中,一般需要独立完成以下几个流程:项目管理流程、软件开发流程、软件测试流程、质量保证流程、配置管理流程等。这些流程需要相辅相成,各自之间都有相应的接口,通过项目管理流程将所有的活动贯穿起来,共同来保证软件产品的质量。

整个软件质量保证体系中,所有的流程围绕软件开发流程展开,唯一的目标就是保证软件开发的质量,所以在众多的流程中,软件开发流程为质量保证体系中的主流程,其他的流程为辅助流程。之所以我们需要建立众多的辅助流程,就是为了让软件开发过程透明、可控,通过多角色之间的互动,来有效地降低软件开发过程中的风险,持续不断地提高软件产品的质量。

众所周知,质量保证体系的建设是一个系统工程,质量的保证不是某些人或者某些部门的工作,而是整个企业的文化、理念的贯彻。如果一个企业在进行质量保证体系的建设和推广过程中,只是在强调方法、强调规范,而不是把质量意识、企业文化贯穿其中,那质量保证体系是否能持续的发挥作用,并成为企业的核心竞争力就值得怀疑了。

小 结

本章对软件质量保证进行了概要性的介绍,通过学习本章,可以深入理解软件质量保证的内涵,并了解软件质量保证的相关活动及实施方法等。

第 15 章　软件质量保证过程

从第 14 章可以知道,软件质量保证过程作为一种独立的审查活动贯穿于整个软件开发过程。SQA 人员类似于软件开发过程中的过程警察,其主要职责是:检查开发和管理活动是否与制定的过程策略、标准和流程一致;检查工作产品是否遵循模板规定的内容和格式。本章将从软件开发过程的各个阶段来介绍软件质量保证过程。

15.1　计划阶段

目的和范围

项目计划过程的目的是计划并执行一系列必要的活动,以便在不超出项目预算和日程安排的前提下,将优质的产品交付给客户。项目计划过程适用于组织中的所有项目,但每个项目可以根据各自的不同情况对该过程进行裁剪。

进入标准

- 项目启动会议已经结束;
- 在项目的生命周期中,根据项目的跟踪结果,需要对项目计划进行修改和完善。

输入

- 项目启动报告(PIN);
- 项目提案书;
- 项目相关文档;
- 组织财富库中以往类似的经验文档。

退出标准

项目计划已通过评审、批准并确立。

输出

评审后的项目计划文档包括：

- 软件开发质量计划；
- 软件配置管理计划。

过程描述

项目计划包含 3 个需要在项目中执行和管理的主要计划，如下：

- 软件项目管理计划；
- 软件项目质量管理计划；
- 软件配置管理计划。

软件项目管理计划涉及项目中所有与项目管理相关的问题（从项目开始到结束）。

软件项目质量管理计划涉及与质量相关的需求，这些需求需要在产品中实现，并保证用于构筑产品的项目过程。由于质量是产品创建的一部分，所以将软件项目管理计划和软件项目质量管理计划合成一个计划文档，称为软件开发质量计划。

软件配置管理计划用于管理与配置管理相关的需求，这些需求与工作产品和可交付产品有关。该计划的目的在于：为执行软件工程相关活动提供依据，并在整个开发/维护过程中对软件项目进行管理。

可以使用不同的检查表来制定软件开发质量计划和软件配置管理计划。如下所述，每个计划都将包含以下 3 点：

- 目标；
- 执行方法；
- 当前状态。

前两点不会经常变更，但第三点则被认为会在执行跟踪时被修改。因此，前两点通常被直接放到计划中，而第三点则以链接的方式放到计划中。

（1）制订软件开发质量计划

软件开发质量计划包括软件项目管理计划、软件项目质量管理计划。

① 制订软件项目管理计划

软件项目管理计划的主要内容包括基础设施计划、进度计划（包括各种类型的估算）、风险管理计划、项目培训计划、执行计划、客户管理计划。

- 基础设施计划

基础设施计划包括项目开始执行前必须到位的所有需求，它需要解决以下问题：软件工程需求、基础设施需求、角色和职责、内/外部接口、过程需求、知识和技能需求。

- 进度计划

进度计划涉及制定合理可用的项目进度。

在制定项目进度时，需要进行下面的估算：规模（size）、工作量（effort）。

项目进度需描述以下内容:执行的活动、估算的人时、投入的人员、责任人和时间线、里程碑事件的标识。

- 风险管理计划

风险管理包括:标识风险事件(与管理相关的风险、与执行相关的风险、与客户相关的风险等)、评估风险并设定风险优先级、制订风险缓解和应急计划并跟踪该计划。

- 项目培训计划

根据项目及人员结构制订项目培训计划,包括业务领域知识、技术、工具等方面的培训计划。

- 执行计划

项目执行计划包含了与执行当前项目关系最大的生命周期模型。该计划对组织级执行模型进行了裁剪。项目生命周期模型通常包括:项目执行的阶段、各阶段的输入/输出、可交付的产品、需要迭代(反复)的阶段。

② 制订软件项目质量管理计划

制订软件项目质量管理计划包含如下主要内容:

- 项目设定的质量目标;
- 同级评审计划:同级评审计划中描述了在不同的软件生命周期开发阶段,对不同的工作产品所采用的同级评审类型;
- 测试计划:测试计划包括对可执行文件/模块或整个系统将要进行的各种测试。根据项目测试过程来制定测试计划;
- 度量管理计划:通过裁剪组织级的度量过程来制定项目度量管理计划。
- 缺陷预防计划:管理、开发和测试人员互相配合制订缺陷预防计划,防止已识别的缺陷再次发生;
- 过程改进计划:项目级过程改进的机会要记录到过程改进计划中。这些机会主要来源于度量分析、缺陷预防分析和标识出的好的或可避免的实践。

(2)制订软件配置管理计划

软件配置管理计划主要包括以下内容:

- 软件配置管理计划组织;
- 角色和职责;
- 开发/维护配置管理计划,包括可配置项的标识、命名约定、目录结构、访问控制、变更管理、基线库创建、放入/提取(Check in/Check out)机制、版本控制;
- 产品配置管理,包括产品中部件的可跟踪性、产品的版本设定和发布、交付的配置管理(标识出要交付的产品构成)、需求配置管理(需求基线的确定、产品版本与划定基线的需求版本之间的关系)、配置审计。

验证

同级评审人员和软件质量保证人员必须对项目计划进行评审,批准后项目才能付诸实施。

配置控制

项目经理保管所有项目计划文档。对所有项目计划文档都要进行配置管理。项目结束后,所有的项目计划文档都要保存到组织财富库中,仍受配置控制。

QA 检查清单

QA 检查清单包括:

- 软件开发质量计划;
- 软件配置管理计划。

该阶段要确保制定了软件开发质量计划和软件配置管理计划。

15.2　需求分析阶段

目的与范围

需求说明和需求管理过程的目的是为了保证开发组在开发期间对项目目标和生产出最后产品的目的有一个清晰的理解。软件需求规格说明书将作为产品测试和验证是否适合需要的基础。对于需求的变更,它可能在开发项目期间的任何时间点发生,需求的变更将要影响日程和承诺的变化,这些变化需要和客户所提出的要求相一致。

进入标准

- 计划已经被批准,并且项目整体要求的基础设施是可用的;
- 软件的需求已经被需求收集小组捕获;
- 对已经形成了基线的软件需求规格说明书有变更的请求时。

输入

- 软件的需求说明书;
- 变更需求的请求。

退出标准

- 软件需求规格说明书已经经过评审并形成了基线;
- 对已经形成基线的软件需求的变更进行了处理;
- 形成基线的软件说明书已经经过客户批准;
- 验收标准已经完成;
- 所有评审的问题都已经解决。

输出

- 经过批准并形成基线的软件需求规格说明书;
- 对受影响组件的重新估算文档;

- 验收测试标准和测试计划。

过程描述

这个过程主要处理以下两种活动:需求说明和需求管理。

需求说明指的是需求过程中形成基线的主体,它是以后进一步的设计和测试的基础。另外,在软件开发过程中,会经常遇到由于客户又有新需求或开发组自身对项目有了更清楚的理解或认识,要对需求进行变更。在对最初的需求说明书进行变更时,要用到需求管理过程。

(1) 需求说明

需求说明过程主要包括以下任务:

- 执行需求分析;
- 定义需求规格说明书;
- 定义验收标准;
- 评审说明书和验收标准。

① 执行需求分析

分析收集到的需求和在提案中可用的需求。这个任务要求需求说明书应该在完整性、一致性、清晰性和可测试性上达到比较合理的程度。

② 定义需求说明书

基于对需求的分析编写软件需求规格说明书。这个文档应清晰记录以下内容:

- 目标和范围;
- 功能需求;
- 用户接口;
- 输入输出;
- 模块之间的接口;
- 性能需求;
- 特殊用户需求。

如果需求不清晰或模糊,就需要准备原型,通过评估原型来产生需求说明书。

③ 定义验收标准

基于对以前步骤收集的需求规格说明书,建立测试标准,验证的解决方案。所有的需求应该可以制定测试标准。这个测试标准将成为客户批准最终产品的依据,因此要求在制定客户标准时要经常紧密的与客户进行交流沟通。

④ 评审需求分析说明书和测试标准

因为是开发项目的基础,所以需求规格说明书和验收标准需要由项目组的同级人员进行评审。

（2）需求管理

需求管理过程包括以下 6 个任务：

- 记录变更请求；
- 分析受影响的组件；
- 估算需求变更成本；
- 重新估算所有产品的交付日期和时间；
- 评审受影响组件；
- 获得客户的批准。

① 记录变更请求

形成基线的需求说明书的变更可能是由客户提出的,也可能是由于设计或编码阶段开发人员根据一些限制或优化而提出的。所有需求变更必须经过客户的批准,并且必须是可行的。任何需求变更可以由组织自己定义开始时间,并且所有需求变更需要记录到变更登记表中。

② 分析受影响的组件

任何经过批准的变更需要在整个项目组范围内进行受影响组件分析。

③ 估算需求变更成本

项目成本与需求变更有关。任何规模的变更对于成本来讲都是一种损耗。如果一个受影响组件是非常重要的,那么可行性需要重新进行成本估算。

④ 重新估算所有产品的交付日期和时间

如果没有考虑有效的缓冲,成本的变化可能会影响整个项目的交付时间。在交付时间内的任何实质的变更都需要再同用户商议决定。

⑤ 评审受影响组件

在这个步骤中所有相关的受影响组件需要进行评审,项目负责人要执行此项任务。

⑥ 获得客户的批准

这个过程的最后一项任务是获得客户的签字。客户应该同意已经形成基线的软件需求说明书、验收标准和已记录的受影响组件的变更。

验证

- 项目经理要定期的检查需求规格说明书和项目需求管理的各个方面；
- 软件质量保证人员要定期的对需求分析过程执行独立的评估。

配置控制

- 软件需求规格说明书需要严格的配置控制；
- 所有的变更请求需要被管理和控制；
- 用于跟踪的度量文档需要管理和控制,直到系统解决方案通过验收。

质量保证检查清单

质量保证检查清单包括：

- 软件需求规格说明书；
- 变更需求跟踪记录；
- 验收测试标准与测试计划。

该阶段要确保客户提出的需求是可行的，确保客户了解自己提出的需求的含义，并且这个需求能够真正达到他们的目标，确保开发人员和客户对于需求没有误解或者误会，确保按照需求实现的软件系统能够满足客户提出的要求。

15.3　设计阶段

目的与范围

本过程所关注的是把需求（用户需求说明书和软件需求规格说明书）转变成为如何实现这些需求的描述。主要包括以下两个阶段：

- 概要设计；
- 详细设计。

软件设计过程主要包括以下活动：

- 体系结构设计；
- 运算方法设计；
- 类/函数/数据结构设计；
- 建立测试标准。

进入标准

- 产品需求已经形成了基线；
- 需要设计解决方案；
- 新的或修改的需求需要改变当前的设计。

输入

- 形成基线的需求（用户需求说明书和软件需求规格说明书）。

退出标准

- 设计文档已经评审并形成基线；
- 测试标准、测试计划可行。

输出

- 概要设计文档；
- 详细设计文档；
- 测试计划；

- 项目标准；
- 选择的工具。

过程描述

设计过程包括概要设计和详细设计两个阶段。

(1) 概要设计

这个阶段包括以下的任务：结构设计、逻辑设计、项目标准定义、系统/集成测试计划的创建，并要进行同级评审。概要设计模板、系统/集成测试计划模板在本阶段将被使用。

① 结构设计

在这个步骤中，完成软件解决方案的基础布局设计。继软件布局设计之后，应用程序被分解成基础模块/组件，目的是为了实现在模块内的高聚合和模块之间的松耦合。通常情况下，模块的划分是基于概要设计中的功能需求而定的。

② 运算方法设计

在这个步骤中，完成软件系统解决方案与应用程序的转换逻辑设计。设计模块接口和应用需求的主要逻辑。在决定通用算法之前，通常需要一些模型。

③ 定义项目标准

在这个步骤中，所有的项目开发标准被定义。详细设计/编码标准要同实际执行的一致。制定标准时还要考虑标准将来的扩展性、灵活性和方便性。

④ 创建系统/集成测试计划

基于对概要设计的理解，系统和集成测试计划被制定出来。验证最后生产的产品达到了设计要求，通常采用基于黑盒的功能或性能检查。

⑤ 评审设计

作为所有开发阶段基础的概要设计是非常重要的，因此需要进行同级评审，由能力强的高级软件工程师组成的同级评审小组，以确保完成了合适的软件解决方案设计。

(2) 详细设计

这个阶段包括以下任务：详细设计和准备单元测试计划。在这个阶段，需要使用详细设计模板和单元测试计划模板。

① 类/函数/数据结构设计

根据项目所采用的设计方法（软件结构化设计方法/面向对象设计方法）进行类、函数及数据结构的设计。所有的用户界面、状态转换和相关的数据库详细描述在本阶段被建立。

② 创建单元测试计划

测试计划应该包括要被测试的每一个模块的每一个元素，例如：

- 与需求的完整一致性；
- 与其他元素的一致性；

- 在性能上的要求。

单元/功能测试采用完全透明的白盒/玻璃盒测试方法,对于测试者来讲,实际运行的代码是可见的。

③ 评审详细设计

详细设计阶段的输出是代码编写工作的基础,是非常重要的,因此需要在项目组中很好的进行评审。评审小组负责评审和清除那些在详细设计中与采用的方法不一致的问题。

(3) 选择有用工具

在详细设计完成之后,系统的解决方案已经非常清晰。这时,项目组需要选择用来提高软件质量。这些工具要产生以下作用:

- 提高质量;
- 提高生产力;
- 缩短开发周期。

验证

- 项目管理者分析概要设计满足需求的程度;
- 项目管理者不定时的监督详细设计说明书的创建工作;
- 项目管理者通过定期的分析在设计阶段收集的数据来验证设计过程执行的有效性;
- 质量保证人员通过验证产生的工作产品和做独立的抽样检查来验证产品的有效性;
- 质量保证人员通过分析项目的度量数据和对过程的走查来验证设计过程的有效性。

配置管理

- 所有的概要设计文档、详细设计文档和系统/集成测试计划需要进行严格的配置控制;
- 跟踪的度量数据需要进行管理和控制。

质量保证检查清单

质量保证检查清单包括:

- 概要设计文档;
- 详细设计文档;
- 测试计划(系统/集成/单元);
- 项目标准。

在概要设计阶段,要确保规格定义能够完全符合、支持和覆盖前面描述的系统需求;可以采用建立需求跟踪文档和需求实现矩阵的方式,确保规格定义满足系统需求的性能、可维护性、灵活性的要求;确保规格定义是可以测试的,并且建立了测试策略;确保建立了可行的、包含评审活动的开发进度表;确保建立了正式的变更控制流程。

在详细设计阶段,要确保建立了设计标准,并且按照该标准进行设计;确保设计变更被正确的跟踪、控制、文档化;确保按照计划进行设计评审;确保设计按照评审准则评审通过并被正式批准之前,没有开始正式编码。

15.4　编码阶段

目的和范围

编码过程的目的是为了实现详细设计中各个模块的功能,能够使用户要求的实际业务流程通过代码的方式被计算机识别并转化为计算机程序。

编码过程就是用具体的数据结构来定义对象的属性,用具体的语言来实现业务流程所表示的算法。在对象设计阶段形成的对象类和关系最后被转换成特定的程序设计语言、数据库或者硬件的实现。

进入标准

- 设计文档已经形成基线;
- 详细设计变更编写完毕并通过评审,并且代码需要变更时;
- 对于维护项目,维护需求分析已经形成基线,可进行代码的变更;
- 用于编码的测试标准已经制定。

输入

- 详细设计文档;
- 特定项目的编码规范;
- 相关的软、硬件环境;
- 维护分析文档;
- 测试计划。

退出标准

详细设计中所有模块的功能全部被实现,并通过自我代码审查,编译通过。

输出

- 已完成的、需要进行测试的代码;
- 代码编写规范的更改建议。

过程描述

编码过程是把详细设计中的各个模块功能转化为计算机可识别代码的过程,因此程序员在进行编码时,一定要仔细认真,切勿有半点疏忽。编码过程通常情况下占整个项

目开发时间的 20% 左右,为了使代码达到高质量、高标准,代码编写过程一定要合理规范。编码过程主要包括以下几项活动:

- 制定编码计划;
- 认真阅读开发规范;
- 编码准备;
- 专家指导,并填写疑问或问题表;
- 理解详细设计书;
- 编写代码;
- 自我审查;
- 提交代码;
- 更改代码。

编码过程流程如图 15-1 所示。

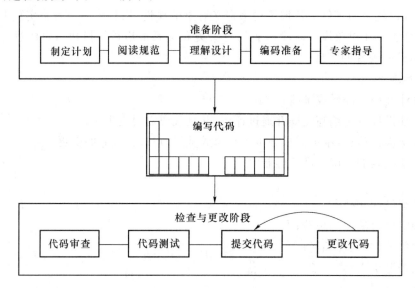

图 15-1　编码过程流程图

（1）制定编码计划

在编码之前一周,项目经理要根据详细设计中的模块划分情况制定编码计划。编码计划的主要内容如下。

① 本次编码目的

在制定编码计划时,必须要明确编码目的。

② 编码人员组成

在编码之前,要确定本次编码的人员组成:选择编码人员时要考虑以下几点:责任心、技术能力、服从意识、努力程度、编码效率、编码质量。

③ 编码任务分配

在编码之前,一定要为每个编码人员划分好自己所负责的模块,并且要规定各个模块的编码开始、结束日期。

(2) 认真阅读开发规范

为了实现编码的规范统一,需要制定编码规范。有的项目,客户也会提供一些开发规范用来对本次编码进行约束。编码人员在编写代码之前一定要理解并掌握相关编码规范的所有内容。这样有助于以后编码工作的规范统一。

如果本次编码采用的是公司自己的开发规范,编码人员在阅读的过程中,如果发现编码规范有不足或不合理之处,可以编写开发规范建议书提交给项目经理,项目经理再和软件质量保证人员取得联系以决定是否要对目前的编码规范进行更改。

(3) 编码准备

在进行编码之前还要进行一些相关的准备。

① 软硬件环境配置:包括编码工具、配置管理工具、数据库和一些必要的辅助工具。

② 了解程序设计语言的特性,选择良好的程序设计风格:程序设计风格是程序设计质量的一个重要方面,具有好的设计风格的程序更容易阅读和理解。

(4) 理解详细设计书

由于项目模块功能的复杂性,即使再详细的设计也会有表达不够准确之处,因此在编写代码之前,一定要把每个模块的详细设计思路弄清楚。如果编码人员在理解详细设计时有疑惑,一定要询问详细设计人员。为了保证编码人员对详细设计的理解的正确性,可以采用以下方法:

① 详细设计同级评审时,让编码人员参加;

② 让编码人员对详细设计进行讲解;

③ 让编码人员根据自己的理解画出流程图,由详细设计者确认。

如果编码人员在理解详细设计书的过程中存在疑问,应填写详细设计疑问列表提交给项目经理或指定详细设计的人员。

(5) 专家指导

在编码之前或编码过程中,为了保证编码工作的顺利进行以及代码质量,项目经理要根据目前编码人员的技术能力或开发进度情况邀请本项目组内部或外部专家对编码人员进行指导。指导的内容主要包括以下两方面的内容。

① 对与本次编码有关的业务进行指导:对编码人员进行业务上的指导,有助于编码人员对详细设计的理解。

② 对技术进行指导:通过对编码人员的技术指导,可以解答编码人员在技术上的一些疑问。

（6）编写代码

在很多的软件开发中，客户为了便于程序的可维护性，往往会对程序代码编写过程做出一些规定，如变量的命名规则、书写规范和公共处理等，所以这就要求编码人员要熟悉这些要求和规范，并严格的遵守这些规范，如果客户没有规定，就要按照公司的规定执行。

① 画出程序的流程图

程序的流程图又称程序框图，用来描述软件设计，是历史最长、使用最广泛的方法。在编码之前，一定要先画好程序的流程图，这对一个复杂的程序来说是非常必要的，这样做了以后，可以使你在编码阶段达到事半功倍的效果，而且对于代码的正确性和质量都是一个很好的保证。

② 代码的模块化

模块化是把系统分割成能完成独立功能的模块代码，明确规定各个模块代码及其输入输出规格，使模块代码的接口不会产生混乱。

③ 程序的注解

程序的注解对于程序的阅读与理解起着重要的作用。注解主要分两部分。

• 程序块头的注解，主要是模块功能的说明、输入输出变量的说明、算法的说明、程序员姓名和程序完成以及变更的日期列表。这些主要是满足管理者的需要，管理者易于掌握哪些程序是由哪个编码人员负责的。

• 程序内部的注解，对程序中的一些难以理解的语句加上注释，以使阅读者容易理解设计者的意图，易于理解程序。

这样的程序具有很强的可读性和可维护性。

④ 数据类型/变量说明

• 数据说明的次序应标准化，如按数据类型或者数据结构来确定数据说明的次序，次序的规则在数据字典中加以说明，以便在测试调试阶段和维护阶段可以方便的查找数据说明的情况；

• 当对在同一个语句中的多个变量加以说明时，应按英文字母的顺序排列；

• 在使用一个复杂的数据结构时，最好加注释语句；

• 变量说明不要遗漏，变量的类型、长度、存储及其初始化要正确。

⑤ 语句构造

• 不要为了节省空间把多个语句写在同一行；

• 尽量避免复杂的条件；

• 对于多分支语句，应该把出现可能性大的情况放在前面，把较少出现的分支放在后面，这样可以加快运算时间；

• 避免大量使用循环嵌套语句和条件嵌套语句；

- 利用括号使逻辑表达式或算术表达式的运算次序清晰直观；
- 每个循环要有终止条件，不要出现死循环，也要避免不可能被执行的循环。

⑥ 程序效率

程序效率主要指处理工作时间和内存容量这两方面的利用率，在程序满足了正确性、可理解性、可测试性和可维护性的基础上，提高程序的效率也是非常必要的。

在编码过程中，一定要严格按照规定的开发规范进行编码，如果没有按照编码规范进行编码，再好的程序代码也不能被接受。另外，在编写代码时，如果认为开发规范有不合理或有待补充之处，应该填写开发规范建议书提交给项目经理；如果发现详细设计中有问题或对详细设计产生疑问，应该填写详细设计疑问列表并提交给项目经理。

（7）代码审查

在编码过程中，每个模块或程序的自我审查的关键环节是绝对不能缺少的。无论多么好的编码人员编写的代码，都会或多或少的存在缺陷，从而影响程序的运行。有的缺陷可以在很短的时间内暴露出来；有的缺陷需要很长的时间才能显现出来。因此在代码审查过程中，一定要仔细认真，不要遗漏某个条件。编码人员切勿对自己编写的代码过于自信而不去自我审查。

在进行代码审查过程中，并不是盲目地进行审查。而是要按照代码审查检查列表中的内容进行审查。审查之后还要把自己审查的内容以及发现的问题记录到代码审查记录中。代码审查记录不作为考核个人的依据。通过代码审查记录，管理人员可以掌握每个编码人员的代码审查工作情况以及自我审查的质量效率。

如果是比较重要的代码（如重要的算法、复杂的 SQL 程序段、要求性能比较高的模块等），可以让经验丰富的设计人员或编码人员来复查或进行同级评审。

（8）代码测试

为了进一步保证代码的正确性和合理性，编码人员还要对自己编写的代码进行测试。代码测试的依据是详细设计过程中的单元测试计划书。编码人员按照测试计划书中所提供的每个测试项目的测试用例进行测试。本次测试只是编码人员对自己所编写的代码进行自我测试，测试主要采用白盒与黑盒结合的方法。在代码测试过程中，应该填写代码测试记录。

（9）提交代码

编码人员对自己编写的代码审查完毕，并认为代码不会有任何问题，就可以把代码提交给相应的测试人员。在提交代码时一定要注意自己所提交的代码是最新的版本。

（10）更改代码

更改代码的情况可以分为两种：

① 在测试中发现代码有误或者逻辑不合理。出现这种情况的主要原因可能有两种：一是编码人员本身的错误而造成的缺陷；二是在需求、设计阶段的错误没有被查出，被带

到编码阶段而造成的缺陷。

② 由于需求和设计的变更引起代码变更。

在变更代码的过程中一定要注意对代码的版本管理。

验证

- 验证编码的规范性；
- 验证是否进行了自我审查；
- 验证代码的一致性和可跟踪性；
- 通过测试验证代码的正确、合理性；
- 验证每个编码人员的工作能力。

配置控制

- 通过相应的配置管理工具对不同版本的代码进行管理；
- 对编码规范进行管理；
- 对项目开发质量计划进行管理。

质量保证检查清单

- 编码计划；
- 开发规范建议书；
- 详细设计疑问列表；
- 代码审查检查列表；
- 代码审查记录；
- 代码测试记录。

该阶段要确保建立了编码规范、文档格式标准,并且按照该标准进行编码;确保代码被正确地测试和集成,代码的修改符合变更控制和版本控制流程;确保按照进度计划编写代码;确保按照进度计划进行代码评审。

15.5　测试阶段

目的和范围

软件测试过程的目的是为了保证软件产品的正确性、完整性和一致性,保证提供实现用户需求的高质量、高性能的软件产品,从而提高用户对软件产品的满意程度。

在软件投入运行前,要对软件需求分析、设计和编码各阶段的产品进行最终检查和检测,软件测试是对软件产品内容和程序执行状况的检测以及调整、修正的一个过程。这种以检查软件产品内容和功能特性为核心的测试,是软件质量保证的关键步骤,也是成功实现软件开发目标的重要保障。

软件测试包括：单元测试、集成测试、系统测试、确认/验收测试。

进入标准

- 经过自我检查过的程序代码需要进行测试；
- 测试环境搭建完成；
- 测试计划完成。

输入

- 需要测试的程序代码；
- 测试工具；
- 测试环境；
- 测试计划；
- 测试用例；
- 测试数据；
- 测试检查列表；
- 以往的经验与教训。

退出标准

- 按照测试计划，所有的测试用例都成功地被执行了；
- 测试过的代码形成基线。

输出

- 测试记录；
- 缺陷统计表；
- 已经测试过的代码。

过程描述

软件测试是软件质量保证的关键元素，代表了规约、设计和编码的最终检查。软件测试针对不同的测试阶段和测试内容，可以分为单元测试、集成测试、系统测试以及确认/验收测试，在编码阶段进行单元测试，单元测试的目的是测试单一的功能模块能否正常运行；集成测试主要是根据设计阶段制定的测试计划进行，集成测试是测试模块与模块之间的连接是否正确；系统测试主要是对系统的整体质量进行测试；确认/验收测试根据需求分析阶段制定的测试计划进行测试，是测试整个软件产品是否满足了用户的需求。

不同阶段所使用的测试用例也是不同的。根据软件开发过程的特点。通常情况下单元测试和集成测试采用白盒测试方法；系统测试和确认/验收测试采用黑盒测试方法。

软件测试的目的主要是为了验证（verification）和确认（validation）软件的正确性。验证是以开发者的角度来考虑的，是为了验证软件是否满足用户的需求；而确认是以用户的角度考虑的，验证软件的方便性、友好性、容错性等。随着软件测试各个阶段的不断进行，验证的成分越来越少，白盒测试方法所占的比例就会越来越小；确认的成分越来越多,黑盒测试的比例就会越来越大。如图 15-2 所示。

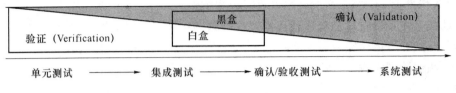

图 15-2　测试比例

（1）单元测试

单元测试集中在检查软件设计的最小单位——模块上,通过测试发现实现该模块的实际功能与定义该模块的功能说明不符合的情况,以及编码的缺陷。由于模块规模小、功能单一、逻辑简单,测试人员有可能通过模块说明书和源程序,清楚地了解该模块的I/O 条件和模块的逻辑结构,采用结构测试(白盒法)的用例,尽可能达到彻底测试,然后辅之以功能测试(黑盒法)的用例,使之对任何合理和不合理的输入都能鉴别和响应。高可靠性的模块是组成可靠系统的坚实基础。

（2）集成测试

将已测试的模块进行组装并进行检测,对照软件设计测试和排除子系统或系统结构上的缺陷。集成测试一般采用黑盒测试法,重点是检测模块接口之间的连接,发现访问公共数据结构可能引起的模块间的干扰,以及全局数据结构的不一致,测试软件系统或子系统输入输出处理、故障处理和容错等方面的能力。

（3）系统测试

检测软件系统运行时与其他相关要素(硬件、数据库及操作人员等)的协调工作情况是否满足要求,包括性能测试、恢复测试和安全测试等内容。

• 性能测试:程序的响应时间、处理速度、精确范围、存储要求以及负荷等性能的满足情况。

• 恢复测试:系统在软硬件发生故障后,控制并保存数据以及进行自动恢复的能力。

• 安全测试:检查系统对用户使用权限进行管理、控制和监督以防非法进入、篡改、窃取和破坏等行为的能力。

系统测试通常是由系统工程组负责进行的,如果小的项目没有系统工程组,那么建议把系统测试合并到确认/验收测试中。

（4）确认/验收测试

确认/验收测试是指按规定需求,逐项进行有效性测试。以检验软件的功能和性能及其他特性是否与用户的要求相一致,一般采用黑盒测试法。

① 确认测试的基本事项如下。

• 功能确认:以用户需求规格说明书为依据,检测系统满足需求所规定功能的实现情况。

- 配置确认：检查系统资源和设备的协调情况，确保开发软件的所有文档资料编写齐全，能够支持软件运行后的维护工作。文档资料包括：设计文档、源程序、测试文档、用户文档。

② 确认/验收测试包括以下两方面。

- 仿真用户确认测试：测试人员假冒用户的身份进行测试。
- 用户确认测试。

验证

- 验证测试人员是否按测试计划执行测试；
- 验证测试人员的测试能力；
- 验证各个阶段缺陷的严重程度。

配置控制

- 对各种测试记录进行管理；
- 对测试后的代码进行管理。

质量保证检查清单

- 软件测试计划；
- 测试记录；
- 缺陷统计表。

该阶段要确保建立了测试计划，并按照测试计划进行了测试；确保测试计划覆盖了所有的系统规格定义和系统需求；确保经过测试和调试，软件仍旧符合系统规格和需求定义。

15.6 系统交付和安装阶段

目的和范围

在系统交付阶段，要将开发并且通过测试的软件应用系统和相关文档交付给用户。本过程的目的是确保正确的元素/组件被交付给用户，并对每个交付产品做适当的记录。

进入标准

- 软件已经经过了系统测试，达到了用户所提的要求；
- 各种手册已经书写完毕，准备交付。

输入

- 测试通过的、需要被安装的应用系统；
- 软件用户使用手册；

233

- 软件维护技术手册。

退出标准

- 用户接受了被交付的系统。

输出

- 被批准的软件交付及培训计划；
- 安装后的软件；
- 用户签字后的用户验收确认单。

过程描述

- 制订软件交付及培训计划；
- 制订软件维护计划；
- 交付给用户所有的文档；
- 交付、安装软件系统；
- 评审批准软件维护计划；
- 用户验收确认。

验证

- 项目经理定期或事件驱动地评审交付产品的配置管理活动；
- 质量保证组评审和审计交付产品的配置管理过程。

配置管理

- 产品或系统组件的交付信息包被项目组配置。

质量保证检查清单

- 说明书检查；
- 程序检查。

该阶段要确保按照软件交付计划交付、安装软件系统，并按照培训计划对用户进行培训；确保交付给用户所有的文档；制订并评审、批准了软件维护计划；用户进行了验收确认。

小 结

本章从软件开发的各个阶段介绍了软件质量保证活动内容，软件质量保证是一种应用于整个软件过程的活动。

第16章 软件质量保证工具

软件质量保证工具是预防软件故障,降低软件故障率,提高生产效率,为软件质量保证活动服务。主要包括:规程与工作条例、模板、检查表、配置管理、受控文档和质量记录。

16.1 规程与工作条例

16.1.1 规程与工作条例的概念

规程是"完成某件事情或行动的特定方式"(韦氏新大学词典)。换句话说,规程是为了完成一个任务、根据给定方法所执行的详细活动或过程。

质量保证规程是一种确保质量结果有效实现的方式,提供了活动实施的宏观定义,规程是普遍适用的,并且服务于整个组织。

工作条例是适用于独特实例,为由特定小组使用的方法提供了详细的使用指示。

规程与工作条例以组织积累的经验和知识为基础,保证了成熟技术和常规做法能够正确而有效地实施。由于规程和工作条例反映的是组织过去的经验,因此要不断关心如何按当前技术条件、组织条件和其他条件来更新和调整这些规程与工作条例。

规程对组织成员有束缚力,这意味着每个成员根据相关规程文档中出现的步骤执行自己的任务,这种文档经常同所分配任务同名。规程在组织范围内具有普遍性,这意味着无论任务在何时何地执行,规程都是适用的,而同执行这个任务的人或组织的背景没有关系。

工作条例主要用于在整个组织不可能用一致的方法执行任务或这样做并不理想的情况。因此,工作条例是专门对组或部门的,它们提供单独适用于一个组、部门或单位的明确细节,进而补充规程。

这里主要介绍对软件产品的质量、软件维护以及项目管理有影响的软件质量保证(SQA)规程与工作条例。

开发与维护的 SQA 规程必须符合组织的质量方针,也要符合国际或国家 SQA 标准。同 SQA 标准符合将有利于组织的 SQA 系统认证。

图 16-1 所示为规程和工作条例建立的概念分层结构。

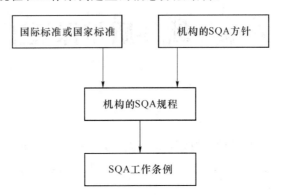

图 16-1   规程和工作条例建立的概念分层结构

16.1.2   规程与工作条例的作用

SQA 规程与工作条例旨在:

- 以最有效和高效的方式执行任务、过程或活动,而不偏离质量需求。
- 软件系统的开发与维护所涉及人员之间的有效和高效的交流。执行的统一性、达到和符合规程与工作条例,减少导致软件出错的理解。
- 简化组织中各种实体执行的任务与活动之间的协调。较好的沟通意味着较少的错误。

16.1.3   规程与规程手册

(1) 规程

规程提供了完成一个任务所需的所有细节,细节的依据为履行任务的功能所规定的方法。这些细节可被看作下列称为“5W”的 5 个问题的回答。

5W:规程解决的问题

- 必须执行什么活动?
- 每个活动应当怎样执行?
- 活动应当在什么时候执行?
- 活动应当在什么地方执行?
- 活动应当由谁执行?

标准化——固定格式与结构的应用是适用于所有 SQA 规程的原理。下面是一个有代表性的规程模板,它可以用于所有组织的规程。

1 引言

2 目的

3 名词和缩写词

4 适用的文档

5 方法

6 质量记录与文档

7 记录与跟踪

8 执行的职责

9 附录清单

附录

附录经常被用于展示同规程中包括的活动相关的报告表格和文档,然而它不是必须有的。

(2) 规程手册

所有 SQA 规程的汇集通常被称为 SQA 规程手册。一个组织的规程手册的内容,根据下列几个方面得出,可能有所变化:

- 该组织进行的软件开发与维护活动的类型;
- 属于每个活动的范围;
- 顾客的范围与供货商的范围;
- 指导组织为达到理想 SQA 目标所选择的方法。

一个组织可能需要范围很宽的规程,而另一个组织可能满足于一个有限的规程范围。然而,规程的具体数目与结构在很大程度上依赖于编辑与风格,而不止是规程的类型。

16.1.4　工作条例与工作条例手册

如前所述,工作条例同规程的应用有关,以使规程更适合于特定项目组、顾客或其他相关方的需求。规程中规定一般的方法,而使它能在一个特定项目或单位应用的精确细节则规定在工作条例之中。工作条例绝不可以同它们的父规程冲突,虽然同一规程相关联的可以有若干条例。人们可以增加、改变或取消工作条例而不改变相应的规程。

下面是工作条例的示例,是按标题概括出来的。

部门工作条例

- 新软件开发分包商(供货商候选人)的审计过程
- 处理改正性维护任务的优先级
- 软件开发分包商的年度评价

- 新组员的上岗条例与跟踪
- 设计文档模板及其应用
- C++(或其他语言)编程条例

项目管理人员工作条例

- 与顾客的协作与合作
- 组长的周进展报告
- 特殊的设计报告模板及其在项目中的应用
- β现场报告的跟踪
- 给顾客的月度进展报告
- 安装的协作与顾客小组条例

16.1.5 规程与工作条例的编制、执行与更新

一个"积极的"SQA规程手册需要大量经常进行的活动,这些活动保证规程的持续适用性,例如,规程的编制、它们的执行与定期更新。这些活动由SQA组成员与相关小组的成员进行,以确保规程正确地适应技术的变化以及顾客与竞争。

(1)新规程的编制

建立新SQA规程手册的初始步骤是确定概念性框架与组织性框架,以明确规程的目录以及谁负责编制、更新与批准规程。通常这个框架也形成一个规程(经常称为规程的规程)。

框架确立以后,要处理具体的规程。规程编制的常见方法是任命专门的委员会,委员会由在相关单位工作的专业人员、SQA成员和要处理的相应议题的专家组成。这个委员会源源不断地输送建议草案,直到有一个满意的版本。委员会要在规程被授权的人认可后才停止工作。规程手册编制的另一种方法是依靠咨询,分配一位外部专家负责一个规程、某些规程或整个手册的编制。雇用咨询专家的主要优点是增加他在其他组织中的专长与经验的价值,减少组织资深专业人员的负担以及缩短任务完成的进度表。这种方法的主要缺点是减少了适用性,这是由组织的独有特性造成的。

(2)新的或修正规程的执行

新的规程或修正后的规程获得批准并不说明能容易执行,规程的执行经常是困难的问题。在许多情况下,分发打印的或电子邮件形式的材料,以及对小组或单位的指导还不足以确保规程可以完全的或接近完全的遵守。参与规程编制的小组或部门的成员要帮助同事遵守新的要求,对不了解或无视新规程的人进行跟踪并进行个别指导也是必要的,有助于将此规程融入日常事务。

(3)规程的更新

一般来讲,更新现有规程的动机基于以下的考虑:

- 开发工具、硬件、通信设备等的技术变化；
- 组织活动领域的变化；
- 用户的改进建议；
- 失败以及成功的分析；
- 由内部审计报告倡议的改进建议；
- 学习其他组织的经验；
- SQA 小组的经验。

一旦认识到更新需要，要启动一个更新规程的机制：一个特定的小组投入编制更新版本，接着是批准与执行活动。这个活动类似于编制新的规程。这隐含着，应当把更新看作组成软件质量保证的一个不可缺少的步骤，更新规程同编制新规程一样重要。

16.2 模板

为了节省时间并确定没有遗忘任何东西，需要经常查阅过去编制的文档。例如，浏览旧的报告，是为了在编写当前报告时能引用其中的目录；在准备一次设计评审会议之前，要找出以前所问问题的清单；为普通的一个报告准备通用的表格。所有这些情况的共同点就是节约时间，我们可以通过使用简单的支持手段——模板和检查表——完成重复性的工作来实现这一点。

本节将讨论这些手段作为基础设施工具的贡献以及与它们的准备、执行和修订有关的组织方面特征。

16.2.1 模板的概念

在其他领域中，模板的定义是"一种用于指导制作盘片的规格、模式或模子（如一片薄金属板或木板）"（《韦氏新大学词典》）。

在用于软件质量保证时，模板这个术语指的是小组或组织创建的用于编辑报告和其他形式文档的格式（特别是目录）。模板的应用对有些文档是必需的，而对其他文档是选择性的；还有些情况，只需要使用模板的一部分（如特定篇章或通用结构）。

下面是一个模板的示例，其他的例子见 16.2.4 节。

软件测试计划（STP）——模板

1 测试范围

　　1.1 待测的软件包（名字、版本和修订）

　　1.2 提供作为计划测试的基础的文档（每个文档的名字和版本）

2 测试环境

2.1 测试场地

2.2 所需硬件和固件配置

2.3 参与的组织

2.4 人力需求

2.5 测试组所需的准备和训练

3 测试细节(对每个测试)

3.1 测试标识

3.2 测试目的

3.3 对相关设计文档和需求文档的交叉引用

3.4 测试类

3.5 测试级别(单元、集成或系统测试)

3.6 测试用例需求

3.7 专门需求(如响应时间的测量、保密性需求)

3.8 待记录的数据

4 测试安排(对每个测试或测试组)

4.1 准备

4.2 测试

4.3 出错改正

4.4 回归测试

16.2.2 模板的作用

开发组和评审组使用模板是非常有益的。对于开发组,使用模板可以:

• 方便文档的编制过程,因为节省了详细构建报告结构所需的时间和精力。可以从 SQA 公共文件复制或者从网上下载模板。

• 确保开发人员编制的文档更完善,因为文档中的所有主题都已经定义好了,并且被使用这些模板的大量专业人员反复评审过。不太可能发生诸如漏掉主题这样的常见错误。

• 新组员的加入更容易,这是因为对模板熟悉。由于新成员已经在其他组织单位或小组工作过,他们从前面的工作中可能已经了解模板,而文档的标准结构是根据模板编制的,从而寻找信息变得简单得多。它同样可以使正在进行的文档编制工作顺利,不管编制了文档某些部分的小组成员是否已经离开。

• 方便文档评审,如果文档是基于一个合适的模板建立的,就不需要研究文档结构和确定其完备性。它同样简化已完成文档的评审工作,因为文档的结构是标准的,并且评审者熟悉评的预期内容(章、节和附录)。由于这种一致性,评审将会更彻底而又不那么费时。

对于软件维护组,使用模板可以:

- 更容易找到执行维护任务所需的信息。

16.2.3　模板的编制

执行和更新模板的组织总是想节约内部资源,这意味着把为某个部门或目的编制的成功报告用做整个组织的样板。这种情况的一个缺点是,不是每个人都能意识到从这些模板中可以受益。还有一个缺点是,模板的进一步完善可能受到阻挠,而这些工作是需要由专业小组对它们进行评审来完成的。

SQA 部门通常负责为组织的员工编制所需的较常见类型的报告和文档的专业模板。

(1) 编制新模板

模板基础设施的开发工作由负责这个任务的专业小组完成。这个组(或委员会)应该包括代表各种软件开发线的资深员工、部门主任、软件工程师和 SQA 单位成员。应该鼓励"模板服务"的非正式开发者参加这个小组。

小组的首要任务之一就是编辑待开发模板的目标清单。一旦这个清单被认可了,就必须确定优先级。可以赋予较高优先级的模板是经常编制文档的模板和已经在使用的"非正式"模板(估计它们的完成和认可只需少量工作)。然后是指派分委员会编制最初的草案。SQA 组成员可以承担小组领导的任务,另外委员会成员中的模板"爱好者"可以承担这个职责。

编制模板最常见的信息来源如下:

- 组织中已经使用的非正式模板;
- 专业出版物中的模板例子;
- 类似组织使用的模板。

(2) 模板的应用

执行新模板或更新的模板涉及若干基本决定:

- 应该使用哪些渠道宣传这些模板?
- 应该怎样使组织的内部使用者获得这些模板?
- 哪些模板是强制性的? 如何推进它们的应用?

组织里所有专业的内部交流手段都可以用来宣传模板:小册子、电子邮件、SQA 内部网以及会议上的简短讲解。

关于某些模板的强制性使用的命令,一般可在组织的规程或工作条例中找到。

(3) 更新模板

决定更新已有模板的原因可能来自于:

- 用户建议和意见;
- 组织活动领域的变化;

- 设计评审和审查组在对根据模板编制的文档进行评审的基础上提出的建议；
- 失败和成功案例分析；
- 其他组织的经验；
- SQA 小组的倡议。

更新模板的过程与模板编制的过程非常相似。

16.2.4　模板样例

（1）软件测试描述（STD）

以下是软件测试描述（STD）模板。

1　测试范围

    1.1　待测的软件包（名字、版本和修正）

    1.2　为设计的测试提供基础的文档（每个文档的名字和版本）

2　测试环境（对每个测试）

    2.1　测试标识（测试细节记录在 STP 中）

    2.2　操作系统和硬件配置以及测试所需的切换设置的详细描述

    2.3　软件加载的指导

3　测试过程

    3.1　输入指导，详细到输入过程的每一步

    3.2　测试中待记录的数据

4　测试用例（对每个测试）

    4.1　测试用例标识细节

    4.2　输入数据与系统设置

    4.3　预期中间结果（如果适用）

    4.4　预期结果（数值、消息、设备的激活等）

5　在程序失效/停止情况下采取的措施

6　根据测试结果总结应用的过程概要

（2）软件测试报告（STR）

以下是软件测试报告（STR）模板。

1　测试标识、场地、安排和参加者

    1.1　被测软件标识（名字、版本和修正）

    1.2　为测试提供基础的文档（每个文档的名字和版本）

    1.3　测试场地

    1.4　每项测试活动的开始和结束时间

    1.5　测试组成员

1.6　其他参加者

1.7　投入测试的工作时间

2　测试环境

2.1　硬件与固件配置

2.2　准备与测试前的培训

3　测试结果

3.1　测试标识

3.2　测试用例的结果(分别对每个测试用例)

3.2.1　测试用例标识

3.2.2　测试人员标识

3.2.3　结果:成功/失败

3.2.4　如果失败:结果/问题的详细描述

4　总错误数、它们的分布与类型的总结表

4.1　当前测试总结

4.2　同以前结果的比较(用于回归测试报告)

5　特殊事件和测试人员建议

5.1　测试期间的特殊事件和软件的非预期响应

5.2　测试期间遇到的问题

5.3　对测试环境改变的建议,包括测试准备

5.4　对测试规程和测试用例文件改变或改正的建议

(3) 软件变更请求

以下是软件变更请求(SCR)文档模板。

① 更改要素

- 倡议者
- 提出 SCR 日期
- 更改的性质
- 目标
- 对项目/系统的预期贡献
- 实施的紧迫性

② 更改细节

- 建议更改的描述
- 更改的 SCI 清单
- 对其他 SCI 的预期影响
- 对同其他软件系统和硬件固件接口的预期影响

- 开发完成进度的预期延迟和对顾客服务的干扰

③ 更改进度表和资源估计

- 执行的进度表
- 估计所需的专业人员资源
- 所需其他资源
- 建议更改的估计总费用

（4）发布软件配置的文档

以下是发布软件配置文档模板。

① 标识与安装

- 发布版本与修订号
- 新版本发布的日期
- 这个发布进入的安装清单（现场、日期、安装该版本的技师的名字）

② 发布版本的配置

- 发布版本中的 SCI 清单，包括每个 SCI 版本的标识
- 运行规定版本所需的硬件配置项清单，包括每个硬件配置项的规格
- 软件系统（包括版本）与硬件系统（包括模型）的接口清单
- 新发布的安装指导

③ 新版本中的更改

- 以前的软件配置版本
- 已经更改的 SCI、第一次引进的新 SCI 与删除的 SCI 的清单
- 引入更改的简短描述
- 新版本中引入的更改的运行含义与其他含义

④ 进一步开发问题

- 在新版本中未解决的软件系统问题清单
- 对开发实现延迟的软件系统开发的建议和 SCR 清单

16.3 检查表

16.3.1 检查表的概念

检查表指的是为每种文档专门构造的条目清单，或者是需要在进行某项活动（如在用户现场安装软件包）之前完成的准备工作清单。检查表的制定应当是全面的。在使用中用户会依据检查表的专业属性、用户对检查表的熟悉程度及其可用性来决定如何使用

检查表。

　　某些检查表有双重目的:提供要验证项的完备清单,同时可以把检查中发现的信息编入文档。表 16-1 所示为一个具有双重目的的检查表的例子,它用于需求规格书文档的设计评审。

表 16-1　需求规格书报告的检查表

需求规格书报告的检查表
项目名字:
评审的文档:
版本:

项目 序号	主　题	是	否	不适用	注
1	文档				
1.1	是否根据配置管理需求编制的				
1.2	结构同相关模板的符合性				
1.3	被评审文档的完备性				
1.4	对以前文档、标准等的正确引用				
2	规定需求				
2.1	所需功能被正确地确定并清晰完全地表述				
2.2	设计的输入同所需的输出符合				
2.3	软件需求规格书同产品需求符合				
2.4	同外部软件包与计算机设备的接口被完全确定和清晰表述				
2.5	GUI 接口被完全确定和清晰表述				
2.6	性能需求(响应时间、输入流容量、存储容量)被正确地确定并清晰完全地表述				
2.7	所有出错状况与所需的系统反应被正确地确定并清晰完全地表述				
2.8	同其他现存的或计划的软件包或产品组件的数据接口被正确地确定并清晰完全地表述				
2.9	测试满足规定需求的规程被正确地确定并清晰完全地表述				
3	项目可行性				
3.1	考虑到项目的资源、预算与进度表、规定的需求是否可行				
3.2	考虑到由其他系统成分或同此系统对接的外部系统施加的约束,规定的系统性能需求是否可行				

注
签署:　　　　　　　　　　　名字:　　　　　日期:　　　　　签字:

另外两个检查表的例子见表16-2和表16-3。

表16-2 建议草案评审——主题检查表

建议草案评审目标	建议草案评审主题
1 顾客需求已得到澄清并文档化	1.1 功能需求 1.2 顾客的运行环境(硬件、数据通信系统、操作系统等) 1.3 同其他软件包和装置固件等所需的接口 1.4 性能需求,包括像由用户数和使用特性确定的工作负载 1.5 系统的可靠性 1.6 系统的实用性,例如为使操作员达到所要求的生产率需要的培训时间。由供货商进行的总培训和教学工作量,包括被培训人数、教材、场地和期限 1.7 由供货商实施的软件安装数,包括场地数 1.8 保质期、供货商的责任范围与提供支持的方法 1.9 超过保质期后提供维护服务的建议及其条件 1.10 所有投标需求完成的,包括关于项目组、认证与其他文档的信息
2 已经考察了完成项目的替代途径	2.1 集成重用的和采购的软件 2.2 合伙商 2.3 顾客承担某些项目任务的内部开发 2.4 分包商 2.5 可供选择方案的充分比较
3 已经明确顾客与软件公司之间关系的正式方面	3.1 协调和联合控制委员会,包括其规程 3.2 必须交付的文档清单 3.3 顾客负责提供设施和数据并回答开发组的询问 3.4 指示由顾客批准的所需阶段和批准过程 3.5 顾客在进展评审、设计评审和测试中的参与(范围和过程) 3.6 在开发维护阶段处理顾客更改请求的规程 3.7 项目完成准则、批准和验收的方法 3.8 处理顾客投诉和验收后发现的问题的规程。包括保质期之后检测到的同规格书的不符合 3.9 项目提前完成的奖励和推后完成的惩罚条件 3.10 遵守的条件,包括项目的一部分或全部应顾客的协议取消或临时中止的财务安排(包括在项目各个阶段采取这种行动对公司的预期损害问题) 3.11 保质期内的服务提供条件 3.12 软件维护服务和条件,包括应供货商的要求,顾客更新其软件版本的义务
4 识别出开发风险	4.1 软件模块或部件需要得到可观数量的新专业能力的风险 4.2 关于不能按照进度安排得到所需硬件和软件的风险
5 充分估计项目资源与进度	5.1 每个项目阶段的人日数及其费用。估计包括覆盖设计评审、测试等之后的改正的备用资源 5.2 人日估计包括了编制所需文档尤其是要交付给顾客的文档所需的工作 5.3 为履行保证义务必需的人力资源和其他费用 5.4 项目安排包括了评审、测试等和进行所需的改正时间

建议草案评审目标	建议草案评审主题
6 对共同完成项目的能力的考察	6.1　专业知识储备 6.2　特长员工的可用性(按进度安排和所需数量) 6.3　计算机资源和其他开发(包括测试)设施的可用性(按进度安排和所需数量) 6.4　对付顾客关于要求使用特殊的开发工具或软件开发标准的能力 6.5　保证和长期软件维护服务义务
7 对顾客兑现承诺能力的考察	7.1　财务能力,包括合同付款和追加的内部投入 7.2　提供所有设施、数据和回答员工提出的询问 7.3　新员工和现有员工的招聘和培训 7.4　按时完成所有任务承诺和达到必要质量的能力
8 合伙商与分包商参与的确定	8.1　由合伙商、分包商或顾客完成的任务的责任分配,包括进度安排与协调方法 8.2　合伙商之间付款的分配,包括奖惩 8.3　分包商付款安排,包括奖惩 8.4　由分包商、合伙商与顾客完成的工作的质量保证,包括在 SQA 活动中的参与(如质量计划、评审、测试)
9 专有权利的确定与保护	9.1　保护从他处采购的软件的专有权利 9.2　保护从他处采购的数据文件的专有权利 9.3　保护在顾客定制项目中开发的软件的未来重用的专有权利 9.4　保护由公司(供货商)及其分包商在开发期间开发、同时由顾客正常使用的软件(包括数据文件)的专有权利

表 16-3　合同草案评审——主题检查表

合同草案评审目标	合同草案评审主题
1 合同草案中未留下没有澄清的问题	1.1　在合同草案及其附录中确定的供货商义务 1.2　在合同草案及其附录中确定的顾客义务
2 在建议之后达成的所有理解正确地文档化	2.1　关于项目功能性需求的理解 2.2　关于财务问题的理解,包括付款、进度安排、奖励、惩罚等 2.3　关于顾客责任的理解 2.4　关于合伙商与分包商的义务的理解,包括供货商同外部方的协议
3 没有将任何"新"的更改、补充遗漏	3.1　合同草案是完备的;没有遗漏合同章节与附录到合同草案中 3.2　关于财务问题、项目进度安排或顾客与合伙商的责任没有更改、遗漏与补充进入商议好的文档

16.3.2　检查表的作用

下面我们讨论检查表对软件质量的贡献以及建立、维护和应用这些检查表所需的工作。开发组、评审组的文档质量可以从检查表得到许多益处。

(1) 对开发小组的益处

• 可以帮助开发人员进行文档或软件代码自检,这项工作在文档或软件代码完成前和正式设计评审或审查前完成。预计检查表会帮助开发者发现未完成的段落和检测出漏网的错误。因为评审组要调查的质量问题已在检查表中列出，所以检查表也将对提交评审的文档或软件代码的质量做出贡献。

- 协助开发人员进行任务准备，这些任务有：在顾客现场安装软件、实施分包商现场质量审计、与重用软件模块的供货商签订合同等。预期检查表可以帮助开发者为执行任务更好地装备自己。

（2）对评审组的益处

- 保证评审组成员所评审文档的完整性，因为所有相关评审项都在清单中列出。
- 有助于评审会议提高效率，因为会议主题和讨论次序事先都已定义并充分了解。

16.3.3　编制、执行和更新检查表的组织框架

以下部分将描述维护检查表基础设施所需的过程：编制新的检查表、促进它们的使用和更新工作。

尽管强烈推荐使用检查表，然而在使用中仍然存在一些问题。检查表的编制和更新通常是分派给 SQA 组，由 SQA 成员领导的"检查表小组"可以承担维护一系列更新检查表的任务。其他对促进检查表使用感兴趣的人员也鼓励自愿参加。

（1）编制新的检查表

"检查表小组"的首要任务之一就是编写一个用于开发的检查表清单，接着就是为小组发布的所有检查表确定一个通用的格式。

小组认可的首批检查表通常就是那些已被某些开发组成员和评审人员使用的非正式检查表。大多数情况下，只对这些检查表进行少许改动与调整就可以符合小组定义的格式和内容。编制新的检查表和改进非正式检查表都得到下列信息来源的支持：

- 组织中已经使用的非正式检查表；
- 书籍及其他专业出版物中检查表的例子；
- 类似组织使用的检查表。

编制新检查表的过程和编制模板类似。

（2）促进检查表的使用

检查表的使用很少是强制性的，促进其使用是靠宣传及检查表的易用性。所有内部交流渠道都可用来宣传检查表：小册子、电子邮件、SQA 内部网以及专业会议。内部网被认为是组织内部使用者获得检查表的首选方法和最高效的方法。

（3）更新检查表

类似于更新模板和规程，更新已有检查表的触发往往源自下列方面：

- 用户建议和意见；
- 技术更新、活动领域和顾客关系的变化；

- 设计评审和审查组根据文档评审提出的建议；
- 失败和成功案例分析；
- 其他组织的经验；
- SQA 小组的倡议。

更新检查表的过程与编制检查表的过程十分相似。

16.3.4　设计与使用检查表的注意事项

检查表是软件质量管理活动中最常用的工具之一，通常检查表的作用是提醒检查人员检查哪些内容，避免遗漏。在设计、使用检查表时，要注意如下问题。

（1）检查表的设计要有易用性

在一次评审活动中，会有多种角色的专家参与，如设计人员、需求专家、测试人员等。对于不同类型的专家要设计不同的检查表，这样便于提高发现问题的效率。

（2）对检查表中的检查项进行分类

如果检查表中的检查项比较多的时候，要对这些检查项进行分类，以避免遗漏和重复。

（3）检查项的描述要尽量准确

检查项要做到明确、无二义性，这样易于得出结论。

问题描述的准确性是和标准和规范制定的准确程度紧密相关的。如果标准和规范定义的不明确，检查表也往往不明确。

（4）分别设计形式检查表和内容检查表

检查表可以分为针对形式的检查表与对针对内容的检查表。

针对形式的检查表是依据公司的过程、规程、模板、指南等定义，由质量保证人员来使用，主要用于检查活动、工作产品与规范的符合性问题。这类的检查表又可以分为针对软件活动的检查表和针对软件文档的检查表。

针对内容的检查表是一种依靠专业经验进行判断的检查表，根据历史的经验积累，针对工作产品内容的内在质量进行检查的问题列表，这些问题需要依靠检查表使用者的经验来判断得出结论，检查表是起到一种提醒及经验教训总结的作用。这类检查表一般是针对具体的某个工作产品的，如需求评审的检查表、设计评审的检查表等。

（5）对检查结果进行度量分析，持续改进检查表

对检查结果要进行度量和分析，查看哪些项的问题比较多，哪些问题不在检查表上，对于不在检查表上的要增加检查项。对于在检查表上的，可以用统计方法计算概率，根据发现概率调整检查表上检查项的优先级。这样才能持续改进检查表，加强实用性。

（6）避免盲目崇拜检查表

在使用中还要注意不能完全依赖于检查表，也要根据使用者的经验来发现问题。

16.4　配置管理

常规软件开发与维护操作包括那些将软件进行修改以产生新版本的深入细致的活动。这些活动是在整个软件服务期进行的（通常持续若干年），为的是对付必需的改正、适应特定顾客需求、应用改进等。维护组的不同成员同时进行这些活动。然而可能是在不同地点进行。结果会发生严重的危险：或者是版本和发布的错误标识、描述已实施的更改记录的丢失或是文档的丢失。这些都可能引起失效。

配置管理通过引入控制更改过程的规程来对付这些危害。这些规程同下列事项有关：更改的批准、进行这些更改的记录、新软件版本的发布、在每个现场安装的软件的版本与发布规格的记录、防止发布经过批准的版本后立即进行更改。大多数配置管理系统应用软件工具来完成它们的任务。这些软件工具提供安装软件的更新的正确版本，用于进一步的开发或改正。软件配置过程一般授权给一名行政管理人员或配置管理委员会来管理所有要求的配置管理操作。

软件配置管理提供了一个可视的、跟踪和控制软件进展的方法。图 16-2 描述了软件配置管理的概念。我们定义软件配置管理是图 16-2 中的 4 个功能的集成应用，目的是促进软件的可视性、可跟踪性，并从形式上控制软件的进化。

下面给出图 16-2 所示的软件配置管理 4 个功能的详细说明：

（1）标识。指从物理上标识每一个软件组件。在图中可以看到附在软件产品上的 3 个标签（如 CI_1、CI_2 和 CI_3，CI 表示配置项）。

（2）控制。指提议的变更要接受评审，然后根据项目参与者的一致意见，这些变更最终集成到最新认可的软件配置中。图 16-2 中，组件 CI_3' 代替了组件 CI_3，这种转换包括两个步骤。第一步是评审完成从组件 CI_3 到 CI_3' 转换所需的成本和进度，以及该转换对于配置中的其他组件的影响。第二步是 CCB 同意（或者不同意或者推延决定）组件 CI_3 到 CI_3' 的转换。

（3）审计。指检查批准的变更以确定其是否被实现。图 16-2 中，测试人员要检查软件产品以确认组件 CI_3' 是否已经被合并到了产品中。一般来讲，评审员评审是寻求以下两个问题的答案。

① 软件的进化是否符合逻辑？回答这个问题的过程在术语上称作"验证"。想一想需求文档、可运行的概念文档、设计文档和计算机代码的顺序开发过程。在验证过程中，测试人员要寻求以下问题的答案：

- 运行概念逻辑上是否从需求规约书而来？
- 设计文档逻辑上是否由概念设计文档而来？

- 代码逻辑上是否由设计而来？

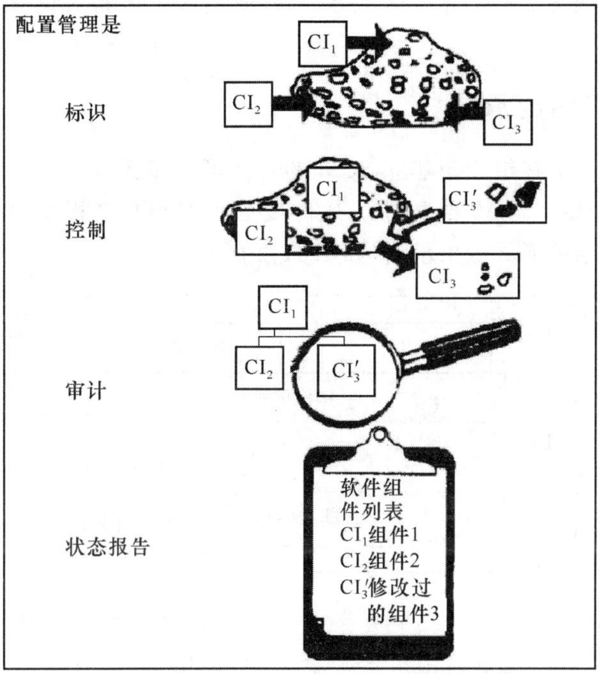

图 16-2　软件配置管理的 4 个功能

② 软件的进化是否和需求保持一致？回答这个问题的过程在术语上称作"确认"，在确认过程中，要回答下面的 3 个问题：

- 运行概念是否适合需求规约书中的内容？如果不适合，不适合的地方在哪里？
- 设计是否适合需求规约书中的内容，如果不适合，不适合的地方在哪里？
- 运行在预期的主机硬件上的计算机代码是否适合需求规约书中的内容，如果不适合，不适合的地方在哪里？

（4）状态报告。说明软件配置中所有经批准的组件。在图 16-2 中，状态报告员更新了软件组件列表，反映了组件 CI_3 到 CI_3' 的转换。一般来讲，状态报告要寻求以下两个问题的答案：

① 软件项目发生了什么情况？例如，对于软件代码和软件需求之间的差异，采取了哪些措施——这些差异在测试报告中有没有记录？

② 软件项目在什么时候发生了某个事件？例如，什么时候批准了软件设计的变更？

状态报告功能给支持其他 3 个配置管理功能的软件项目活动提供了一个共享的记忆库。这个记忆库也可以被看作是"经验银行"，其中的内容可以为其他项目所用，以避免重复以前的错误,而且可以充分利用以前的成功方法。

对软件配置管理有了一个总体的了解之后,我们接下来将讨论应用软件配置管理的一些现实考虑。

16.4.1　管理者的承诺

我们首先考虑一下在组织中建立 SCM 的一些可行步骤。

首先,从高层开始。SCM 要想成功,软件项目经理和其老板要根据软件开发人员的活动就制衡原则的某种形式做出承诺(如图 16-3 所示)。

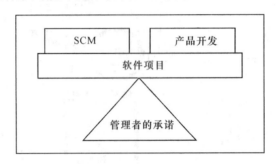

图 16-3　项目保持稳定需要有管理者对产品开发的制衡原则的承诺

没有这种承诺,软件配置管理很难发挥作用。没有这些支持配置管理组织的管理承诺,SCM 会逐渐地失去作用,最后被彻底忽略。需要制衡原则给管理者提供不同于开发人员看法的关于软件开发过程的观点。软件开发人员对他们开发的产品有自己的观点,软件配置管理人员却有另一个观点。毕竟,两个组有不同的目的和目标。制衡原则的规定能够迅速提高软件开发过程管理的可视性。再重复一遍,实施 SCM 想要获益,高层领导对建立制衡原则的承诺是非常重要的。

如何说服管理者做出这样的承诺呢?有几个办法。方法之一是雇佣一些对软件项目中的问题有第一手经验的管理人员,也许有的组织已经有了这样的人才。他们一般善于接受软件开发的不同的方法,并对制衡原则的内在作用比较敏感。制衡原则提供项目不同的视图,并提高项目的可视性,他们很容易认识到这些好处。有这样的管理者,建立制衡原则的承诺就相对比较容易。

如果组织中没有这样有经验的管理者,那么得到高层管理人员的承诺就很困难。他们必须在项目的一开始就向高层管理者展示 SCM 制衡原则的好处,并且还要如实地告知他们的责任。人们很容易把后者看成额外资源(时间和金钱)的花费。如表 16-4 所示,SCM 的 4 个功能都提高了项目的可视性和可跟踪性。随着可视性和可跟踪性的提高,管理上就可以对软件项目的开发和维护建立足够的控制和监控。最后,SCM 能够控制变更——毕竟控制才是 SCM 的根本目的。

表 16-4 配置管理的 4 个功能如何提高软件项目的可视性和可跟踪性

功 能	可 视 性	可 跟 踪 性
标 识	• 用户、卖方或买方能够知道什么工作正在进行，什么已经建立，什么将要被修改 • 管理层能够知道什么组件嵌入了产品 • 所有的项目参与者可以在一个统一的参考框架下交流	• 提供了软件产品中组件的指针以供参考 • 使软件组件和他们之间的关系更加可视化，从而使不同软件产品之间的组件链接和同一产品中不同表示之间的链接更加方便
控 制	• 了解现在的计划和配置 • 管理层可以看到变更的影响 • 管理层可以选择参与项目的技术细节	• 使基线和基线变更更加清楚，从而给出了可跟踪的链接 • 提供了避免偏离需求和与需求保持一致的论坛
审 计	• 使不一致性和差异更加清楚 • 使管理层和产品开发人员更加清楚地知道产品的状态 • 尽早发现潜在的问题	• 在软件产品中贯彻检查 • 检查软件产品中的组件在需求文档中有"前辈"
状 态 报 告	• 报告状态信息 • 采取的活动或决策都很清楚 • 有了记录项目历史的时间数据库	• 提供了关于何时发生了什么事情的历史记录 • 提供了变更控制表之间清楚的链接

然而，高层管理人员一般很难对项目开发中实施 SCM 的无形好处和有形责任做出客观的权衡。既然实施 SCM 投入了时间和金钱，那么通过实施 SCM 会节省什么？会得到什么潜在的好处？答案是，虽然 SCM 花费了时间和金钱，但是恢复软件灾难所需要投入的时间和金钱就很有可能大大节省。

文献中有许多关于软件灾难的报道。其范围之广足以造成软件业的危机。例如，DeMarco 从对 200 多个项目的多年观察中得出结论，15％的软件项目没能完成，而且超支 100％～200％是很常见的。我们不能说所有的这些灾难都是由于缺少 SCM 造成的。但是，有一点是很清楚的，对项目缺少可视性和可跟踪性（这两者至少都是部分地缺乏 SCM 的后果）是造成这些灾难的部分原因。从另一面来讲，文献中确实有一些报道说明了 SCM 的应用和软件项目的成功是有关系的。我们在软件业中的经验使我们确信 SCM 对软件项目的成功不是充分条件，但是必要条件。

16.4.2 SCM 人员组成

开始实施 SCM 时，软件配置管理组织要由合格的人员组成，这一点是非常重要的。如果缺少合格的配置管理人员来实施配置管理功能，那么得到高层管理充分支持的最详尽的 SCM 方案也不足以支持实现理想的软件产品。如果条件许可，那么 SCM 组应该先由几个经验丰富的人组成，这样比有一群经验不足的人要好很多。

一般来讲,SCM 小组会被其他项目小组的成员看作是"敌对"的组织。为了减少这种敌对情绪,使制衡原则不会陷入困境,经验丰富的 SCM 人员会使 SCM 工作顺利启动,并赢得其他项目小组成员的信任和尊敬。重要的是给大家建立这样一种印象:SCM 小组目标是帮助其他项目小组实现小组目标,它不是对项目的缺点、失误和琐事喋喋不休的妨碍者和批评者组织。一般来讲,经验丰富的 SCM 人员要既有技术、又有外交的能力,在项目进展中,从多个方面分析开发人员的输出,并巧妙地将其中的矛盾和潜在的危险展示给开发人员。

成为 SCM 人员的重要资格就是发现软件产品间一致性的能力和察觉软件产品中有哪些遗漏的能力。具备了这些能力,SCM 的成员不管是不是负责详细设计和开发,都能够知道软件系统的变更如何在受控情况下具有可视性和可跟踪性。

SCM 的人员不需要都是经验丰富的系统分析员和程序员,虽然实施软件配置审计的人员需要技术能力,但是上述这些特殊的技术并不是 SCM 人员所必须的。表 16-5 给出了一些 SCM 小组成员实施配置管理 4 个功能应该具有的条件和能力。

从表 16-5 中,可以看到成为一个 SCM 专家的工作要求。SCM 专家必须对他们的工作有一个广泛和深入的了解,同时又要对任务的细节一丝不苟。

表 16-5　配置管理功能和人员资格

功　　能	人　员　资　格
标　　识	• 对事物细化的能力 • 了解组件关系的能力 • 技术方面的能力: 　—系统工程方面的能力 　—编程的能力
控　　制	• 评估成本和收益的能力 • 系统的观点(即技术/管理、用户/买方/卖方间的平衡) • 对软件变更中所涉及的部分正确评价
审　　计	• 对细节极端注意 • 找出一致性的能力 • 发觉遗漏的能力 • 系统工程或软件工程技术方面的丰富经验
状　态　报　告	• 做笔记和记录数据的能力 • 组织数据的能力 • 对一些技术的精通,但不是必须的 　—系统工程方面的能力 　—编程能力

16.4.3 建立 CCB

有了管理上的支持和 CM 的骨干力量,实践配置管理是从简单开始(尤其是当管理层对 SCM 的好处仍然还有点怀疑的时候)。当公司对 SCM 的价值逐渐相信之后,再逐步扩大 SCM 活动的范围。

可以从配置控制委员会(CCB)的定期会议开始,因为实施 SCM 最核心的部分是控制功能,而 CCB 是控制功能的核心(CCB 会议不是项目进展会议的另一种形式,虽然 CCB 会议的参加者很多可能也是项目进展会议的参加者,但是他们的目的和关注的焦点是非常不同的)。CCB 会议是在开发和维护软件期间控制变更的一种机制。

软件项目中的变更包括计划的变更(可能是由于偏差,或为了提高功能,或环境的改变引起的)和有计划的变更(有计划的软件产品的连续变更,为软件系统的开发过程不断提供细节)。CCB 在系统生命周期中注入对变更过程的持续可视性,这样就降低了问题被遗漏或者没有解决的可能性。CCB 还在变更过程中注入可跟踪性,这样就提高了软件的可维护性。

CCB 的成员应该从和项目有关的所有组织中抽取。CCB 的基本目的就是要提高项目的可视件。CCB 应该包括决策者,因为它是一个决策组织,其决定可能会影响项目的预算和进度。CCB 还包括技术专家,项目小组需要他们意见来做出技术上的决定。当然,项目经理也应该是 CCB 的成员。软件和硬件工程小组的组长也应该是 CCB 的主要成员。根据 CCB 的议程,还需要一些其他的工程师。当然,项目的 SCM 组长和 QA 组长(如果公司中的 SCM 和 QA 组织是分开的)都应该是 CCB 的成员。

决策机制。建议了 CCB 成员的组成之后,现在的问题是如何决策。最普通的方法就是投票决定,每个代表都投票,少数服从多数。这种民主做法是让所有的成员都平等地参与投票和决策过程。这样会调动 CCB 成员参与会议和提出建议的积极性。

委员会主席。与 CCB 构成相关的另外一个问题是谁来担任该委员会的主席。很多人可以担任 CCB 的主席。表 16-6 列出了一些二席、三席的候选人和他们可以担任主席的理由。注意,这些候选人可能并不参加决策过程,而仅仅是主持会议。

表 16-6 CCB 主席的候选人

头 衔	选择的理由
• 卖方项目经理	• 负责项目开发和维护 • 在技术上最胜任的管理人员
• 买方项目经理	• 最终对最终产品的用户负责 • 对项目投资
• 买方项目经理的下属 (例如某个代表)	• 在大型项目上,项目经理一般都是计划者(与日常的管理人员相比),通常不负责项目细节,因此委任下属担任此职

头　衔	选择的理由
• 卖方 CM 代表	• CM 是其主要职责,CCB 又是配置管理的焦点所在
• 买方 CM 代表	• CM 是其主要职责,CCB 又是配置管理的焦点所在
• CCB 秘书	• 是协调者而不是决策者
• 项目以外的咨询师	• 公正的协调者,对任何决策的实施不负责任
• 买方和卖方的项目经理(共同担当 CCB 主席)	• CCB 最有责任的两个人 • 买方和卖方的协调者代表(在双方达不成一致时,买方项目经理有最终的决策权,因为买方对项目投资)

　　例如,一个成功运作了很长时间的 CCB 组织包括如下:

　　CCB 秘书同时也担任 CCB 主席,确保会议不偏离会议主题,并且记录会议的决策。决策通常根据 CCB 成员的一致意见做出。当成员意见不能达成一致时,买方的项目经理根据成本和效益的优先级来做出决定,卖方的项目经理根据成本和优先级的约束做出技术上的决策。

　　CCB 会议记录。CCB 会议的一个重要特征是有配置状态报告的功能——记录和发布每次会议记录。这些会议记录为 CCB 的决策提供可视性,并且通过下次会议上做出的同意或修改意见保证 CCB 的决策被正确地记录下来。CCB 会议记录还通过记录何时发生了什么事情提供对项目的可跟踪性。会议的各项记录必须是非常具体和精确的,不能有让人误解的地方。不论采取任何行动,会议记录都应该记录谁是执行人以及行动何时完成等信息。还要记录每次会议的出席者和未出席的成员。会议记录不仅要呈给出席会议的人员,而且要呈给买方和卖方的高层管理人员,从而可让管理人员对项目进行跟踪。

　　关于 CCB 会议记录应该包含多少细节,可参考以下几点:

　　• CCB 会议记录的根本目的是给 CCB 的决策者提供必要的信息,以使他们能够就项目应该如何进展做出明智的决策。由于人的记忆会慢慢地淡忘,所以 CCB 会议记录包含的细节的多少部分依赖于 CCB 会议召开的频率——会议越频繁,需要记录的细节就越少。

　　• 卖方的项目领导人,同客户方的项目领导人一样,可能把 CCB 会议当作某些产品开发的讨论会。在这种情况下,CCB 会议记录可能包含大量的细节。这些细节经常能加快产品的开发,因为它们是在 CCB 会议上和客户直接协商得来的。然后,这些一致同意了的要求可以直接体现在要交付的产品中。

　　• 对于那些可能要持续一年或者更久的项目,CCB 会议记录包括的细节的多少由项目人员变动所带来的风险决定。包含的细节越多,卖方项目的变更所引起的任务交接就更容易些,而且可以减少由于技术人员的变动所带来的影响。

CCB 会议记录的准备不是出于形式上的目的,而是为了记录内容的清楚和完整。格式是次要的,内容和内容的准确性才是最重要的。同大项目一样,CCB 会议记录对小项目也是很重要的。会议记录会消除类似于"我想某某将解决这个问题"或者"我不记得做了这样的决定"这类事后的托辞。人们经常在结束会议时,还对所同意的问题有不同的观点,这种混乱无序的结果是很危险的。会议记录的准备有助于避免这样的问题。

16.4.4　验收测试中的 SCM

在系统要交付给用户之前的阶段,软件配置管理是最重要的,但往往被忽略。在这个阶段,编码和模块的单元测试已经完成,并且模块已经集成到系统中去了。交付和安装的日期已经很近。在剩下的时间里,测试小组将根据时间对系统进行尽可能彻底的测试。一般来讲,测试人员根据预先定义的测试规程每天对系统进行一定时间(4~8 小时)的试运行。当然,他们至少会发现一些错误,然后报告给开发人员。开始人员会很快找到程序中导致错误的地方,改正这些代码,重建系统并将新的系统重新交给测试人员测试。

这样的循环一直进行到交付的那一天。然后,就是验收测试,向买方和用户演示交付的系统是满足合同要求的。验收测试可能是在买方拿走之前在卖方处进行测试,或者安装后在用户处进行测试,或者两者同时进行。

16.4.5　SCM 的必要性

SCM 对提高测试的可视性和可跟踪性是非常重要的。测试周期的特点就是对软件代码的不停的改变:报告问题,寻求解决方法,修改代码,更新文档和重建系统。

在测试阶段很容易失去控制。问题可能被忽略或没有给出报告。即便测试人员报告上来的问题也可能在混乱中丢失而没有得到修改。解决方法可能是不正确的,或难以实行的,或者可能会带来其他问题。解决方法可能没有经过充分的验证:其是否在不引起有害的副作用的条件下解决了问题。已经改正的代码可能会丢失,或没有包含到新系统中去。文档可能没有更新,甚至文档需要更正这件事情也忽略了。

在系统不停进化直到可运行状态的过程中,测试周期中的变更控制过程是非常重要的。软件这个阶段的状态必须可视。为了可运行系统的可维护性,必须建立软件的可跟踪性。从以上对软件配置管理的定义来看,SCM 在测试阶段是很重要的。

16.4.6　测试周期中的 CCB 的角色

配置管理如何结合到测试周期中去? 实际上,如表 16-7 所示,CM 的 4 个功能在整个测试周期中都起作用。我们仔细地看一下测试周期(如图 16-4 所示),重点关注配置管理是如何结合到测试周期中去的。同在开发过程的其他阶段一样,CCB 在测试阶段也扮演着中心的角色。

表 16-7　测试周期中的配置管理活动

功　　能	支持测试的 CM 活动
标　　识	• 准备发布的列表(列出变更的模块) • 标识开发基线 • 标识事件报告 • 标识可运行基线
控　　制	• CCB 会议 　—建立开发基线 　—分配测试和事件解决方法的优先级 　—确定交付日期 　—批准审计和测试报告 　—批准事件解决方法 　—建立可运行基线
审　　计	• 比较新基线和原基线 • 保证满足标准 • 测试(验证和确认)软件系统 • 在系统工程和/或软件工程的技术方面的丰富经验
状 态 报 告	记录日志,跟踪事件报告 发布 CCB 会议记录

　　CCB 应该在测试周期的两个时间举行会议。首先,当开发者把软件交给测试人员的时候,应该有一个 CCB 会议。其次,在每一测试阶段完成以后应该有一个会议(我们假设测试周期由包括发现问题/寻求解决方案和测试的交替组成。我们将讨论关于开发和测试重叠期的一个可行的方案)。接下来,我们将解释这些 CCB 会议如何建立对测试周期的配置控制。

　　软件交付的 CCB 会议。CCB 会议在测试周期开始的时候召开,这时候开发人员提交给 CCB 一组源代码模块和发布记录。发布记录列出了所有要移交给测试人员的模块——标识软件配置情况的"零件列表"。开发人员还要提供一张移交模块中已知差异(关于需求和设计的差异)的清单。CCB 接受这些差异并记录下来(配置状态报告的功能)。CCB 把这些代码模块置于控制之下,并且将它们作为基线建立(配置标识的功能)。我们将这个基线标志为开发基线。根据开发基线中已知的差异和 CCB 对软件中功能的重要性的理解,CCB 定义测试中要注意的地方以及它们的优先级,并且选择测试结束的日期。发布 CCB 的会议记录。

　　基于开发基线构造软件系统应该是配置管理的一个功能。在构造系统之前,SCM 人员要比较新的开发基线和前一个基线(如果有的话,很明显,新产品测试周期的第一次选代中是没有前一个开发基线的)的源代码。比较的结果就说明了从一个基线到下一个基线,源代码有了哪些变更。该审计的下一步就是确认在比较过程中发现的变更都被 CCB 批准。

可接受性测试周期

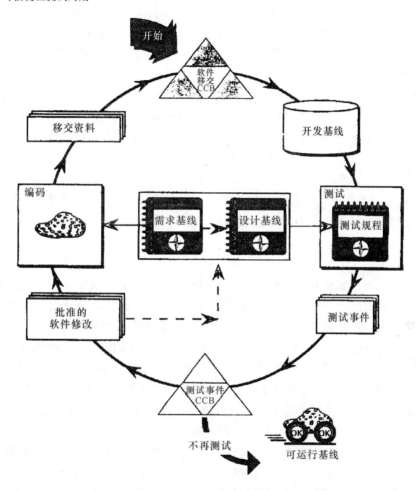

图 16-4　SCM 和测试周期

　　审计的另一方面就是将变更了的源代码模块与项目采纳的标准进行比较。这些标准可能会有一些要求,比如,代码需要加注释和对代码模块的正确标识。审计的结果写进审计报告中,在下次 CCB 会议上提交。测试人员根据测试规程进行测试,测试程序定义了具体的操作步骤,每一个操作步骤还包括操作的原因和预期的结果。测试规程有两个来源:项目需求(需求基线)和详细的软件设计规约(设计基线)。测试中,测试人员要评估开发基线在逻辑上是否从设计基线而来,及开发基线是否和需求基线保持一致。在SCM 总览对审计的介绍中,我们描述审计的前一个过程是验证,后一个过程是确认。于是,测试人员进行的是验证和确认,验证和确认是配置审计的基本过程。

上述审计、测试的结果记录在测试报告中,测试报告和审计报告很类似。在下一次CCB 会议上,该测试报告提交给 CCB 以求批准(见图 16-4)。这种形式的审计发现的每一个差异都记录在测试事件报告中。这些事件报告(IR)在配置状态报告中都有记录,并且一直被跟踪,直到记录的问题得到解决,及由它们引发的而且被 CCB 批准的纠正措施都已经完成。

测试事件 CCB 会议。当测试人员执行完测试程序并写了测试事件报告后,就可以召开测试周期中的第二种 CCB 会议,如图 16-4 所示。在这个会议上,CCB 要考虑开发基线的审计报告、刚结束的测试阶段的测试报告、审计发现的差异和测试得出的测试事件报告。在测试阶段的第一次迭代过程中,发现的问题一般会很多,CCB 可能要决定继续进行测试。

发现的问题会提交给开发人员进行研究,并对软件(代码和/或文档)和测试规程(可能)的修改提出建议。CCB 确定下一轮测试开始的日期。

这次会议的结果是,CCB 批准对源代码的修改,也可能是对基线文档(如修改基线或者设计基线,见图 16-4)的修改。开发人员修改软件(软件代码和/或文档);如果必要的话,测试人员修改测试规程。这些变更都要打包成移交资料提交给下一轮测试。

在 CCB 规定好的开始日期,新一轮测试开始,上面描述的软件交付 CCB 会议也随之召开。在这个会议上,开发人员对事件报告和审计报告中的差异所作出的响应都提交给CCB,提交给会议的发布记录列出了自从上次测试开始以来软件变更的部分。如果 CCB批准了开发人员建议的解决方法,开发基线就用已经变更的软件来更新。接下来,测试人员在已经更新的开发基线中审计变更的软件模块。在这次和以后的测试中,测试人员要验证那些 CCB 已经批准解决方法的问题确实已经解决。而且,测试人员还要重复测试规程以保证那些被批准的变更没有带来新的问题。

结束测试周期。测试接下来的 CCB 会议上,CCB 会正式关闭一些已被测试验证其解决方法符合要求的问题。在每一轮测试中,系统中的主要问题都应该减少。当剩下的问题很少,或者没有问题时,CCB 把软件建立成可运行基线,并且可以实现交付。剩下的问题依然要进行跟踪和控制。这些问题可以在现场修改或者在下一个版本中改正。

如果在 CCB 建立可运行基线之前,交付日期已经到了,软件仍可交付,但要附带已知差异的列表。能够交付这个依然有缺陷的产品是因为软件系统的状态有可视性,这是测试过程提供的。通常情况下,卖方具有改正这些明显的缺陷的合同责任。

注意,在整个测试过程中,SCM 一直控制着软件,提高了测试阶段的可视性,从而使项目小组一直知道配置的情况,而且对最终产品如何进入测试阶段一直保持可跟踪性。

通过配置管理深入而广泛的应用,软件项目的可视性、可跟踪性和可控制性得以实现。

并行开发和测试。前面所述是基于开发/解决和测试阶段顺序执行的一个方法。也可以用另一个方法,即开发/解决阶段和测试阶段并行。开发人员在一个班次使用系统,测试人员在另一个班次使用系统。这样的话,一般每天在这两个班次之间开一个简短的 CCB 会议。在这些会议上,CCB 履行和上述顺序方法一样的两个功能。测试产生的事件报告提交给每日的 CCB 会议。然而,软件代码的变更则是定期发布——每周或者每两周发布一次。并行方法和上述的顺序方法在其他方面是一样的。

这种并行的方法提高了资源的利用率,代价是为项目人员带来了一些不便,因为要进行两班倒。这种方法使项目系统的利用率加倍(假设没有两套计算机系统),使开发小组和测试小组连续工作,使发现的问题可以尽早地提交给开发人员——每天提交,而不是在一个测试周期结束以后。在这种高度并行情况下,为了保持系统的可维护性,配置管理的作用就更加重要。因为 SCM 集成到测试周期,因而可以获得对软件系统的控制、提高可视性、可跟踪性和可维护性。

16.4.7　审计的理由和实践

审计消耗大量的配置管理资源。审计在 SCM 的功能中是最具有技术性而且工作量最大的一个功能。它需要理解细节并把细节关联起来的能力,不仅要能发现软件产品中有什么,还要能发现软件产品中遗漏了什么。所以,一般来讲,SCM 人员中最有经验的人承担审计工作。从中不难看出,为何审计会花费 SCM 的大部分预算(不要把这个特定的 SCM 审计活动和软件质量保证人员对整个 SCM 过程的审计相混淆)。

由于审计的成本非常高,管理人员会质疑:花费这么多的成本在审计上是否值得(如图 16-5 所示)。这种质疑在项目之初常常发生,项目管理人员可能会这样说:"不要操心那些规约书的文档工作了。我们还是赶快开始编码,因为我们还要有好多调试的工作要做呢。"在开发的后一阶段,着急的项目经理理由是这样的:"看,我并不需要别人来告诉我系统有问题。我知道问题在哪里——我们的设计和编码都拖后了。与其雇佣一个成本那么高的审计员,我还不如去雇佣两个或者三个程序员。这才是我们有限的资源应该花费的地方。"

这常常会突然结束整个审计工作,程序员一窝蜂地竭尽全力提高编程的速度。这种做法的目光极端短浅,表面上看效率很高,可是当产生了错误的代码或遗漏了一些客户需求的时候,生产效率就变得极低。去除审计工作从经济角度上讲是错误的。

可能的收益。审计通过避免一些数额较大的、不必要的花费来补偿它的成本。Boehm 曾指出,在项目生命周期的早期发现和解决问题,对于大项目能节省成本 100 倍,对于小项目能节省成本 4～6 倍。通过审计中的验证,可以避免在不一致的产品开发下浪费资源(如与概要设计不一致的详细设计);通过确认,能避免在开发没有要求的功能上浪费资源(如在设计文档中设计用户需求规约中没有要求的功能)。

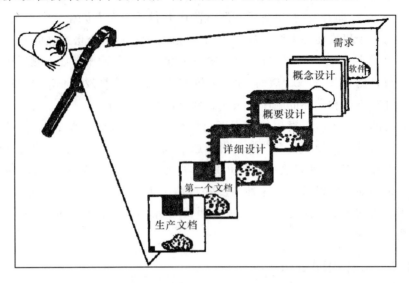

图 16-5　聘用审计人员审查工作内容

我们不能在任何时候都确信审计会节省时间和金钱。毕竟,审计可能并不能发现潜在的问题,或者系统中根本就没有问题。而且也不能保证发现的差异和问题能被接受和修改。我们能说的就是,在审计上的花费能让项目在整个生命周期中节省更多的成本。

当然,在某些情况下,审计是很必要的,即使它不能节省时间和金钱。我们可能会开发一个相当复杂的系统,系统的故障会导致重大的灾难(如导弹系统),或者开发一个系统,其系统故障可能会导致严重的政治后果(如选举预测系统或者国家太空项目)。在这些情况下,审计的作用在于保证软件产品的正常运行,而不是减少整个项目的成本。

减少成本与审计的折中。很多项目管理人员承认审计的作用,但是由于预算的约束,他们不得不限制审计的工作量。为了减少审计的成本,有两种折中的方案。一是降低审计的深度,但是仍然审计每一个基线。这种方案保持了一定程度的可跟踪性,但丢失了一些可视性。二是去掉一个或者几个审计。这样,保持了可视性,但是削弱了可跟踪性。如果采取后一种方案,首选要去掉的基线是安装完成后建立的基线。一般情况下,这个基线和测试结束之后建立的基线相比改变很少。要审计的最重要的基线,也是不能被去掉的基线就是建立的第一个基线(这里发现错误的修改成本比在后面阶段发现错误后的修改成本少很多)和包含代码的第一个基线(这是第一个包含多种软件表现形式的基线,每一种表现形式都必须一致)。

这两种折中方案都增加了项目风险。它们都提高了潜在的严重差异可能无法发现的可能性。而且,软件中那些多余而且成本很高的内容也许也无法发现。当然,可视性或可跟踪性都有一定程度的削弱。管理层(即用户,买方和卖方的管理人员)必须根据预算决定这些风险是否可以接受。

处理多个软件产品。另一个和审计相关的资源问题经常出现在软件开发周期一个阶段结束的时候。开发人员几乎在同一个时间交付很多软件产品。例如,设计阶段结束后,开发人员可能开发出详细设计规约、用户手册、数据规约文档和其他可能的文档。注意,不仅要求所有这些文档在同一时间审计,而且其中一些文档经常都非常大。给予审计人员审计这些文档的时间通常又非常急迫,这使得问题更加严重。为了保持项目的进度,这些文档的发布到建立基线之间的时间通常比较短。在这种资源有限的情况下,如何审计所有的这些文档确实是一个问题。

解决这个问题有很多方法。一个方法是临时增加项目的审计员,以减轻这个阶段的审计重担。但不幸的是,额外资源往往在最需要的时候极度稀缺。另一个解决方法是拓展审计阶段,比如,在文档草稿阶段就开始初步审计。这种策略不仅给了审计员较长的审计时间,而且使审计人员更加熟悉这些文档,使他们对最终文档的审计更加容易。这种策略还给文档开发人员提供了一些初始输入,可使他们在完成最终版本之前改进文档。

在把一系列产品建立成基线之前,只进行部分审计是可能而且可行的,然后在基线建立之后再进行深入的审计。部分审计主要是验证基线的基本正确性(如设计文档中的所有段落标题是否都是根据需求规约而来)。CCB 用部分审计的结果,根据整个审计的满意度建立基线。开发人员根据这个临时基线进入项目的下一个阶段,因为他们知道整个审计完成之后,基线可能只会有很小的调整。建立基线之后,CCB 还可以指导审计人员重点审计委员会特别关注的问题。审计确实消耗资源,但是,消耗资源的收获就是通过在早期发现软件产品之间的不一致,来避免消耗更多的资源。

16.4.8　避免大量的"文书工作"

一个经常对 SCM 的批评是,SCM 的主要产品就是大量的文书工作(如图 16-6 所示)(我们定义"文书工作"包括一些硬复件和电子复件)。确实 SCM 的输出就是"文档"。

标识功能产生组件列表。

控制功能产生 CCB 会议记录和软件项目变更相关的大量表单——事件报告、准备的文档修改、代码补丁等。

审计功能产生差异报告和测试事件报告。

状态报告功能将 SCM 其他 3 个功能产生的文档归档并散发。

所以,如果对 SCM 不加约束地应用可能会产生大量的"文档",这些文档反过来会延缓(或在极端的情况下终止)项目的进展。

263

图 16-6　一些典型的 SCM"文书工作"

　　控制大量文书工作的指导原则如下：买方/用户和卖方应就需要多少文档、多久需要归档就能达到所需可视性和可跟踪性的目标达成一致。

　　为了明白这个原则如何运用，我们看一下和 CCB 会议相关的文档资料——CCB 会议记录。在 SCM 产生的文档中，为了建立和保持对项目活动的可视性，CCB 会议记录是最基本的文档了。对于 CCB 会议记录，上述原则可以具体化，如下：

　　· 以表 16-8 所示的大纲和格式开始；

　　· 利用这个格式在起初的几次 CCB 会议上生成会议记录；

　　· 因为一次会议的记录是下次会议的基础，所以会议记录对会议参与者来讲应该很清楚，即哪个主题对参与者有用以及每个主题应该记录多少细节；

　　· 这样，CCB 会议记录的格式和内容应该和 CCB 参与者的需求相适应，避免不必要的大量的文书工作。

　　上述过程的一个副作用就是减少了与 CCB 相关的其他文书工作。具体来讲，CCB 的主要工作就是评审和批准软件的变更。为了以可视和可跟踪的方式执行评审和批准过程，需要以下文书工作的支持。

　　· 记录可能用软件代码指出问题的事件。软件代码是在使用之前或使用之中测试的。

　　· 记录 CCB 批准的软件代码的变更。

　　· 记录 CCB 对其他软件部分（不是代码部分，如设计规约）和软件相关文档（如用户手册）的变更。

　　· 记录增强需求或 CCB 必须在其上运行的新功能。

　　执行上述任务所需表单的数量和格式需要在 CCB 会议上定义并且要得到一致同意，这和定义 CCB 会议记录的形式相似。

　　项目参与者就项目通信方式的形式和内容的协商可以避免大量的文书工作。CCB 应该成为协商的中心，通过 CCB，大量的文书在参与者之间传阅。因为电子工具可以根据具体的需求调整文档,所以明智地利用电子工具是减轻传阅工作的进一步方法。

表 16-8　CCB 会议记录格式的例子

CCB 会议记录 标识号	日期
1　会议目的 　　——议程 　　——对前一个 CCB 会议记录的采纳 2　CCB 活动 　　——软件组件打上标签/标签重置 　　——已经评审/变更/建立的基线 　　——部署变更控制表 　　——新的/未解决的/未做安排的问题 3　CM 审计的讨论 　　——已经评审的差异 　　——差异解决方案的计划 4　后续 CCB 会议的内容 　　——活动项 　　——下次会议的议程 　　——下次会议的时间和地点	

16.4.9　在 SCM 活动间分配资源

做出把已经非常有限的资源分配给 SCM 各个功能这类硬性的决定常常是很有必要的。但是,没有一个通用的准则指导我们如何做出这些困难的决定(如图 16-7 所示)。

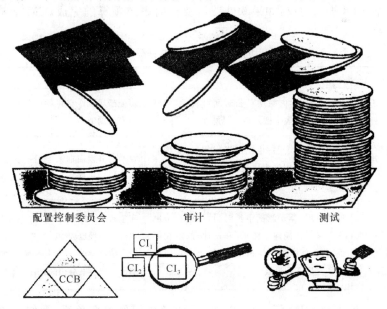

图 16-7　有限的资源应该分配到哪些 SCM 活动中

　　各个项目的具体情况是建立资源分配的决定性因素。项目的策略可能会规定 SCM 应该做什么,不应该做什么。例如,一些软件项目经理不想在编码之前对软件产品进行详细的审计,他们宁愿等到代码测试阶段。通过下面典型的商业情况下的例子,我们来说明做这种决定时需要的权衡。

　　在 CM 活动中分配资源的例子。假设你现在正在负责刚刚启动的软件项目,你以往的项目经验使你确信 SCM 的重要性,你组织中的管理人员:①基本上只关心如何使项目的成本降到最低;②对诸如 SCM 之类的"管理功能"不感兴趣。因此,你就要把 SCM 的成本降到最低。在你把不同的 SCM 方案提交给管理层之后,你得到的允许就是只能给以下活动中的一个提供资源:

　　(1) 每周只有你本人和买方/用户参加配置控制委员会会议,审计项目的进展情况,并且考虑提出的项目变更申请。

　　(2) 建立和实施测试规程以决定买方/用户对你所开发的软件代码的接受程度。假定软件代码在一个与实际用户环境相同或近似的环境中运行。

　　(3) 对部分软件产品实施审计(如功能规约书、设计文档和代码)。

　　基于以上的场景,你该如何选择?

　　表 16-9 列出了上面 3 个 SCM 活动的优点和缺点。选择哪个活动取决于你(或者你的老板)对这些优点和缺点的侧重程度。这张表解释了在给不同的 CM 活动分配资源和投入资源所取得的回报(与质量有关的)之间的权衡。这张表还指出了 CM 活动以何种方式相互补充,因此提出建议:如果软件项目要按时不超预算的完成,CM 活动之间的结合是很必要的。

表 16-9　决定 SCM 活动资源分配时的权衡

	活　　动	优　　点	缺　　点
1	每周的 CCB 会议	保持买方/卖方对项目长时间可视性,它减少了问题很久不被发现的可能性	不能最后确定交付的软件代码是否实现了应有的功能
2	测试规程的建立和实现	为最终软件产品(也就是操作代码)实现其应有功能的程度提供最确定的指示(所有 3 个活动)	在产品开发周期末期的一次执行对于彻底解决问题可能并不充分(或太晚)
3	有选择地对软件产品实施审计	能够发现(早于测试很长时间)那些花费巨大但又可能偏离了需求(和设计)的潜在问题,进而能够采取纠正措施,降低项目的成本和进度上的风险	实施频率可能没有第一个活动频繁,因而提供的可视性也较少。这样就增加了问题不被发现的可能性(或者问题很久才被发现,这样修改的成本就会很高)

　　为了更定量地理解 SCM 活动的成本——收益之间的权衡关系,我们对前面的例子

进行了扩展：

假定你估计每个 SCM 活动的成本是 25 000 美元，管理层给你 40 000 美元，你可以对这 3 个活动进行任意组合。在此预算限制下，你如何在这些活动中重新分配资源，如何改变这 3 个活动的作用范围以反应资源的重新分配？

表 16-10 说明了一个资源分配和活动作用范围改变的方法。表 16-10 和表 16-9 给出了与具体 SCM 活动相关的成本和收益的具体例子。

表 16-10 对 SCM 活动的资金分配——重新分配和重新考虑活动的作用范围

	活 动	初始分配/美元	重新分配/美元	新的作用范围
1	每周的 CCB 会议	25 000	18 000	略微地减少会议的频率（可能一个月 3 次）
2	测试规程的建立和实施	25 000	12 000	减少测试的深度和广度
3	有选择地对软件产品实施审计	25 000	10 000	减少审计的深度或次数（重点审计最初的软件产品上）

16.5 受控文档与质量记录

质量管理体系所要求的文件应予以控制。记录是一种特殊类型的文件，应依据要求进行控制。如果以下的情况经常遇到：

• 在签署合同之前与顾客召开过一次联合会议，讨论我们的建议，这个会议的备忘录（在会议上一致同意一些重要的更改）两月前就已经废弃或支离破碎了。

• 虽然软件更改请求单可以找到，但令人难以置信的是，它未被签署。请求的更改刚在 4 个月前实现；然而，软件更改命令（SCO）以及完成更改的测试报告都遗失了。

• 联合测试委员会发布的总结测试报告丢失了。测试组秘书相信文档在某人手中，而该人员一年前离开并且移居了。

这就需要准备一份建议，包括必要的规程，来解决这些文档编制问题。

16.5.1 受控文档和质量记录的定义和目标

在这一节，我们提供受控文档和质量记录的详细定义和管理目标。

首先，让我们讨论受控文档与质量记录。

（1）受控文档（controlled document）

受控文档是那些对软件系统的开发、维护以及与顾客关系的管理当前或未来会很重要的文档。因此，这些文档的准备、存储、检索和处理受控于文档编制规程。管理受控文档的主要目标是：

- 确保文档的质量。
- 确保其技术完整性和与文档结构规程和条例的符合性（模板的使用，正确签名等）。
- 确保文档的未来可用性，在软件系统维护、进一步开发或对顾客（试验性的）未来投诉做出反应时可能需要它。
- 支持软件失效原因的调查和作为改正性措施的一部分与其他措施分配责任。

（2）质量记录（quality record）

质量记录是一种特殊类型的受控文档。它是面向顾客的文档，用于证实同顾客需求的全面符合性以及贯穿于开发和维护全过程的软件质量保证系统的有效运行。

以上的定义展示了一类可以归类到受控文档的文档类型的概况。对文档清单的考察表明，大部分的受控文档可以归于质量记录一类。清单的长度和它们的组成随组织的不同而不同，这同顾客的特性和软件包的特性有关。

表 16-11 列出的文档类型是在各种 SQA 过程的执行中产生的，这里只提到少数几个过程：合同与谈判过程、开发过程、软件更改过程、维护服务、软件质量度量、内部质量评审。

表 16-11 典型的受控文档

典型的受控文档（包括质量记录）	
项目前文档	SQA 基础设施文档
• 合同评审报告	• SQA 规程
• 合同谈判会议备忘录	• 模板库
• 软件开发合同	• SQA 表格库
• 软件维护合同	• CAB 会议备忘录
• 软件开发分包合同	软件质量管理文档
• 软件开发计划	• 进展报告

典型的受控文档(包括质量记录)	
项目生命周期文档	• 软件度量报告
• 系统需求文档	SQA 系统审计文档
• 软件需求文档	• 管理评审报告
• 初步设计文档	• 管理评审会议备忘录
• 关键设计文档	• 内部质量审计报告
• 数据库描述	• 外部 SQA 验证审计报告
• 软件测试计划	顾客文档
• 设计评审报告	• 软件项目标书文档
• 设计评审措施项的跟踪记录	• 顾客的软件更改请求
• 软件测试规程	
• 软件测试报告	
• 软件用户手册	
• 软件维护手册	
• 软件安装计划	
• 版本描述文档	
• 软件更改请求	
• 软件更改命令	
• 软件维护请求	
• 维护服务报告	
• 分包商评价记录	

容易看出,上面列出的很多过程就是 SQA 过程,许多受控文档就是那些过程的产品。

16.5.2　文档编制控制规程

那些管制受控文档从生成到最后废止操作的 SQA 工具就称为文档编制控制规程。以下是这种规程的典型部件:文档类型及受控更新的清单的定义、文档编制需求、文档批准需求及文档存储与检索需求(包括文档版本、修订和废止的受控存储)。

自然地,由于软件产品、维护服务、顾客结构等特征的不同,组织之间文档编制控制规程也不同。换言之,一个组织的规程对于另一个组织来说可能是完全不适用的。

两个文档编制控制任务——存储和检索包括在所有组织的软件配置管理规程中,并且用各种软件配置管理工具来运行。所以需要协调文档编制规程与软件配置管理的规程。

需要注意的是,文档编制需求是大部分 SQA 规程的不可分割的组成部分。因此,文档编制控制规程需求和文档需求的协调是极其重要的。

开发中使用分包商和在某些情况下在软件系统的维护中使用分包商,是应用于分包商的许多文档编制控制规程的产生原因。这些规程应确保分包商的文档——例如设计文档——符合承包商的文档编制规程。当关键文档丢失或被发现提供不充分或只有部分信息时,这些失误引起的损害在数月或数年以后可能变得非常明显。这种状况的预防可以通过适当的合同条款以及对分包商的文档编制需求符合性的持续跟踪来实现。

下面几节专门讲述文档编制控制规程的组成部分,即受控文档清单、受控文档的编制、受控文档的批准问题及受控文档存储与检索结果的问题。

16.5.3　受控文档清单

受控文档(包括质量记录)管理的关键是受控文档类型清单。清单的正确构建基于建立一个执行这个概念的授权当局(由一个人或一个委员会担任)。特别是,这个当局负责:

- 决定哪一类文档归类于受控文档和哪一类受控文档归类于质量记录;
- 决定对于归类于受控文档的每一类文档的控制级别是否充分;
- 跟踪同受控文档类型清单的符合性。这个主题可以合并到内部质量审计计划中;
- 分析跟踪发现和启动受控文档类型清单所需的更新、更改、删除和添加。

绝大部分受控文档类型是由组织内部本身产生的文档。然而,数量可观的外部文档类型,如合同文档以及联合委员会会议备忘录,也归于这一类中。

16.5.4　受控文档的编制

新文档的产生或现存文档的修订中涉及的文档编制需求关注完整性、增加可读性以及可用性。这些需求在文档中得到实现:

- 结构;
- 标识方法;
- 标准定位信息和参考信息。

文档结构可以是自由的,也可以由模板定义。

标识方法用于为每份文档、版本与修订提供唯一的身份。标识方法通常使用一些记号:①软件系统、产品名称或序号;②文档(类型)代码;③版本和修订编号。标识方法对于不同类型的文档可以是不同的。

文档的定位信息和参考信息可能也是需要的。通过提供关于文档内容及其对未来用户需要的适合性,定位信息和参考信息支持所需文档的未来访问。依据文档类型,通常或多或少地需要下列信息项:

- 文档作者;
- 完成日期;
- 批准文档的人员,包括其职位;
- 批准日期;
- 作者和批准人员的签名;
- 新发布中引入的更改的描述;
- 以前版本和修订版本的清单;
- 流通清单;
- 机密性限制。

相关的文档编制规程和工作条例应该用纸张和电子文档记录下来(如电子邮件和内部网应用)。

16.5.5　受控文档的批准问题

某些文档需要批准,而另一些可能免除有关的评审。对于那些需经批准的文档,相关的规程指出被授权批准相应文档类型的人员的职务以及执行过程的细节。

(1) 批准文档或文档类型人员的职务

按照文档类型和组织的优先选择,批准文档的可以是一个人、几个人或一个委员会——例如正式设计评审(FDR)委员会。由文档编制控制规程授权的这个职位的拥有者必须具有承担文档评审任务的经验和足够的技术专长。

(2) 批准过程

文档需要批准的理由不只是确保文档的质量。批准还旨在检查和防止专业上的不足对文档模板的偏离。在需要 FDR 批准的情况下,应当应用合适的评审规程。

对批准过程的观察经常揭露出橡皮图章的例子,也就是说,由于彻底文档评审的缺失或忽略,使批准过程没有对文档的质量做出贡献。有人认为,这种正式批准事实上降低了文档的质量,因为由于这个批准行为,授权批准该文档的人变成了直接对文档质量负责的人。因此,根据有关的文档类型可以考虑两种选择:①免除对某些文档类型的批准,这也意味着全部的责任都还给了作者;②执行确保彻底评审文档的批准过程。换句话说,对橡皮图章问题的解决办法是要么修订批准过程,要么完全排除这个过程。

16.5.6　受控文档的存储与检索问题

与文档有关的受控存储与检索需求主要是确保文档的保密性和持续可用性。同样的需求应当适用于纸面文档和电子文档以及其他类型的介质。它们是指：

- 文档存储本身；
- 文档的流通和检索；
- 文档保密，包括文档的废止。

文档存储需求应用于：①存储副本的数量；②对每一存储副本负责的单位；③存储的介质。用电子介质存储通常比用纸张存储更有效和更经济。保存某些文档的纸张原件依然是符合合法约定的。在这些情况下，除了纸张原件以外，也保存一个图像处理副本。

文档的流通与检索需求是指：①新文档按时流通到指定收件人的指示；②副本检索的有效、准确，同时满足保密性的要求。这些规程也适用于纸张文档以及电子邮件、内部网和因特网上文档的流通。

文档保密，包括文档的废止需求：①提供文档类型的限制访问；②防止非授权人员改变存储的文档；③提供纸张和电子文档的备份；④确定存储期限。在指定存储期限的末尾，文档可能被废止，也可能移到低软件标准的存储容器中，这种转换通常降低可用性。纸张文件容易遭受火灾与水灾的损害，现代的电子存储遭受电子风险。有计划的备份存储方法反映了这些风险的等级和有关文档的相对重要性。

16.5.7　记录控制

建立并保持记录，以提供符合要求和质量管理体系有效运行的证据。记录应保持清晰、易于识别和检索。应制定形成文件的程序，以规定记录的标识、储存、保护、检索、保存期限和处置所需的控制。

应编制形成文件的程序，以规定以下方面所需的控制：

- 文件发布前得到批准，以确保文件是充分与适宜的；
- 必要时对文件进行评审与更新，并再次批准；
- 确保文件的更改和现行修订状态得到识别；
- 确保在使用处可获得适用文件的有关版本；
- 确保文件保持清晰、易于识别；
- 确保外来文件得到识别，并控制其分发；
- 防止作废文件的非预期使用，若因任何原因而保留作废文件时，对这些文件进行适当的标识。

小　结

本章对软件质量保证的主要工具进行了介绍，包括工具的作用及使用方法等。